Georg von Siemens

Ein Lebensbild
aus Deutschlands großer Zeit

von

Karl Helfferich

Zweiter Band

Zweite Auflage

Springer-Verlag Berlin Heidelberg GmbH / 1923

ISBN 978-3-642-89823-5 ISBN 978-3-642-91680-9 (eBook)
DOI 10.1007/978-3-642-91680-9

Softcover reprint of the hardcover 2nd edition 1923

Vorwort.

Als ich im Sommer des verflossenen Jahres das Geleitwort zu dem ersten Bande der Lebensbeschreibung Georg von Siemens' niederschrieb, glaubte ich in Aussicht stellen zu können, daß der zweite Band in naher Zeit folgen werde. Aus dem zweiten Bande ist angesichts der Fülle des Stoffes ein zweiter und ein dritter Band geworden. Den zweiten Band übergebe ich hiermit der Öffentlichkeit. Er schildert die Wirksamkeit Georg Siemens' in der finanziellen Organisation der deutschen Wirtschaft im Innern und in ihren auswärtigen Beziehungen. Der finanzielle Aufbau der deutschen Elektrizitäts-Industrie und die großen Auslandsgeschäfte, insbesondere mit Italien, Argentinien und den Vereinigten Staaten von Amerika, bilden den wesentlichen Inhalt. Dem dritten Bande blieb vorbehalten die Darstellung einmal der Orientgeschäfte, insbesondere des großen Unternehmens der Bagdadbahn, ferner der politischen Wirksamkeit Georg Siemens' und schließlich seines persönlichen und häuslichen Lebens. Auch der dritte Band ist im Manuskript abgeschlossen und befindet sich bereits im Druck; er wird wenige Monate nach dem zweiten Bande ausgegeben werden können.

Regendorf, im November 1922.

Karl Helfferich.

Inhaltsverzeichnis.

Dritter Teil.

Georg Siemens als finanzieller Organisator der deutschen Wirtschaft.

Vierter Teil.

Die Finanzierung der deutschen Außenwirtschaft.

Dritter Teil.

Georg Siemens als finanzieller Organisator der deutschen Wirtschaft.

Erstes Kapitel.

Die ersten industriellen Finanzierungs-geschäfte.

Grundsätzliches zur Industrie-Finanzierung.

Der leitende Gedanke bei der Gründung der Deutschen Bank war gewesen, ein Instrument zu schaffen, das die bankmäßige Abwicklung des deutschen Ein- und Ausfuhrhandels mit dem Auslande übernehmen und damit diesen Handel von fremder Vermittlung unabhängig machen sollte.

Das neue Bankinstitut war entschlossen und geraden Wegs auf dieses Ziel losgegangen. Georg Siemens hatte sich für die Aufgabe, bei der es auf bisher unbeackertem Felde Neues zu schaffen galt, begeistert; denn er sah über die kleinen geschäftlichen Vorteile der Ersparung des Tributs der bisher von England einkassierten Vermittlergebühren hinaus das große nationalwirtschaftliche und nationalpolitische Ziel: dem deutschen Volke, das im Innern seine Einheit errungen, das sich seinen Platz in Europa gesichert hatte, nun auch die Stellung in der Welt zu erwerben, auf die es nach Zahl, Tüchtigkeit und Leistung Anspruch hatte und ohne die es auf die Dauer auch in seiner europäischen Existenz hätte verkümmern müssen.

Gerade weil ihm das große Ziel und damit der große Zusammenhang von Anfang an klar vor Augen stand, unterlag Georg Siemens niemals der Versuchung, die Bedingtheit der ihm unmittelbar gestellten Aufgabe zu verkennen und das Mittel sich zum Selbstzweck auswachsen zu lassen. Im Gegenteil, je tiefer er in die Aufgabe der Schaffung einer deutschen Organisation für die finanzielle Abwicklung des Außenhandels eindrang, je stärker er seine ganze Energie für die Überwindung aller auf diesem

Wege liegenden Schwierigkeiten und Hindernisse einsetzte, desto klarer wurde in ihm die Vorstellung der Voraussetzungen, von denen die Erfüllung der Aufgabe abhing, und desto deutlicher begriff er diese Aufgabe als Glied in der Kette der ihm vorschwebenden Entwicklung.

In dem Ersten Bande wurde dargestellt, wie aus der Schaffung der Organisation für das überseeische Bankgeschäft heraus in Georg Siemens die Erkenntnis erwuchs, daß die Finanzierung des auswärtigen Handels mit dauerndem Erfolg nur von einem Bankinstitut durchgeführt werden könne, das über eine breite Grundlage und eine angesehene Stellung im inländischen Geschäft verfüge. Er hat sich deshalb nicht damit begnügt, das überseeische Bankgeschäft, allen Fehlschlägen der ersten Versuche zum Trotz, in sich zweckmäßig durchzubilden und ihm die nötigen Stützpunkte sowohl in den wichtigsten deutschen Seehandelsplätzen wie draußen in der Welt zu schaffen; er hat vielmehr darüber hinaus durch die Einverleibung der Deutschen Union-Bank und des Berliner Bankvereins, durch die Einführung des Depositengeschäftes und durch die Inangriffnahme des Finanzierungsgeschäftes dem überseeischen Geschäft die unerläßliche inländische Ergänzung geschaffen. Er hat in sich die Kraft gefunden, diese Ergänzung, soweit sie das Finanzierungsgeschäft betraf, gegen den anfänglichen Widerstand nicht nur seines Verwaltungsrates, sondern auch seiner Mitarbeiter in der Direktion unter Kämpfen durchzusetzen, die ihm persönlich sehr nahe gingen und die er schließlich mit seinem Rücktrittsgesuch im Sinne seiner Auffassung entschied.*) Er hat in dieser Frage seine volle Persönlichkeit eingesetzt, weil es sich für ihn nicht nur um eine Angelegenheit der Banktechnik handelte, in der man dieser oder anderer Ansicht sein konnte, sondern weil für ihn die banktechnische Zweckmäßigkeit der Ausdruck einer zwingenden volkswirtschaftlichen Notwendigkeit war: Ein überseeisches Bankgeschäft ohne Inlandsgrundlage war für ihn ebenso unmöglich, wie eine erfolgversprechende außenwirtschaftliche Betätigung ohne eine gesunde und starke innere Volkswirtschaft. In diesem entscheidenden Punkte fiel für ihn die Bedingtheit der Schaffung einer Organisation für die bankgeschäftliche Abwicklung des deutschen Außenhandels durchaus zusammen mit der Auffassung dieses Geschäftszweiges als Mittel zu dem

*) Siehe Bd. I, S. 322ff.

großen nationalwirtschaftlichen und nationalpolitischen Endzweck. Deshalb handelte es sich für ihn bei der Meinungsverschiedenheit über die Erweiterung des inländischen Wirkungskreises der Bank nicht um ein Mehr oder Weniger, über das Kompromisse möglich waren, sondern um die Kernfrage, von deren Entscheidung es abhing, ob er weiter in der Entwicklung der Deutschen Bank eine Lebensaufgabe finden konnte oder nicht.

Nachdem die große Entscheidung von Georg Siemens durchgesetzt war, wandte sich die Deutsche Bank, wie wir gesehen haben, keineswegs mit vollen Segeln dem Finanzierungsgeschäfte in seinem ganzen Umfange zu. Das neue Gebiet wurde zwar mit Entschiedenheit, aber auch mit kluger Vorsicht und Auswahl in Angriff genommen. Auf dem für ein junges und in sich noch nicht unbedingt gefestigtes Institut am wenigsten gefährlichen Gebiet der Übernahme und Begebung von Eisenbahnwerten, Staats- und Kommunalanleihen, Pfandbriefen und ähnlichen festverzinslichen Papieren von hoher Sicherheit wurde das Emissionsgeschäft in der bereits geschilderten Weise aufgebaut und ausgestaltet. Das große Gebiet der Industrie-Finanzierung wurde zunächst noch kaum berührt. Es mochte interessant und wichtig erscheinen; aber auch Siemens scheute aus den Erfahrungen der anderen Banken und wohl auch aus denjenigen der wenigen eignen Versuche, die er in den ersten Jahren der Deutschen Bank unternommen hatte, die Untiefen und Klippen, die hier verborgen lagen.

Aber dieselbe innere Logik der Dinge, die von der Organisation des Überseegeschäftes zu dem Ausbau des inländischen Geschäftes geführt hatte, mußte schließlich auch zur Betätigung auf dem Gebiete der Industrie-Finanzierung hinüberleiten. Die bankmäßige Vermittlung des überseeischen Verkehrs stand unmittelbar oder mittelbar im Dienste der deutschen Industrie, der sie einerseits den Bezug von Rohstoffen und Halbfabrikaten aus dem Auslande, andererseits den auswärtigen Absatz ihrer Erzeugnisse erleichterte. Allein schon dieser Zusammenhang mußte die Bank darauf hinweisen, sich nicht nur auf die bankmäßige Abwicklung von Transaktionen, die ohne ihr Zutun zustande gekommen waren, zu beschränken, sondern solche Transaktionen herbeizuführen, letzten Endes durch die Mitwirkung an der Schaffung von Rohstoffe konsumierenden und Fertigwaren exportierenden Unternehmungen. Die Gefahren der Industrie-Finanzierung mußten berücksichtigt werden; aber sie durften, wenn Georg Siemens die ihm vorschwebende Aufgabe als Ganzes bewältigen wollte, auf die Dauer ebensowenig ein unbedingtes Hindernis bilden, wie die in einem früheren Entwicklungsstadium des deutschen Bankgeschäftes so stark betonten allgemeinen Gefahren des Depositengeschäftes oder die späterhin in den Vordergrund gestellten Gefahren einer Verbindung des Depositengeschäftes mit dem Effektengeschäft. Die Überwindung der Gefahr lag nicht in der passiven Enthaltung, sondern in der schöpferischen Findung von sichernden Methoden und Kombinationen.

Es ist nicht anzunehmen, daß Georg Siemens das hier vorliegende große Problem, das späterhin die deutsche Bankwelt unter seiner führenden Mitwirkung in einer mustergültigen und von der ganzen Welt, selbst von unsern englischen Wettbewerbern, vorbehaltlos anerkannten Weise gelöst hat, vom ersten Anfang an in seiner ganzen Bedeutung und in allen seinen Ausstrahlungen und Konsequenzen klar erkannt und fest umrissen vor Augen gehabt habe. Probleme dieser Natur stellen und lösen sich nicht blitzartig. Sie erwachsen dem denkenden und schaffenden Geiste aus intensiver Mitarbeit an großen Entwicklungen, und ihre Lösungen sind das Ergebnis unablässigen Ringens mit den Unzulänglichkeiten des Überkommenen und den Schwierigkeiten des Werdenden. Bahnbrechend aber im Erkennen solcher Probleme und im Finden ihrer Lösungen werden stets nur Köpfe sein, denen ein gütiges Geschick neben der Methodik des Geistes und der Energie des Willens auch die Gabe der Intuition in die Wiege gelegt hat.

In welchem Maße die Intuition, das instinktmäßige Erfassen der Notwendigkeiten und Möglichkeiten der Zeit, bei Georg Siemens vorhanden war, zeigt eine genauere Betrachtung seiner ersten industriegeschäftlichen Versuche, die zwar zunächst nur Anläufe ohne unmittelbare Fortsetzung bleiben sollten, die aber in ihrem Kern bereits das Wesentliche seiner späteren großen Leistungen auf diesem Gebiete enthalten.

Die Deutsche Jute-Spinnerei und Weberei A.-G. in Meißen.

Einer dieser ersten Anläufe ist bereits kurz gestreift worden, als es sich darum handelte, die geringfügige Mitwirkung der Deutschen Bank an der Gründungstätigkeit während der ersten Jahre ihres Bestehens zu kennzeichnen.*) Die Deutsche Bank hat sich damals dem Gründungsgeschäft nicht ganz ferngehalten, wenn sie sich auch auf diesem Gebiete sehr viel engere Schranken und eine weit größere Vorsicht auferlegte als fast alle anderen deutschen Bankinstitute. Sie hat dann vom Jahr 1873 an auf eine lange Reihe von Jahren sich grundsätzlich nicht mehr mit Gründungsgeschäften befaßt. Unter den wenigen Gründungen jener ersten Jahre befindet sich neben Banken, einer Versicherungs- und einer Baugesellschaft eine einzige industrielle Gründung: Die Deutsche Jute-Spinnerei und Weberei A.-G. in Meißen. Auf diese Gründung sei hier etwas näher eingegangen.

Auf die unmittelbare Beziehung zwischen diesem Unternehmen und dem ersten Programm der Deutschen Bank ist oben bereits hingewiesen worden: Die Jute war als ausländischer industrieller Rohstoff zweifellos eine derjenigen Waren, deren Einfuhr als Objekt der Finanzierung in den der Deutschen Bank bei ihrer Gründung vorgezeichneten Geschäftskreis gehörte. Aber Deutschlands Einfuhr von Rohjute war in jener Zeit noch überaus gering. Die um 1830 entstandene schottische Jute-Industrie — Dundee ist noch heute das bedeutendste Zentrum der Juteverarbeitung — beherrschte auch den deutschen Markt, namentlich in Jutegarn, so gut wie vollständig. Um das Jahr 1870 bestand in Deutschland als einzige Aktiengesellschaft auf dem Gebiet der Juteverarbeitung die 1868 gegründete Braunschweigische Aktiengesellschaft für Jute- und Flachsindustrie, daneben als offene Handelsgesellschaft die im Jahre 1865 gegründete Firma Tränkner & Würker in Leipzig-Lindenau.

Die Jute konnte vielleicht einmal für Deutschland ein bedeutender Einfuhrartikel und damit für die Deutsche Bank ein bedeutendes Objekt ihres überseeischen Remboursgeschäftes werden. Aber sie war es noch

*) Siehe Bd. I, S. 287.

nicht. Wenn die Deutsche Bank sich streng auf ihr Programm der bankgeschäftlichen Abwicklung des Ausfuhr- und Einfuhrhandels beschränken wollte, so mußte ihr die Jute so lange gleichgültig sein, als sich in ihr nicht ein umfangreiches deutsches Importgeschäft entwickelt hatte. Sollte die Deutsche Bank über die Schranken ihres Programms hinausgreifen und dazu übergehen, in einem Artikel, dessen Einfuhr und Verarbeitung sie für wichtig und zweckmäßig halten mochte, ein Einfuhrgeschäft, das dann Gegenstand ihrer bankgeschäftlichen Transaktionen werden konnte, selbst zu schaffen, mit andern Worten: sollte die Deutsche Bank in Deutschland eine Industrie für die Verarbeitung dieses wichtigen und zukunftsreichen Rohstoffes ins Leben rufen?

Die Frage trat im Frühjahr 1872 an die Deutsche Bank als eine Einzelfrage und — wenn man will — als eine Zufallsfrage heran; aber sie war in ihrem Wesen durchaus grundsätzlicher Natur, sie schloß in sich die Entscheidung, die früher oder später als grundsätzliche Entscheidung getroffen werden mußte: Beschränkung auf die bankmäßige Vermittlung des ohne Zutun der Bank entstehenden auswärtigen Warengeschäftes, oder planmäßige Industrie-Finanzierung zum Zweck der Steigerung der eignen deutschen Rohstoffverarbeitung und des deutschen industriellen Exports. Georg Siemens hatte schon im März 1872 das richtige Gefühl dafür, daß diese Frage nur im Sinn der planmäßigen Industrieförderung beantwortet werden könne.

Der äußere Hergang war folgender:

Der in London lebende Generalkonsul a. D. Wehner stand in freundschaftlichen Beziehungen zu den Brüdern Ritchie, die dort eine große Jute-Spinnerei und -Weberei betrieben. Einer dieser Brüder, William Ritchie, tat sich mit Wehner zu dem Plane zusammen, in Deutschland, das damals bereits ansehnliche Mengen von Jute-Erzeugnissen verbrauchte, eine Jutespinnerei zu errichten. Wehner kehrte nach Deutschland zurück und setzte sich dort mit einigen Textilindustriellen Schlesiens und Sachsens in Verbindung, bei denen er Interesse für seinen Plan vermutete. Er fand Unterstützung namentlich bei dem Geh. Kommerzienrat Schmidt (Görlitz) und dem Geh. Kommerzienrat Zschille (Großenhain). Auch Herrn Gebhard (Elberfeld), Mitglied des Verwaltungsrates der Deutschen Bank, wußte er für seine Absichten zu interessieren.

In einer von Wehner und Ritchie ausgearbeiteten Denkschrift zur Begründung ihres Vorschlages heißt es unter anderem:

„Neben der von altersher bekannten Wolle und Seide als animalischen Ursprungs und der Baumwolle, des Flachses und Hanfes als vegetabilischen Ursprungs hat eine andere Pflanzenfaser in nur etwa drei Jahrzehnten eine Wichtigkeit für den Gebrauch in allen Weltteilen erlangt, wie es mit anderen ähnlichen Artikeln wohl niemals so rasch und so bedeutend der Fall gewesen. Es ist das die Jute, eine ostindische Hanfart, von vielen Menschen nicht einmal dem Namen nach gekannt und doch von fast jedermann in ihrem fabrizierten Zustand mehr oder minder benutzt. Wir sehen, um nur die Hauptverwendung zu bezeichnen, täglich Kaffee-, Reis-, Mehl- und Salzsäcke, Packleinewand, Teppiche und so weiter, und nur wenige können sich Rechenschaft über den Ursprung dieser Fabrikate geben."

Das Projekt wurde, wohl durch Vermittlung Gebhards, an Georg Siemens herangebracht. Der Gedanke der Schaffung einer neuen bedeutenden Industrie auf deutschem Boden schlug ihn in seinen Bann. Er ging mit Eifer an die Prüfung der Unterlagen für die Lebensfähigkeit und Rentabilität des Unternehmens. Aus der zwischen ihm und den Urhebern des Planes geführten Korrespondenz geht hervor, daß er sich bald von den guten Aussichten überzeugte. Er setzte sich nun mit voller Kraft für die Mitwirkung der Deutschen Bank bei der Gründung der geplanten Fabrik ein.

Am 29. Juli 1872 wurde ein von Siemens verfaßtes Rundschreiben an einen Kreis von Freunden und Interessenten versandt, das zur Beteiligung an der Gründung aufforderte. Es heißt dort:

„Nachdem wir die in anliegenden Schriftstücken auseinandergesetzten Vorschläge einer eingehenden Prüfung unterworfen und die verschiedenartigsten Gutachten von sachverständigen Kaufleuten, Fabrikanten und Technikern eingeholt, sind wir bereit, die darin angeregte Idee in das Leben zu rufen und bei deren Ausführung selbst beteiligt zu bleiben ...

„Bei dem außerordentlich geringen Preise der Rohjute liegt der Schwerpunkt der Herstellungskosten mehr in den Kosten der Verarbeitung als in denjenigen der Beschaffung des Rohmaterials. Die Arbeitsverhältnisse in Deutschland sind wegen der verhältnismäßig billigeren deutschen Löhne für diese Industrie günstiger als in Schottland, deren seitherigem Hauptsitze, und der hierzu tretende nicht unerhebliche Zollschutz für Jutegarne und -Gewebe vermehrt diesen Vorsprung um ein Bedeutendes. Da der Absatz des Fabrikates nach allen Richtungen fast unzweifelhaft erscheint, so halten wir, wenn wir die durch englische Fabrikate erzielten Resultate in Betracht ziehen, eine bedeutende Rentabilität für gesichert."

Unterzeichnet war dieses Rundschreiben von Konsul Gustav Gebhard, Geh. Kommerzienrat Gustav Schmidt, Kommerzienrat Fedor Zschille und namens der Deutschen Bank von Georg Siemens.

Das Rundschreiben fand Anklang, und das geplante Unternehmen wurde im August 1872 unter der Firma „Deutsche Jute-Spinnerei und Weberei Aktien-Gesellschaft in Meißen" mit einem Kapital von 400000 Talern gegründet. Den Vorstand bildeten die Herren Generalkonsul a. D. A. Wehner und William Ritchie. In den Verwaltungsrat, dessen Vorsitz der Geheimrat Schmidt (Görlitz) übernahm, trat auch Georg Siemens ein.

Die Fabrik wurde zunächst nach englischem Muster und mit englischen Hilfskräften eingerichtet. Es wurden nicht nur ein englischer Inspektor, ein englischer Spinnmeister und ein englischer Webemeister angestellt, sondern auch Arbeiter wurden, da in Deutschland geschulte Arbeitskräfte fehlten, aus England herangeholt, um die Fabrik in Betrieb zu bringen und deutsche Arbeiter anzulernen. Das ist denn auch im Laufe kurzer Zeit gelungen. Schon nach wenigen Jahren waren alle englischen Beamten, Vorarbeiter und Arbeiter durch deutsche ersetzt. Auch William Ritchie schied bereits nach zwei Jahren unter dem Druck der seinen Erwartungen nicht entsprechenden Entwicklung des Unternehmens, das — wie wir bereits wissen — mit großen Anfangsschwierigkeiten zu kämpfen hatte, aus dem Vorstande aus und wurde durch Herrn Carl Bergmann ersetzt, der Jahrzehnte hindurch das Unternehmen leitete und heute noch Mitglied des Aufsichtsrates ist.

Bezeichnend ist nicht nur, daß der lebhafte Geist Georg Siemens' von allen den zahlreichen industriellen Gründungsprojekten, die in jener hohen Zeit des Gründungsfiebers durch die Luft schwirrten, gerade dieses eine Unternehmen erfaßte, das die Schaffung einer neuen zukunftsreichen Industrie in sich schloß, durch die Deutschland von einem englischen Monopol unabhängig werden sollte. Bezeichnend ist vielleicht noch mehr die Art und Weise, wie Siemens das neue Unternehmen gegen unvorhergesehene und unterschätzte Schwierigkeiten durchhielt und wie er seine finanzielle Gebahrung gestaltete.

Das neue Unternehmen brachte in den ersten Jahren schwere Enttäuschungen. Die Fabrik wurde in der Zeit der höchsten Kosten für Materialien und Maschinen und der höchsten Arbeitslöhne gebaut. Das Unternehmen war damit von Anfang an „kopfschwer". Mißgriffe waren auf dem in Deutschland gänzlich neuen Geschäftsgebiet unvermeidlich; die nötigen Erfahrungen kosteten teures Lehrgeld. Das Zusammenarbeiten mit dem englischen Direktor und den englischen Hilfskräften vollzog sich nicht reibungslos. Das Heranschulen der deutschen Arbeitskräfte verteuerte gleichfalls den Betrieb. Dazu kam eine besondere Schwierigkeit in den damaligen Zollverhältnissen: Auf Jutegarn lag ein Zoll von 12 Mark für 100 kg, während für Jutegewebe der Zoll auf 4 Mark für 100 kg herabgesetzt wurde. Der ausländische Fabrikant von Jutegeweben war dadurch gegenüber dem deutschen Wettbewerb so lange stark bevorzugt, als dem deutschen Jutespinner die Herstellung eines dem englischen Fabrikat gleichwertigen Jutegarnes zu billigem Preise noch nicht gelungen war. In der Tat vermochte England, während die junge deutsche Juteindustrie zu verkümmern drohte, seine Ausfuhr von Jutegeweben nach Deutschland während der siebziger Jahre des vorigen Jahrhunderts sehr erheblich zu steigern.

So ergaben die Abschlüsse der neuen Jutefabrik in den ersten Jahren an Stelle der errechneten großen Gewinne sehr erhebliche Verluste. Wie Herr Kommerzienrat Bergmann erzählt, fehlte es manchmal an Geld für die Lohnzahlungen; „aber", so fügt Herr Bergmann hinzu, „in diesen schwierigen Zeiten ist es stets Herr Direktor Siemens gewesen, der das Vertrauen zu dem schließlichen Erfolg nicht verloren und stets dafür gesorgt hat, daß die Deutsche Bank den nötigen Kredit bewilligte."

In der Tat ließ sich Siemens durch die Fehlschläge der ersten Jahre nicht beirren. Daß er genug Elastizität besaß, um Geschäfte, die sich als verfehlt erwiesen, rechtzeitig abzubauen und zu liquidieren, auch wenn er sich für ihre Inangriffnahme mit allem Nachdruck eingesetzt hatte, dafür ist vor allem die Geschichte der ostasiatischen Filialen und der La-Plata-Bank, die im Ersten Bande dargestellt ist, ein schlagender Beweis. Aber er wußte Mängel in Einzelheiten der Ausführung und überwindbare Schwierigkeiten stets mit sicherm Blick von Fehlern im Grundgedanken zu unterscheiden. In diesem stark ausgeprägten Unterscheidungsvermögen lag zu einem guten Teil das Geheimnis seiner späteren großen Erfolge. Steinthal drückte sich einmal dahin aus: „Wenn auch mitunter der Anfang eines von ihm entrierten Geschäftes nicht den gehegten Erwartungen entsprach, so hat er doch letzten Endes stets und immer recht behalten." Die ersten Jahre der Deutschen Jute-Spinnerei u. Weberei-Aktien-Gesellschaft sind für die Blicksicherheit, die für dieses „Recht behalten" die innere Erklärung abgibt, ein ganz besonders bemerkenswertes Beispiel. Seine Überzeugung von der Richtigkeit der Idee und damit von der Gewißheit des schließlichen Erfolges blieb trotz aller anfänglichen Fehlschläge unerschüttert und veranlaßte ihn, in jener Zeit der unbedenklichen Massenliquidation der Massengründungen das wankende Meißner Unternehmen mit seiner unbeirrbaren Energie zu stützen und seinen Mitarbeitern in der Deutschen Bank, die oft genug den Kopf schüttelten, die Mittel für das Durchhalten des Unternehmens abzuringen.

Er hat auch in diesem Falle recht behalten.

Schon ehe durch den neuen Zolltarif von 1879*) die Grundlage für den großen Aufschwung der neuen Industrie geschaffen wurde, hatten sich die Verhältnisse des Unternehmens wesentlich gebessert; die Gesellschaft war aus den Verlusten herausgekommen und begann mäßige Überschüsse zu zeitigen. Nachdem nun auch für die Juteweberei der geradezu erdrosselnde Druck der Zollverhältnisse durch einen ausreichenden Zollschutz beseitigt war, kam das Unternehmen bald zu hoher Blüte und warf glänzende Erträgnisse ab.

Wenn nun schon die Auswahl des Unternehmens, das Siemens zum Gegenstand des ersten industriellen Finanzierungsgeschäftes der Deut-

*) Der Vorteil eines vernünftig abgestuften Zollschutzes für Jutegarne und Jutegewebe wäre beinahe durch die Einführung eines Zolles auf Rohjute wieder zunichte gemacht worden. Siemens hat oft erzählt, wie er durch Vermittlung des Zentrumsführers Windthorst, mit dem er bei aller politischen Gegensätzlichkeit persönlich befreundet war, im letzten Augenblick diesen Unsinn verhindert hat.

schen Bank machte, ferner die Sicherheit des Urteils und die Zähigkeit des Willens, mit der Siemens dieses Unternehmen durch die ersten schweren Jahre hindurch steuerte, in hohem Maße bezeichnend sind, so wird der typische Charakter dieses an sich bescheidenen Erstlingsgeschäftes für die ganze Siemenssche Praxis der Industrie-Finanzierung, wie sie sich später im größten Ausmaße entfalten sollte, erst vollständig mit dem Verhalten in den jetzt beginnenden guten Jahren.

Der Durchschnittsbankier wäre in der Lage von Siemens froh gewesen, mit einigermaßen heiler Haut aus einem schwierigen Engagement herauszukommen. Er hätte die ersten Überschüsse des Unternehmens in möglichst glänzender Aufmachung den skeptischen Mitarbeitern und der noch bedenklicheren Öffentlichkeit gezeigt. Er hätte schließlich die Erträgnisse benutzt, um so bald wie möglich die Aktien des Unternehmens auf den Markt zu bringen und einen ausgiebigen Emissionsgewinn zu realisieren. Nach diesem Rezept war bisher — nicht nur in Deutschland, sondern auch in den auf diesem Gebiet weiter vorgeschrittenen Ländern, wie England und Frankreich — wohl ausnahmslos verfahren worden.

Georg Siemens schlug auch hierin neue Wege ein. Er bestand darauf, daß die Überschüsse der ersten gewinnbringenden Jahre nicht zur Ausschüttung von Dividenden, sondern zur inneren Konsolidation des Unternehmens verwendet wurden: zu Extraabschreibungen auf die hohen Anlagekonten und zur Schaffung starker offner und noch stärkerer „stiller" Reserven für die mögliche Wiederkehr ungünstiger Zeiten. Erst nachdem die innere Situation des Unternehmens durch diese Verwendung der Gewinne völlig bereinigt und die Gesellschaft gegenüber Rückschlägen ausreichend gewappnet war, wurde mit der Ausschüttung von Dividenden begonnen. Im Jahre 1880 wurde zum erstenmal eine Dividende, in Höhe von 4%, gezahlt, die dann in den folgenden Jahren ansehnlich gesteigert werden konnte.

Aber auch nachdem die Dividendenzahlung aufgenommen war, beeilte sich Siemens nicht, die Aktien des Unternehmens zu emittieren. Auch jetzt wartete er noch einige weitere Jahre der Erprobung ab. Das Unternehmen sollte im Schoß der Deutschen Bank und des Gründerkonsortiums erst vollständig „ausgetragen" werden, es sollte erst „emissionsreif" sein, ehe man dem Publikum seine Aktien anbot.

Diese hier zum erstenmal bewußt und planvoll angewandte Praxis ist späterhin für die gesamte Industriefinanzierung der Deutschen Bank maßgebend gewesen. Sie hat in der deutschen Industrie, weit über die unmittelbare Einflußsphäre der Deutschen Bank hinaus, Schule gemacht und ist zu einem der stärksten Pfeiler im Aufbau der deutschen Wirtschaft geworden.

Die United States Direct Cable Company.

Außer der Gründung der Deutschen Jute-Spinnerei u. Weberei Aktien-Gesellschaft kommt für die ersten Jahre der Deutschen Bank nur noch ein anderes industrielles Finanzierungsgeschäft in Betracht: Die Beteiligung an der Gründung der United States Direct Cable Company. Die Entstehung und Durchführung dieser Beteiligung bietet Momente, die geeignet sind, das sich für die Persönlichkeit und die Geschäftsauffassung Georg Siemens' aus der Geschichte des Jute-Unternehmens ergebende Bild durch einige wichtige Züge zu ergänzen.

Die Anregung zu dem Geschäft des „Direct Cable" ging aus von der Firma Siemens & Halske.

Im Ersten Bande ist aus Anlaß der Entsendung Georg Siemens' nach Persien die Entstehung und Entwicklung des Kabelgeschäftes der Siemensschen Unternehmungen in kurzen Zügen dargestellt. Die Erfindungen Werner Siemens' und die von den Siemens-Firmen in Berlin und London ausgebildeten Methoden der Kabellegung und Kabelprüfung hatten den Siemensschen Unternehmungen eine bedeutende Stellung in dem in den fünfziger Jahren des vorigen Jahrhunderts beginnenden Ausbau des Kabelnetzes, sowohl der Überland- als auch der Unterseelinien, geschaffen. Die Entwicklung der großen internationalen Kabellinien konzentrierte sich aus naheliegenden Gründen in England. Bei allen wichtigen damals von England aus unternommenen Legungen von Unterseekabeln wurden die Siemens-Firmen, insbesondere das im Jahr 1858 aus einer Agentur in eine selbständige Firma umgewandelte Londoner Haus, zu technischer Hilfeleistung und zur Lieferung von Apparaten herangezogen. Im Jahre 1863 hatte das Londoner Haus eine eigne Kabelfabrik in Charlton bei Woolwich errichtet, und seit jener

Zeit bemühten sich die Gebrüder Siemens, gleich ihren großen englischen Konkurrenzfirmen, Aufträge für die vollständige Fabrikation und Legung von Unterseekabeln zu erlangen. Mit diesen Bemühungen hatten sie zunächst nur bei der französischen Regierung einen Erfolg. Aber die ihnen von dieser übertragene Legung eines Kabels von Cartagena nach Oran ist bekanntlich trotz wiederholter Versuche an der ungünstigen Beschaffenheit des Meeresbodens unter großen Verlusten für die Siemens-Firmen gescheitert (1864). Dagegen gelang der Telegraph Construction & Maintenance Company im Jahre 1866 zum erstenmal die Herstellung einer Kabelverbindung zwischen Europa und Nordamerika, die sich dauernd als betriebsfähig erwies.

Der Unternehmungsgeist Werners und seines Bruders suchte für die auf dem Gebiet des Unterseekabels erlittene Schlappe zunächst Ersatz in der Schaffung der großen Überlandlinie des indo-europäischen Telegraphen, bei dessen Durchführung Werner seinen jungen Vetter Georg heranzog und schließlich mit der für die Lebensfähigkeit des Unternehmens entscheidenden persischen Mission betraute.

Aber auch auf dem Meere wollten sich die Brüder Siemens nicht geschlagen geben. Sie setzten ihre Bemühungen fort, sich den vollständigen Bau einer unterseeischen Kabellinie zu sichern. Der Widerstand der bodenständigen englischen Konkurrenz gegen die deutschen Eindringlinge und Emporkömmlinge hatte sich jedoch inzwischen noch erheblich gesteigert. Man war bereit, die Siemensschen Erfindungen und Methoden sich nutzbar zu machen und den Siemensschen Firmen im Rahmen der großen englischen Unternehmungen eine untergeordnete Mitwirkung zuzugestehen; aber man war nicht gesonnen, der deutschen Firma ein vollständiges großes Kabelgeschäft zu überlassen. Unter der Leitung Sir William Penders bildeten die englischen Firmen einen Kabelring, der ihnen das Monopol der Kabelherstellung und Kabellegung dauernd sichern sollte. Die Widerstände gingen so weit, daß die englischen Firmen den Siemensschen Unternehmungen bei der Lieferung von Guttapercha Schwierigkeiten machten, so daß die Brüder Siemens gezwungen waren, in England auch eine eigne Guttaperchafabrik zu errichten.*)

*) Siehe Werner Siemens, Lebenserinnerungen, 12. Aufl. Berlin, Julius Springer 1922, S. 195.

Die Siemens-Firmen konnten, wie die Dinge lagen, nicht darauf rechnen, von irgendwelcher Stelle in England oder Amerika einen Auftrag für die Herstellung eines großen atlantischen Kabels zu erhalten. Wenn sie mit einem solchen Unternehmen den britischen Kabelring durchbrechen und sich damit den Zutritt zu dem großen internationalen Untersee-Kabelgeschäft erzwingen wollten, so gab es dafür nur einen Weg: sie mußten die Stelle, die ihnen den Auftrag geben sollte, selbst erst schaffen.

Es wiederholte sich für die Siemens-Firmen in gewisser Weise die Lage, die sie bei dem indo-europäischen Telegraphen veranlaßt hatte, für die Durchführung des Unternehmens eine Gesellschaft zu gründen, die gegenüber den Siemens-Firmen dann als Auftraggeberin erschien. In jenem Falle war es der latente Interessenkonflikt zwischen Rußland und England, daneben die Abneigung Rußlands gegen die Bereitstellung von Geldmitteln gewesen, die eine unmittelbare Vereinbarung zwischen den beteiligten Regierungen und die Erteilung des Bau- und Instandhaltungs-Auftrages seitens dieser Regierungen an die Siemens-Firmen verhindert hatte. Das damals gefundene Auskunftsmittel der Gründung einer besonderen Gesellschaft als Betriebsunternehmung erschien auch jetzt im Falle des von den Siemens-Firmen erstrebten transatlantischen Kabels als der gegebene Ausweg.

Schon bei dem indo-europäischen Überlandtelegraphen hatte sich England trotz aller Bemühungen der Siemens-Firmen und trotz des sehr erheblichen Interesses des englischen Handels an der Schaffung dieser Verbindung nicht als ein geeigneter Boden für die Aufbringung des Kapitals der von den Brüdern Siemens errichteten Gesellschaft erwiesen. Es sei an die Enttäuschung erinnert, die — im Gegensatz zu den guten Ergebnissen auf dem Kontinent — die Subskription auf die Anteile der Indo-European Telegraph Company in England gebracht hatte.*)

Angesichts dieser Erfahrungen war bei der ausgesprochenen Gegnerschaft der maßgebenden britischen Unternehmungen gegen den transatlantischen Plan der Siemens-Firmen an die Finanzierung einer für diesen Zweck etwa zu gründenden Gesellschaft in England nicht zu denken.

---

*) Siehe Band I, S. 97.

Es warf sich damit von selbst die Frage auf, ob die Finanzierung in Deutschland möglich sei. Von der Beantwortung dieser Frage hing es ab, ob das große Projekt überhaupt Aussicht auf Verwirklichung hatte.

Werner Siemens hatte seinen Vetter Georg als jungen Assessor zur Mitarbeit an dem Unternehmen des indo-europäischen Telegraphen herangezogen, als sich dort unvorhergesehene Schwierigkeiten einstellten. Georg Siemens hatte die auf ihn gesetzten Erwartungen weit übertroffen. Inzwischen war der junge Assessor Direktor eines Bankinstitutes geworden, das zwar noch in den ersten Anfängen seiner Entwicklung stand, sich aber immerhin gerade durch das zielsichere Zugreifen Georg Siemens' bereits eine Stellung in der Berliner Bankwelt geschaffen hatte. Was konnte näher liegen als der Gedanke, auch jetzt wieder in der viel schwierigeren Angelegenheit des transatlantischen Kabels auf Georg Siemens' Mitwirkung zurückzugreifen!

Georg Siemens war, auch nachdem er sein geschäftliches Verhältnis zu der Firma Siemens & Halske gelöst hatte und in die Direktion der neugegründeten Deutschen Bank eingetreten war, in engen persönlichen Beziehungen zu Werner und dessen Brüdern geblieben. Auch für die geschäftlichen Unternehmungen seines Vetters hatte er das alte Interesse bewahrt. Wallich erzählt:

„Seine Anhänglichkeit an die Familie Werner Siemens' und an die Firma Siemens & Halske war rührend. In den ersten drei Jahren unseres Zusammenarbeitens schilderte er mit Vorliebe die Tüchtigkeit und die treffliche Arbeitsmethode, die Großherzigkeit, mit der die Firma jährlich Millionen für Versuche opfere usw. Sehr oft vergaß er sich, indem er in der Idee, er gehöre noch zu der damals konkurrenzlos dastehenden Firma, erzählte: „Bei uns gehen jetzt große Dinge vor." Ich vermute, daß ihm damals öfter von Werner Siemens nahe gelegt wurde, wieder in die Firma einzutreten, und daß er in den bangen Stunden, die wir bei der Bank durchzumachen hatten, innerlich einen harten Kampf auszufechten hatte. Aber es lag nicht in seiner Art, die Flinte ins Korn zu werfen. Die Stetigkeit des Willens, verbunden mit dem in der Verfolgung eines fest vorgesetzten Zieles steifen Rückgrat des Niedersachsen war eine seiner besten Eigenschaften, die ihn auszeichneten gegenüber seinen aus weicherem Holz geschnitzten Kollegen."

Es läßt sich denken, daß der große Plan der Schaffung eines transatlantischen Unterseekabels durch das in der Firma Siemens & Halske vertretene deutsche Unternehmertum für Georg Siemens einen ganz besonders starken Reiz haben mußte. Hier bot sich für ihn die Möglichkeit, in größerem Stil und in leitender Stelle eine ähnliche Aufgabe zu bewältigen, wie er sie bei seiner persischen Mission als Beauftragter seiner Vettern hatte lösen helfen. Eine Aufgabe, bei der durch die Finanzierung eines großen auswärtigen Unternehmens der deutschen Industrie ansehnliche Aufträge zugeführt und ein wichtiges internationales Arbeitsfeld von unabsehbaren Perspektiven erkämpft werden konnte.

Bereitwillig stellte er sich deshalb seinen Verwandten mit Rat und Tat zur Verfügung.

Auch dieses Mal galt es nach übereinstimmender Ansicht als notwendig, die für den Bau und Betrieb des geplanten transatlantischen Kabels zu errichtende Gesellschaft als Gesellschaft englischen Rechtes zu konstituieren. Wenn man sich auch darüber klar war, daß angesichts der die öffentliche Meinung in England beherrschenden Widerstände das Kapital vorwiegend, vielleicht ausschließlich, in Deutschland aufgebracht werden müßte, so hatte man doch damit zu rechnen, daß das Unternehmen nur würde gedeihen können, wenn es gelänge, die Kundschaft der britischen Geschäftswelt zu gewinnen. Das erschien nur möglich, wenn die Gesellschaft ihren Sitz in England nahm und sich dem englischen Recht unterwarf.

Georg Siemens, der mit dem englischen Gesellschaftsrecht und den zu erfüllenden Formalitäten durch die Mitwirkung bei den im Jahre 1868 behufs Errichtung der Indo-European Telegraph Company geführten Verhandlungen vertraut geworden war, übernahm die Vorarbeiten für die Gründung der neuen Gesellschaft und reiste zu Anfang des Jahres 1873 persönlich nach London, um die Gründung der Gesellschaft zum Abschluß zu bringen. Es bestätigte sich bald, daß die Finanzierung auf dem englischen Geldmarkt allein nicht möglich war.*) Aber auch in Deutschland fand sich wenig Verständnis und Neigung für das weitausschauende

*) Werner Siemens schreibt, a. a. O., S. 195: „Das erforderliche Kapital wurde auf dem Kontinente zusammengebracht, da der englische Markt uns durch die übermächtige Konkurrenz verschlossen war."

Unternehmen. Sogar im engeren Kreise der Deutschen Bank fand Georg Siemens kühle Zurückhaltung. Seine Kollegen in der Direktion sträubten sich dagegen, für die Deutsche Bank ein großes Engagement in diesem von ihnen skeptisch beurteilten Geschäft zu übernehmen. So drohte im letzten Augenblick das ganze Unternehmen daran zu scheitern, daß es nicht gelang, die notwendigen Zeichnungen auf die Anteile der Gesellschaft in vollem Umfang zusammenzubringen, obwohl die Siemens-Firmen selbst sich mit einem ansehnlichen Betrage beteiligten. In dieser Lage sprang Georg Siemens mit einem Gewaltstreich ein: er zeichnete im letzten Augenblick in London den nicht untergebrachten Teil des Aktienkapitals und erklärte sich der Bank gegenüber bereit, den Betrag, der die von der Direktion limitierte Beteiligung überschritt, auf seine eigne Kappe zu nehmen. Doch ich will zu diesem charakteristischen Vorfall Wallich das Wort geben:

„Die Gesellschaft zur Legung des Kabels zwischen Europa und Amerika wurde in London unter Mitwirkung der Deutschen Bank gegründet, die sich, trotzdem sie noch jung und schwach war, mit einem namhaften Betrag beteiligte. Für die Plazierung waren 10% Provision bewilligt. Die Provision war verlockend, aber die Plazierung war schwer. Als Siemens behufs Abschlusses nach London fuhr, mußte er mir in die Hand versprechen, unter keinen Umständen unser Engagement zu vergrößern. Wie leider vorauszusehen war, gelang die Plazierung nur unvollkommen, und es blieb noch ein Posten unterzubringen. Rasch entschlossen sprang Siemens in die Bresche und übernahm im Interesse seiner Verwandten mit einigen Freunden den fehlenden Betrag, indem er der Bank anheimstellte, daß er die Aktien selbst behalten werde, falls die Bank sie nicht nehmen wolle. Ich war so grausam, ihn beim Wort zu nehmen, wobei ich zu meiner Entschuldigung bemerke, daß es wirklich gegen die Abmachung war, die junge Bank noch mehr zu belasten, und daß ich im geheimen die Hoffnung hegte, daß der alte Werner Siemens, dessen Firma an dem Kabel viel Geld verdiente, seinen Vetter nicht im Stiche lassen würde. Ich hatte mich aber in der Generosität Werner Siemens' verrechnet. Georg Siemens exekutierte sich ohne Murren, indem er das von seinem Vater auf Abschlag erhaltene Vermögen preisgab. Er trug weder mir noch Werner Siemens den Fall weiter nach, obwohl ich mir deshalb später selbst Vorwürfe machte. Als er einige Zeit darauf mit Werner Siemens auf einige Jahre auseinander kam und ich ihn fragte, ob die Kabelgesellschaft den Grund der Spannung bilde, antwortete er stolz: Um Geld entzweien sich die Siemens nicht."

Georg Siemens hatte mit einem Einsatz, der sein damaliges Vermögen überstieg, das Zustandekommen des Unternehmens gerettet. Die Triebfeder seines ungewöhnlichen Handelns lag sicher nicht nur in dem verwandtschaftlichen Interesse für seine Vettern und in seinem persönlichen Verhältnis zu der Firma Siemens & Halske, sondern vor allem in seiner damals schon hohen Meinung von der Zukunft der elektrischen Industrie und in seinem Bestreben, Deutschland in dieser Industrie seinen Platz in der Welt zu sichern.

Gerade in diesem Falle bestimmte ihn wohl mehr die Intuition als eine unter den damaligen Verhältnissen noch kaum mögliche klare Erkenntnis. Und in dieser Intuition sollte er auf die Länge der Zeit recht behalten. Wir werden sehen, wie Georg Siemens späterhin auf dem Gebiete der Elektrizität die größten Leistungen in der Industrie-Finanzierung vollbracht hat, ja wie er geradezu ein Bahnbrecher des „elektrischen Zeitalters" geworden ist.

Aber jener erste Versuch, ein großes Unternehmen auf dem Gebiete der elektrischen Industrie zu finanzieren, wurde zu einem schweren Fehlschlag.

Rein technisch allerdings ist das Unternehmen von den Siemens-Firmen glänzend durchgeführt worden. Die Legung des direkten Kabels zwischen Irland und Nordamerika gelang fast über Erwarten gut. Selbst in England konnte man vor dem technischen Erfolg nicht die Augen verschließen. Die Prüfung des Kabels wurde der ersten englischen Autorität, dem großen Gelehrten Sir William Thomson, übertragen; dieser erklärte das Kabel für fehlerfrei und außerordentlich sprechfähig.*) Der Triumph der deutschen Technik war damit vor aller Welt und in aller Form anerkannt.

Dagegen vermochte es die Kabelgesellschaft nicht, zu einer finanziellen Rentabilität zu kommen. Es würde zu weit führen, hier auf die

---

*) Siehe Werner Siemens, a. a. O., S. 198.

Schwierigkeiten im einzelnen einzugehen, die einer günstigen finanziellen Entwicklung sich entgegenstellten und die — anders als bei dem Meißner Jute-Unternehmen — auch durch die Energie und Zähigkeit eines Georg Siemens nicht überwunden werden konnten, zumal diesem nur eine begrenzte Einwirkung auf die Verhältnisse und die Geschäftsgebarung der englischen Gesellschaft möglich war.

Das Ende war, daß die Gesellschaft nach jahrelangem Siechtum vor dem britischen Kabelring kapitulierte und ihre Geschäfte mit einem Verluste von 40% für die Inhaber ihrer Anteile abwickelte.*) Georg Siemens wurde persönlich, angesichts seiner starken Beteiligung an dem Unternehmen, durch diesen Ausgang schwer getroffen.

Die Zeit der Zurückhaltung.

Ermutigend waren die Erfahrungen nicht, die sich für die Deutsche Bank und für Georg Siemens persönlich aus den geschilderten ersten Versuchen auf dem Gebiete der Industrie-Finanzierung ergaben. Ermutigend um so weniger, als in diesen beiden charakteristischen Fällen nicht etwa wahllos und leichtfertig herausgegriffene, auf kurzfristigen spekulativen Gewinn abgestellte, aber in sich verfehlte Geschäfte in Frage kamen, sondern sorgfältig geprüfte und wohl abgewogene, auf dauernden und allgemeinen Nutzen berechnete, auf einen gesunden und zukunftsreichen Grundgedanken aufgebaute Unternehmungen. Trotz-

*) Den Siemensfirmen erwuchs daraus kein Schaden, sondern eine Reihe weiterer Aufträge. Werner Siemens schreibt, a. a. O., S. 198: „Es bildete sich bald eine andere und zwar eine französische Gesellschaft, welche ein „ringfreies" Kabel durch unsere Firma legen ließ. Auch dieses wurde nach kurzer Frist vom „Globe", wie der Kabelring benannt war, angekauft, doch wurde hierdurch amerikanisches Geld der Kabeltelegraphie zugeführt. Bruder Wilhelm erhielt im Jahre 1881 ein Telegramm, in welchem der bekannte Eisenbahnkönig M. Gould ein Doppelkabel nach Amerika bestellte, welches ganz wie das letzte von uns gelegte beschaffen sein sollte. Auch die Gouldschen Kabel sind nach etlichen Konkurrenzkämpfen mit dem Globe vereinigt, doch wieder durchbrach Amerika das Kabelmonopol. Im Jahre 1884 bestellten die bekannten Amerikaner Maket und Bennet zwei Kabel zwischen der englischen Küste und New-York, welche binnen Jahresfrist tadellos angefertigt und gelegt wurden und bis jetzt ihre Unabhängigkeit vom Kabelringe bewahrt haben."

dem gelang es in dem einen Fall — bei dem Jute-Unternehmen — erst nach jahrelangen Sorgen und Mühen und nur mit einem Aufgebot ungewöhnlicher Zähigkeit und Energie, das Unternehmen zu einem gewinnbringenden Geschäft zu machen; im andern Fall — bei dem Kabelunternehmen — hatte sich trotz vollendeter technischer Durchführung der finanzielle Mißerfolg nicht abwenden lassen.

Auch Georg Siemens' vorwärtsdrängender und wagemutiger Geist mußte durch solche Erfahrungen stark beeindruckt werden; um so stärker, je mehr an persönlichem Willen und persönlichen Opfern er an diese ersten Finanzierungsversuche gewandt hatte. Es war nicht seine Art, an Erfahrungen vorbeizugehen, sondern die Erfahrungen auszuschöpfen. In diesen beiden Fällen zeigten ihm die Erfahrungen die Bedingtheit des Gelingens auch an sich vernünftiger und großgedachter Unternehmungen sowohl durch die eigne finanzielle Kraft, als auch durch äußere Verhältnisse, die auf den ersten Blick gegenüber der Grundidee als nebensächlich erscheinen mochten. Das an sich gesunde Jute-Unternehmen wäre nahezu an der Ungunst der Zollverhältnisse zugrunde gegangen; das an sich gesunde Kabelunternehmen scheiterte letzten Endes wohl an der Unmöglichkeit, ein solches auf die englische Geschäftswelt angewiesenes Unternehmen gegen deren Widerstreben als ein im Kern deutsches Unternehmen aufzumachen und von Deutschland aus zu dirigieren. Für das Durchhalten des Jute-Unternehmens hatte die Kraft der Deutschen Bank ausgereicht; das Durchhalten der United States Direct Cable Company gegen den britischen Kabelring wäre angesichts des Umfanges des hier in Frage kommenden Kapitals auch dann über die Kraft der Deutschen Bank gegangen, wenn Direktion und Verwaltungsrat der Deutschen Bank die Mittel des Instituts für diesen Zweck mit größerer Bereitwilligkeit hätten zur Verfügung stellen wollen.

Die Erfahrungen wiesen also deutlich den Weg der Vorsicht und Zurückhaltung.

Dazu kam, daß sowohl die allgemeinen Zeitverhältnisse als auch die besonderen Verhältnisse der Deutschen Bank sich damals in einer Weise gestalteten, die der Mahnung zur Vorsicht und Zurückhaltung auf dem Gebiet der Industrie-Finanzierung noch einen besonderen Nachdruck geben mußte. Das katastrophale Ende der Gründungsära und die durch den Abbau verschärfte Krisis des Absatzmarktes und damit der industriellen Produktion verleideten das Geschäft der Industrie-Finanzierung auch solchen Bankinstituten, die ihm mit geringeren Skrupeln gegenüberstanden als die Deutsche Bank. Die Rückschläge und Verluste auf dem Gebiet des überseeischen Geschäftes machten in jenen Jahren der Deutschen Bank hinreichende Sorgen, und die Einverleibung der beiden Berliner Konkurrenzbanken brachte ihr hinreichende Arbeit, um sie vor der ohnedies geringen Versuchung weiterer Finanzierungsgeschäfte zu bewahren. Auch nachdem das überseeische Geschäft konsolidiert und die Übernahme der beiden Banken in der Hauptsache bewältigt, daneben die Grundlage für das Depositengeschäft geschaffen war, blieb die Industrie-Finanzierung zunächst noch durchaus im Hintergrund. Bei dem Kampf, den Georg Siemens um die Mitte des Jahres 1876 durchkämpfte, um der Bank den Weg zu dem weiten Feld des großen Finanzgeschäftes zu öffnen, ging es vor allem um die grundsätzliche Bewegungsfreiheit, daneben um die praktische Inangriffnahme der Eisenbahnwerte und des öffentlichen Kredits. Dieses wichtige Teilgebiet des Finanzierungsgeschäftes wurde in den folgenden Jahren, wie oben*) geschildert wurde, zielbewußt, planmäßig, energisch und erfolgreich bearbeitet. Aber bis zum Jahr 1879 hat Georg Siemens ein industrielles Geschäft nicht wieder angerührt.

Inzwischen waren die Voraussetzungen für eine industrielle Betätigung erheblich günstiger geworden. Der große Reinigungs- und Konsolidierungsprozeß war vollendet, die nicht lebensfähigen Unternehmungen waren ausgemerzt, die lebensfähigen hatten in der harten Schule der Krisis und der Depression und unter dem Druck des scharfen ausländischen Wettbewerbs Selbstzucht gelernt und Kraft gesammelt, ihren Betrieb sparsam und ihre Methoden rationell gestaltet. Deutscher Fleiß, deutsche Gründlichkeit und Planmäßigkeit wurden Schritt für Schritt Herr über die schlimmen Nachwirkungen des Taumels der Nachkriegsjahre.

Dazu kam der Umschwung in der Handelspolitik. Noch gegen Ende des Jahres 1875 hatte Bismarck im Reichstag die Beseitigung der Schutzzölle und die Belegung einiger weniger Einfuhrwaren mit Finanzzöllen als das erstrebenswerte Ziel bezeichnet. Aber die doktrinäre Überspan-

*) Band I, S. 314 ff.

nung der Freihandelslehre sollte bald die entscheidende Gegenwirkung auslösen. Zu den Klagen der Industrie, deren Krisis durch die Beseitigung des letzten Schutzes vor der rücksichtslosen und vielfach noch überlegenen Konkurrenz des Auslandes in einer unnötigen und unbegreiflichen Weise noch verschärft wurde, gesellten sich damals die Klagen der Landwirtschaft. Bisher hatte der deutsche Landwirt von einem ausländischen Wettbewerb auf dem heimischen Markte kaum etwas verspürt und hatte sein Interesse in der leichten Zugänglichkeit des Auslandsmarktes für seine Produkte und in dem billigen Bezug landwirtschaftlicher Maschinen und Geräte gesehen. Jetzt machte die Zunahme der deutschen Bevölkerung Deutschland zu einem Getreideeinfuhrland. Gleichzeitig drohte die rasche Ausdehnung des Eisenbahnbaues in wichtigen europäischen und außereuropäischen Agrargebieten zu einer Überflutung des deutschen Marktes mit landwirtschaftlichen Erzeugnissen des Auslandes zu führen, deren Preise unterhalb der deutschen Produktionskosten lagen. Dazu kam, daß die Zollgesetzgebung fast aller wichtigen Wirtschaftsgebiete außer England, vor allem die Zollgesetzgebung Frankreichs, Österreich-Ungarns, Rußlands und der Vereinigten Staaten, immer schärfer das System des Schutzzolles verwirklichte. Bismarck warf rasch entschlossen das Steuer herum. Schon im Jahre 1876 ließ der Rücktritt des Hauptträgers der Freihandelspolitik, des Präsidenten des Reichskanzleramtes Rudolph von Delbrück, erkennen, daß Bismarck anfing an der Richtigkeit der bis dahin verfolgten Handelspolitik irre zu werden. Im Jahre 1878 proklamierte Bismarck die Ersetzung des Freihandels durch den „Schutz der nationalen Arbeit". Unter schweren parlamentarischen Kämpfen setzte er den neuen autonomen Zolltarif durch, der den wichtigsten industriellen und landwirtschaftlichen Erzeugnissen Schutzzölle gewährte. Am 15. Juli 1879 erlangte der neue Zolltarif Gesetzkraft.

An dem Beispiel der Meißner Jutefabrik haben wir gesehen, welche Bedeutung das System der „Erziehungszölle" für wichtige Industriezweige hatte, insbesondere für solche, die im Wettbewerb mit wohlfundierten ausländischen Industrien in Deutschland erst einmal Wurzel fassen mußten. Für die gesamte Industrie brachte der neue handelspolitische Kurs mit dem Schutze des Inlandsmarktes eine bessere Sicherung der Grundlagen, auf denen sich eine weitere Entwicklung aufbauen konnte.

Diese weitere Entwicklung vollzog sich zunächst noch in gemäßigtem Tempo und nicht ohne Rückschläge und Stockungen. Es fehlte noch ein ganz großer Antrieb, wie ihn zu Beginn der siebziger Jahre der siegreiche Ausgang des Krieges und die Begründung der Reichseinheit mit sich gebracht hatte und wie er in dem letzten Jahrzehnt des vorigen Jahrhunderts aus den gewaltigen technischen Fortschritten der Elektrizitätsindustrie erwachsen sollte. Es fehlte der industriellen Gesamtentwicklung auch noch an Einheitlichkeit und Planmäßigkeit. Zwar hatte der Staat mit dem Übergang zum System des „Schutzes der nationalen Arbeit" von sich aus die Förderung der Industrie bewußt als Ziel aufgestellt; aber der Protektionismus, namentlich ein so primitiver und wenig differenzierender Protektionismus, wie ihn der Zolltarif von 1879 darstellte, beschränkt sich in der Industrieförderung auf das Negative, indem er sich in der Erschwerung der ausländischen Konkurrenz erschöpft. Die aktive, ordnende, organisierende und positiv aufbauende Industrieförderung blieb dem privaten Unternehmertum überlassen, und dieses wuchs nur langsam in eine Aufgabe hinein, die erst allmählich und nur von wenigen Köpfen überhaupt als Aufgabe begriffen wurde. In der Zeit, die uns hier beschäftigt, bestand die industriefördernde Tätigkeit speziell der Banken in der mehr oder weniger zusammenhanglosen Unterstützung einzelner Unternehmungen durch Kredite und durch Übernahme und Begebung von Aktien.

So stand es um die deutsche Industrie und um die Industrie-Finanzierung, als die Deutsche Bank sich um die Wende der siebziger und achtziger Jahre des vorigen Jahrhunderts entschloß, aus der völligen Zurückhaltung, die sie sich seit dem Jahre 1873 freiwillig auferlegt hatte, herauszutreten.

Zweites Kapitel.

Die Finanzierungsgeschäfte der achtziger Jahre.

Die innere Kräftigung der Deutschen Bank.

Wenn jetzt Georg Siemens glaubte, auf dem Gebiete des Industrie-Finanzierungsgeschäftes einen grundsätzlich entscheidenden, wenn auch an sich harmlos und bescheiden aussehenden Schritt weiter gehen zu können, und wenn er sich dabei im Einverständnis mit seinen Mitarbeitern befand, so war dafür nicht nur die Änderung in den Vorbedingungen für die weitere industrielle Entwicklung Deutschlands maßgebend, sondern auch die Änderung im Stande des eignen Instituts. Mit den Jahren 1875 und 1876 war die Krisis des jungen Unternehmens überwunden. Alle Geschäftszweige zeigten eine gesunde und stetige Mehrung der Umsätze und Erträgnisse. Das Gesamtergebnis war eine von Jahr zu Jahr sich steigernde Zunahme des Reingewinnes. Die Dividende, die für das Jahr 1873 auf 3% hatte herabgesetzt werden müssen, konnte für die Jahre 1876 und 1877 auf 6%, für 1878 auf 6½%, für 1879 auf 9% erhöht werden. Dabei wurde bei der Gewinnausschüttung entsprechend den Grundsätzen, deren strenge Anwendung bei dem Jute-Unternehmen hervorgehoben worden ist, mit äußerster Vorsicht verfahren. Ein erheblicher Teil des Gewinnes wurde zur Dotierung der offenen Rücklagen und zur Schaffung von stillen Reserven verwendet. Am Ende des Jahres 1879 wurden die bilanzmäßigen Reserven auf rund 6650000 Mark gebracht. Damals schon war der Zustand innerer Kräftigung nahezu erreicht, den Georg Siemens für die Deutsche Bank und alle Unternehmungen, auf deren Geschäftsgebaren er einen maßgebenden Einfluß hatte, als den Idealzustand erstrebte; der Zustand, den er einige Jahre später in einem Brief vom 17. November 1885 an M. Bauer vom Wiener Bankverein mit den Worten bezeichnete:

„Unsere Verhältnisse sind so geordnet, daß wir unsere Dividende auf mehrere Jahre hinaus berechnen können."

Betätigung in der Finanzierung der verschiedenen Industriezweige.

Die Deutsche Bank war also gegen Ende der siebziger Jahre zweifellos bereits imstande, auch große Risiken zu übernehmen, wie sie das industrielle Finanzierungsgeschäft mit sich bringen konnte.

Trotzdem ging sie auch jetzt noch nur zögernd und vorsichtig an das neue Gebiet heran. Die Geschäfte, die sie abschloß und durchführte, trugen eine große Sicherheit in sich selbst und unterschieden sich in den ersten Jahren, wenn überhaupt, höchstens in der sorgfältigen Auswahl von den Industriegeschäften anderer Banken.

Vom eigentlichen industriellen Gründungsgeschäft blieb die Deutsche Bank noch gänzlich fern. Sie bevorzugte zunächst den sich damals entwickelnden Zweig des industriellen Finanzierungsgeschäftes, der ihrer bisherigen Betätigung auf dem Gebiet des öffentlichen Kredits am nächsten lag: die Übernahme und Begebung von Obligationen großer industrieller Unternehmungen. Dieser Geschäftszweig erwuchs gewissermaßen organisch aus dem mit Kreditgewährung verbundenen industriellen Kontokorrentgeschäft der Bank; er bestand vielfach in der Ablösung des an große industrielle Unternehmungen gewährten und allmählich angewachsenen Bankkredits durch die Ausgabe festverzinslicher Obligationen, deren Unterbringung im Publikum die Banken durch die Auflegung zur öffentlichen Zeichnung oder durch freihändigen Verkauf besorgten.

Das erste Geschäft der Deutschen Bank auf dem neuen Gebiet war die Übernahme einer 5%-Anleihe der Firma Friedr. Krupp in Höhe von 22½ Millionen Mark im Jahre 1879. In dem für dieses Geschäft gebildeten Konsortium, dem unter andern das Bankhaus Delbrück, Leo & Co. und der A. Schaaffhausensche Bankverein angehörten, hatte die Deutsche Bank die Führung. Damit war eine wertvolle Verbindung zu dem in jener Zeit unstreitig ersten Industrieunternehmen hergestellt. Späterhin sind die Obligationenbegebungen von Krupp durch das sogenannte Preußen-Konsortium erfolgt.

Noch im gleichen Jahre übernahm die Deutsche Bank zusammen mit dem Schlesischen Bankverein und Delbrück, Leo & Co. eine 5%-Anleihe der Schlesischen Aktiengesellschaft für Bergbau- und Zinkhüttenbetrieb in Höhe von 3 Millionen Mark. Sie trat damit in Beziehung zu der schlesischen Montanindustrie.

Aus den ähnlichen Geschäften der folgenden Jahre ist zunächst bemerkenswert eine Operation auf dem Gebiet der Jute-Industrie, auf dem die Deutsche Bank durch die Gründung und das Durchhalten der Deutschen Jute-Spinnerei und Weberei Aktien-Gesellschaft in Meißen seit dem Beginn der siebziger Jahre Fuß gefaßt hatte. Für einen so systematischen Kopf wie Georg Siemens war es auf die Dauer nicht möglich, auf irgendeinem Arbeitsfeld systemlos zu wirtschaften. Es wäre gegen seine Natur gewesen, auf dem Gebiet des industriellen Finanzierungsgeschäftes planlos vorzugehen und sich damit zu begnügen, unter den sich bietenden einzelnen Geschäften eine Auswahl lediglich vom Standpunkt der Gewinnaussichten und des Risikos zu treffen. Er nahm die Dinge auch hier im Zusammenhang und stellte seinen Blick auf das Ganze ein. In der damaligen Zeit war der individualistische Gesichtspunkt des Konkurrenzkampfes der allgemeingültige; der Gedanke von Interessengemeinschaften, Kartellen und sonstigen Verbänden, der uns heute so geläufig ist, schlummerte noch im Schoße der Zukunft. Für einen andern als Georg Siemens wäre das starke, durch die glücklich überwundenen schweren Jahre doppelt fest geschweißte Verhältnis zu der Meißener Jutefabrik wohl ein Grund gewesen, die wenigen andern Unternehmungen der Jute-Industrie, die in Deutschland vorhanden waren, zu meiden oder gar zu bekämpfen. Für Georg Siemens war die Wirkung eine umgekehrte: Das Gefühl für Interessensolidarität und planmäßige Zusammenarbeit, das späterhin der deutschen industriellen Entwicklung den Stempel aufdrücken sollte, war damals in ihm schon so weit entwickelt, daß gerade seine enge Beziehung zu der Meißener Fabrik für ihn der Anlaß war, Verbindung auch mit den andern deutschen Jute-Unternehmungen zu suchen. Durch Vermittlung der mit der Deutschen Bank befreundeten Braunschweigischen Kreditanstalt bahnte er eine Verbindung an mit der ältesten und neben der Meißener Gesellschaft bedeutendsten Jutefabrik, der Braunschweigischen Aktien-Gesellschaft für Jute- und Flachs-Industrie. Im Jahre 1881 übernahm die Deutsche Bank in Gemeinschaft mit der Braunschweigischen Kreditanstalt die Konvertierung einer älteren 6%-Obligationen-Anleihe dieser Gesellschaft. Im gleichen Jahr nahm die Deutsche Bank eine Beteiligung an der Rheinischen Jute-Spinnerei-Aktien-Gesellschaft, die später auf die Westdeutsche Jute-Spinnerei und -Weberei Aktien-Gesellschaft überging. Auf diese Weise schuf Georg Siemens der Deutschen Bank eine zentrale Stellung in der gesamten deutschen Juteverarbeitung und gab ihr die Möglichkeit, mit ordnender Hand in die Verhältnisse dieser wichtigen Industrie einzugreifen. Der Vorteil, der aus dieser Kombination für das überseeische Geschäft der Deutschen Bank mit der Finanzierung des deutschen Jute-Imports erwuchs, sei nur angedeutet.

Bemerkenswert ist ferner das Interesse, das die Deutsche Bank in diesem frühen Stadium ihrer industriellen Finanzierungstätigkeit an der jungen und vielversprechenden Farbenindustrie nahm. Schon im Jahre 1881 beteiligte sie sich an der Übernahme einer 5%-Anleihe der Aktien-Gesellschaft für Anilinfabrikation, Berlin-Treptow, in Höhe von 2½ Millionen Mark. Die Deutsche Bank hatte in diesem Geschäft die Führung. Zwei Jahre später bildete sie mit den Vorbesitzern und damaligen Großaktionären der im Jahre 1881 gegründeten Farbenfabriken vormals Friedrich Bayer & Co. in Elberfeld ein Konsortium zur Einführung der Aktien dieser Gesellschaft an der Berliner Börse. Die Einführung erfolgte im Jahre 1885. Bei den späteren Anleihen- und Aktien-Emissionen war die Deutsche Bank stets das einzige mitwirkende Bankinstitut. Das Interesse der Deutschen Bank an der Farbenindustrie wurde im Jahre 1886 dadurch vervollständigt, daß sie einen größeren Posten von Aktien der im Jahre 1865 gegründeten Badischen Anilin- und Soda-Fabrik, Mannheim-Ludwigshafen, von der Deutschen Vereinsbank in Frankfurt a. Main übernahm. Die Verbindung der Deutschen Bank auch mit dieser Gesellschaft wurde von Jahr zu Jahr enger. In den neunziger Jahren übernahm die Deutsche Bank die Führung in der Finanzgruppe des Unternehmens.

Erwähnt sei ferner aus den allmählich zahlreicher werdenden Geschäften jener Jahre die Führung der Deutschen Bank in einem Konsortium zur Einführung neuer Aktien der Vereinigten Gummiwarenfabriken, Harburg-Wien, an der Berliner Börse (1883); die Übernahme einer Obligationen-Anleihe der Deutschen Continentalen

Gas-Gesellschaft in Dessau, die zahlreiche Gasanstalten im Reiche und im Ausland betrieb; die Führung in den Emissionen der Schultheiß-Brauerei. Ferner Transaktionen mit Unternehmungen der Eisen- und Maschinenindustrie, so mit der Aktien-Gesellschaft für Eisenindustrie und Brückenbau, vormals J. C. Harkort in Duisburg (Begebung neuer Aktien unter Führung der Deutschen Bank im Jahre 1883), mit den Buderusschen Eisenwerken in Wetzlar (Beteiligung bei der Gründung 1884), mit der Berliner Aktien-Gesellschaft für Eisengießerei und Maschinenfabrikation vormals J. C. Freund & Co., Berlin (Aktienemission allein durch die Deutsche Bank, 1884), mit der Stettiner Maschinenbau-Aktien-Gesellschaft Vulkan (Beteiligung bei Aktienemission 1886), mit den Vereinigten Köln-Rottweiler Pulverfabriken, mit dem Bochumer Verein.

Auf einem andern wichtigen Gebiet dagegen gelang es Georg Siemens trotz aller seiner Bemühungen damals noch nicht, der Deutschen Bank eine maßgebende Stellung zu sichern: auf dem Gebiet des Kalibergbaus. Siemens hatte frühzeitig die großen Aufgaben der Kali-Industrie erkannt und nach dieser Erkenntnis gehandelt. Zu Beginn der achtziger Jahre hatte er nach eingehenden Verhandlungen mit Dr. Hammacher, dem bekannten Industriellen und nationalliberalen Abgeordneten, der die Interessen der Gewerkschaft Neu-Staßfurt vertrat, eine Vereinbarung getroffen, auf Grund derer die Deutsche Bank diese Gewerkschaft in eine Aktiengesellschaft umwandeln und in dieser maßgebenden Einfluß gewinnen sollte. Seine Absichten gingen dabei weit über dieses einzelne Geschäft hinaus. Er hatte eine Vorahnung der Gefahren, die der Kali-Industrie aus der Zersplitterung und Überkapitalisierung drohten. Diesen Gefahren wollte er begegnen und die aufblühende Industrie rationell gestalten. Durch die mit Dr. Hammacher vereinbarte Transaktion wollte er den Sammelpunkt für die neue Industrie schaffen. Aber der große Plan scheiterte in seinen ersten Anfängen an der Verständnislosigkeit des Verwaltungsrates der Deutschen Bank. Wallich berichtet über diese Vorgänge:

„... Es war eine geniale und glänzende Idee. Wir alle waren davon begeistert, und selbst unser Vorsitzender (Adalbert Delbrück) gab

Siemens' überzeugenden Worten nach. In der Sitzung unseres Ausschusses, in der Konsul M. als Mitglied zugegen war, wurde das Geschäft anstandslos genehmigt. Beim Nachhausegehen begleitete M. den Vorsitzenden und machte ihm Vorwürfe über sein zustimmendes Votum, worauf dieser zurückkehrte und seine Unterschrift von dem Protokoll zurückzog. Das Geschäft war zerstört."

In der Tat zerschlug sich das Geschäft, das nur bei einem raschen und entschlossenen Zugreifen hätte zustande kommen können, an dem kleinmütigen und wankelmütigen Verhalten des Verwaltungsrates. Der daraus erwachsende Schaden war auch späterhin nicht wieder gut zu machen. Georg Siemens war allerdings nicht gewillt, nach diesem Vorkommnis die Dinge treiben zu lassen. Aber er kam zunächst nicht über eine verhältnismäßig geringe Beteiligung an der Umwandlung des Kalisalzwerkes Westeregeln (früher Douglashall) in eine Aktiengesellschaft hinaus. Wohl knüpfte er Beziehungen zu Hermann Schmidtmann von den Kaliwerken Aschersleben an, die später in der Entwicklung der Kali-Industrie eine so große Rolle spielen sollten. Aber auch jetzt wieder stieß er, wie im Falle Neu-Staßfurt, auf Widerstände im eignen Verwaltungsrat, die ihn schließlich veranlaßten, Schmidtmann an die Disconto-Gesellschaft zu verweisen. Steinthal berichtet, Siemens habe damals erklärt, Schmidtmann und sein Unternehmen brauche Förderung; da er ihm diese nicht gewähren könne, solle wenigstens Schmidtmann und die Sache nicht darunter leiden. Die Disconto-Gesellschaft kam mit Schmidtmann zum Abschluß. Sie kaufte mit Schmidtmann und andern Beteiligten das bisher von einer Gesellschaft englischen Rechtes, der Mineral Salts Company Ltd. London, betriebene Kalibergwerk Schmidtmannshall bei Aschersleben. Das seit 1876 als Bohrgesellschaft bestehende Unternehmen wurde in eine Gewerkschaft, später (1889) in eine Aktiengesellschaft umgewandelt. Alles was Siemens bei dem widerstrebenden Verwaltungsrat durchsetzen konnte, war die Annahme der von der Disconto-Gesellschaft der Deutschen Bank an dem Geschäfte angebotenen Beteiligung.

Siemens hat nicht nur die großen Entwicklungsmöglichkeiten der Kali-Industrie von Anfang an richtig eingeschätzt; die Gestaltung der Verhältnisse in dieser Industrie hat vielmehr auch bald genug und leider nur in allzu großem Umfang seine Auffassung bestätigt, daß nur bei einer straffen Organisation und einheitlichen Leitung diese Industrie vor schweren Gefahren bewahrt werden könne. Zu dieser straffen Organisation und einheitlichen Leitung ist es nicht gekommen. Die einzelnen Kali-Unternehmungen schossen wild ins Kraut. Die Spekulation in Kaliwerten nahm einen bedenklichen Umfang an. Bei dem Wettrennen in der Errichtung von Kali-Gesellschaften und bei dem Niederbringen von Schächten wurden Hunderte von Millionen Mark im Kalibergbau investiert, die sich bei einer rationellen Gestaltung der Industrie hätten ersparen lassen. Die einzelnen Werke machten sich eine vernichtende Konkurrenz, mehr noch auf dem ausländischen als auf dem inländischen Markte. So kam es, daß Deutschland aus dem wertvollen, für die rationelle Landwirtschaft der ganzen Welt geradezu unentbehrlichen Rohstoff, für den die Natur Deutschland ein Monopol verliehen hatte, nicht entfernt den Nutzen gezogen hat, der hätte gezogen werden können und müssen, ja daß dieses unersetzliche Mineral zeitweise an das Ausland, insbesondere an Amerika, geradezu verschleudert worden ist. Verspätete und im einzelnen verfehlte Eingriffe der Gesetzgebung vermochten die beim Entstehen der Industrie begangenen Fehler nicht wieder gut zu machen, sie schufen vielmehr neue Verwirrung. Nur unter den schwersten Kämpfen gelang es schließlich, in dem Kali-Syndikat eine Organisation zustande zu bringen, die der Natur dieser Industrie einigermaßen angepaßt ist und die in harter und schwerer Arbeit die schlimmsten Unzuträglichkeiten beseitigt hat.

Die Deutsche Bank, die bei einem Eingehen auf die Siemensschen Ideen zu Beginn der achtziger Jahre nicht nur sich selbst eine überragende Stellung in der Kali-Industrie hätte schaffen, sondern auch die gesamte Entwicklung dieser Industrie von Anfang an in die richtigen Bahnen hätte lenken können, hat erst zwölf Jahre später, im Jahre 1893, angefangen, sich in stärkerem Maße für die Kali-Industrie zu interessieren. Sie trat damals in Beziehung zu dem Konzern Emil Sauer, der sich um die Gewerkschaft Wilhelmshall gruppierte. Die Obligationen der Gewerkschaft Wilhelmshall wurden im Jahre 1895 von der Deutschen Bank an der Berliner Börse eingeführt. Späterhin hat die Deutsche Bank sich an der Erschließung der elsässischen Kalilager in erheblichem Umfang beteiligt und an der Gründung der Deutschen Kaliwerke führend mitgewirkt. Sie hat auf diese Weise schließlich den Vorsprung, den sie auf diesem Gebiet zu Beginn der achtziger Jahre ohne Not anderen überlassen hat, annähernd eingeholt. Aber die damals versäumte große Leistung für die gesamte Kali-Industrie konnte nicht nachgeholt werden. Georg Siemens selbst, der zu Beginn der achtziger Jahre mit soviel Nachdruck für die Betätigung der Deutschen Bank in der Kali-Industrie eingetreten war, mahnte jetzt zur Zurückhaltung. In einem Brief an seinen Freund H. von Adelson vom 6. Juli 1900 schrieb er: „Ich bin der Meinung, daß wir uns von den neuen Kali-Unternehmungen in der nächsten Zeit fernhalten sollen."

Im engsten Zusammenhang mit den überseeischen Geschäften der Deutschen Bank standen die in den achtziger Jahren geknüpften Beziehungen zu der Deutschen Handelsschiffahrt. Im Jahre 1882 trat die Deutsche Bank durch die Mitwirkung an der Übernahme einer Anleihe der Hamburg-Amerika-Paketfahrt-Aktien-Gesellschaft mit diesem großen Reedereiunternehmen in Verbindung. Im gleichen Jahre beteiligte sie sich an führender Stelle an der Übernahme einer Anleihe der Deutschen Dampfschiffsreederei, die später — im Jahre 1898 — auf die Hamburg-Amerika-Linie überging. Im Jahre 1883 leitete die Deutsche Bank ein Konsortium, das eine Anleihe des Norddeutschen Lloyd in Höhe von 15 Millionen Mark an der Berliner Börse einführte. Im Jahre 1888 hatte die Deutsche Bank die Führung bei der Gründung der Deutsch-Australischen Dampfschiffahrts-Gesellschaft in Hamburg.

Grundstücks- und Baugeschäfte.

Mit dem Wachstum der deutschen Industrie und der Zunahme der deutschen Bevölkerung kam das Grundstück- und Baugeschäft zu besonderer Bedeutung. Vor allem warf die sich überstürzende Entwicklung der Großstädte Probleme auf, die durch die Tätigkeit von Staat und Gemeinden allein nicht gelöst werden konnten, sondern auch der privatgeschäftlichen Betätigung große und verantwortungsvolle Aufgaben stellten. Vielfach erschöpfte sich die privatgeschäftliche Tätigkeit in der rein spekulativen Ausnutzung der durch das Wachstum der Großstädte herbeigeführten Steigerung der Bodenpreise; sie war oft genug nichts anderes als gewöhnlicher Bodenwucher. Aber nichts ist ungerechter als das Urteil, das in der Betätigung privaten Unternehmergeistes in den durch die Ausdehnung der Großstädte bedingten Grundstücks- und Baugeschäften ausschließlich die wucherische Bodenspekulation sehen will. Es gibt eine Anzahl großer Grundstücks- und Baugesellschaften, die sich um die Entwicklung der großstädtischen Wohnungsverhältnisse Verdienste erworben und beträchtlich mehr geleistet haben als die öffentlichen Instanzen, die sich erst viel zu spät ihrer Aufgaben und ihrer Verantwortlichkeit auf diesem Gebiet bewußt geworden sind.

Das gilt insbesondere von den wichtigsten Grundstücksgeschäften der Deutschen Bank, die sich auch auf diesem Felde von dem von Georg Siemens aufgestellten Grundsatz leiten ließ: „Einen dauernden Nutzen können wir für die Bank nur erzielen, wenn wir zugleich der Allgemeinheit nützen."

Die großen Grundstücksunternehmungen der Deutschen Bank, die späterhin in Verbindung mit der Ausgestaltung des großstädtischen Verkehrswesens auf dem Boden der Elektrizität ihre volle Bedeutung gewannen, sind in richtunggebender Weise in den achtziger Jahren von Georg Siemens eingeleitet worden. Zwar hatte sich die Deutsche Bank schon gleich nach Beendigung des deutsch-französischen Krieges an der einen und andern der damals wie Pilze aus der Erde schießenden Terrain- und Baugesellschaften beteiligt. Dauernde Bedeutung für die Bank hat davon jedoch nur die 1872 gegründete Internationale Bau- und Eisenbahnbau-Gesellschaft wegen ihrer späteren Verflechtung mit der Frankfurter Baufirma Philipp Holzmann & Co. (siehe Band I S. 286) erlangt. Rein geschäftlich war für die Bank von Bedeutung die Berlin-Schöneberger Terrain-Gesellschaft, die zur Abwicklung der vom Berliner Bankverein übernommenen Grundstücksgeschäfte Kurfürstenstraße-Bahnhof Großgörschenstraße im Jahre 1879 errichtet wurde. Einen großen schöpferischen Zug dagegen hatten die zu Beginn der achtziger Jahre von Georg Siemens in Angriff genommenen Unternehmungen, aus denen der große Straßenzug des Kurfürstendamm und die Kolonie Grunewald entstanden.

Der eigentliche Urheber des Gedankens der Anlage einer Prachtstraße großen Stils von der alten Fasanerie (dem heutigen Zoologischen Garten) nach dem Grunewald war der Baumschulenbesitzer John Booth in Klein-Flottbeck, der für den Fürsten Bismarck in Friedrichsruhe gärtnerische Anlagen geschaffen hatte und dadurch auch in persönliche Beziehungen zu dem Fürsten gekommen war. Es gelang ihm Anfang der siebziger Jahre, den Fürsten für seinen Gedanken zu gewinnen, und der Fürst hielt, nachdem er sich einmal für den Plan erwärmt und auch den Kaiser dafür interessiert hatte, an diesem mit seiner ganzen Zähigkeit fest. Schon als im Jahre 1872 der Berlin-Charlottenburger Bauverein einen großen Grundstückskomplex zwischen der heutigen Leibnizstraße und dem Grunewald zum Zwecke der baulichen Erschließung erworben hatte, wurde der Gesellschaft von der Baubehörde auf Veranlassung Bismarcks auferlegt, bei der Aufstellung des Bauplanes in erster Reihe auf die tunlichst gradlinige Durchführung des Kurfürstendammes bis zum Grunewald Bedacht zu nehmen, da „Allerhöchsten Ortes die Verbindung des Grunewaldes mit dem Tiergarten durch eine hier auszuführende breite Avenue für angemessen erachtet wird." In einem Schreiben, das der Fürst Bismarck am 5. Februar 1873 an den Chef des Zivilkabinetts von Wilmowski richtete, wurde ausgeführt:

„Erfahrungsgemäß sind alle Hauptverkehrsstraßen in so massenhaft wachsenden Städten wie Berlin zu eng. Auch die Straße am Kurfürstendamm wird nach den jetzt bestehenden Absichten zu eng werden, da dieselbe voraussichtlich ein Hauptspazierweg für Wagen und Reiter werden wird. Denkt man sich Berlin so wie bisher fortwachsend, so wird es die doppelte Volkszahl noch schneller erreichen, als Paris von 800000 Einwohner auf 2 Millionen gestiegen ist. Dann würde der Grunewald für Berlin das Bois de Boulogne und die Hauptader des Vergnügungsverkehrs dorthin mit einer Breite wie die der Elyseischen Felder durchaus nicht zu groß bemessen sein."

Die Straßenbreite des Kurfürstendamm, die nach dem ersten Bebauungsplan 26 m betragen hatte, wurde schließlich durch Kabinettsorder vom 2. Juli 1875 auf 53 m festgesetzt.

Der Berlin-Charlottenburger Bauverein, der zu den Verbindungen der Berliner Union-Bank gehört hatte, kam durch das Aufgehen der Union-

Bank in die Deutsche Bank im Jahre 1876 in Beziehung zu dem letzteren Institut. Damit war für die Deutsche Bank und für Georg Siemens der Anlaß gegeben, sich der Durchführung des Kurfürstendamm-Projektes anzunehmen. Aber noch für Jahre hinaus erschien es nicht möglich, den großen Plan angesichts der beträchtlichen Opfer, die infolge der behördlichen Auflagen unerläßlich waren, zu verwirklichen. Es erschien fraglich, ob überhaupt in Deutschland das Kapital für ein Grundstücksunternehmen dieses Ausmaßes, das nur in langer Frist durchgeführt und abgewickelt werden konnte, aufzubringen sein werde. Der Versuch, ausländisches Kapital für den Plan zu interessieren, lag deshalb nahe.

Im Jahre 1881 gelang es durch Vermittlung des Herrn Booth in der Tat, ein starkes englisches Konsortium für die Herstellung der großen Straße zu gewinnen. Dem Konsortium wurde der größte Teil des an beiden Seiten der geplanten Straße gelegenen Grundbesitzes gesichert, darüber hinaus wurde ihm von der Forstverwaltung die Überlassung eines ansehnlichen Teiles des Grunewaldforstes zugesagt. In letzter Stunde scheiterte jedoch dieser Plan an unüberwindlichen formellen Schwierigkeiten.

Jetzt entschloß sich Georg Siemens, das Projekt für die Deutsche Bank aufzunehmen. Seine Mitarbeiter und der Verwaltungsrat stimmten zu. Im August 1882 schloß John Booth für die Deutsche Bank mit der Regierung den Vertrag ab, der die Herstellung des Kurfürstendammes in der heutigen Abmessung sicherte und als Entgelt dafür der Deutschen Bank eine bis zum Jahre 1892 auszuübende Option auf einen am Ende des Kurfürstendammes gelegenen 230 Hektar großen Teil des Grunewaldes gab. Dazu erwarb die Deutsche Bank Grundstücke von erheblicher Ausdehnung längs der geplanten Straße. Außerdem wurde ihr die Konzession einer Dampfstraßenbahn auf dem Kurfürstendamm verliehen. Die Verbindung des Grundstückgeschäftes mit einem solchen Verkehrsmittel erschien für eine erfolgreiche Durchführung des Unternehmens unerläßlich. Fürst Bismarck hatte anfänglich der Einrichtung der Dampfstraßenbahn auf dem neuen Straßenzug einen starken Widerstand entgegengesetzt und sich erst einverstanden erklärt, nachdem er sich persönlich in einer Probefahrt mit seinen Pferden überzeugt hatte, daß die Pferde sich leicht an die neue geräuschvolle Konkurrenz gewöhnten.

Zur Durchführung des gewaltigen Unternehmens gründete die Deutsche Bank zusammen mit dem durch seinen Grundbesitz an dem Projekt in erster Reihe interessierten Berlin-Charlottenburger Bauverein eine besondere Gesellschaft, die Kurfürstendamm-Gesellschaft (22. Dezember 1882). Das Grundkapital wurde auf nur 200000 Mark bemessen, dagegen wurden 3 Millionen Mark 4%-Obligationen ausgegeben. Georg Siemens, der dem großen Unternehmen seine finanzielle Konstruktion gegeben hatte, übernahm den Vorsitz im Aufsichtsrat.

Die Arbeiten wurden sofort mit aller Kraft in Angriff genommen. Im Mai 1886 wurde der Betrieb der Dampfstraßenbahn eröffnet. Der Kurfürstendamm selbst wurde im Oktober desselben Jahres dem öffentlichen Verkehr übergeben.

Der Verkauf der Grundstücke am Kurfürstendamm, der die Mittel für die Herstellung der großen Straße und die bauliche Erschließung des Geländes zu liefern hatte, entwickelte sich so befriedigend, daß im Jahre 1889 die Option auf das Grunewaldgelände ausgeübt und die Anlage der Villenkolonie Grunewald begonnen werden konnte. Die neue große Aufgabe machte neue Mittel erforderlich. Das Konsortium der Kurfürstendamm-Gesellschaft wurde durch die Beiziehung der Berliner Handelsgesellschaft erweitert, das Kapital der Gesellschaft wurde auf 8 Millionen Mark erhöht.

Es braucht nicht beschrieben zu werden, in wie vorbildlicher Weise hier das Problem der Schaffung einer Villenvorstadt gelöst wurde. Es sei nur eines erwähnt: Vor der Veräußerung der Grundstücke für die Zwecke der Bebauung wurde die einförmige Landschaft dadurch umgestaltet, daß die im Bereich des Koloniegeländes gelegenen Fenns ausgehoben und in anmutige Seen verwandelt wurden. So entstanden der Hubertus-, der Herta-, der Königs- und der Dianasee, die der Grunewaldkolonie heute ihren eigenartigen Reiz geben.

Auch rein geschäftlich war das Unternehmen ein voller Erfolg. Im Laufe des Jahres 1891 war die Veräußerung des am Kurfürstendamm selbst gelegenen Grundbesitzes der Kurfürstendamm-Gesellschaft abgewickelt. Zu Anfang des Jahres 1892 war auch die Veräußerung der Grundstücke im Grunewald so weit vorgeschritten, daß die Liquidation der Gesellschaft beschlossen werden konnte. Bereits im April 1894 konnte die letzte Rate auf die 8 Millionen Mark des Aktienkapitals zurückgezahlt werden. Die völlige Abwicklung der Geschäfte der Gesellschaft zog sich allerdings bis zum Jahre 1909 hin; sie brachte den Aktionären, einschließlich der Zinsen auf das von ihnen ursprünglich eingezahlte Kapital, einen Gewinn von insgesamt mehr als 15 Millionen Mark.

Drittes Kapitel.

Der finanzielle Aufbau der deutschen Elektrizitäts-Industrie.

Das dynamo-elektrische Prinzip und die Entwicklung der Starkstrom-Technik.

Was Georg Siemens auf dem Gebiete des Kalibergbaues zu Anfang der achtziger Jahre ohne Erfolg angestrebt hatte, die Führung in dem finanziellen Aufbau und damit einen schöpferischen Einfluß auf die Gestaltung einer neuen großen Industrie, das fand er im weiteren Verlauf seiner Wirksamkeit auf dem Boden eines Industriezweiges, dessen in der Wirtschaftsgeschichte einzig dastehende Entwicklung den Antrieb gegeben hat zu der gewaltigen Evolution der gesamten Wirtschaft in den beiden letzten Jahrzehnten vor dem Krieg. In der elektrischen Industrie tat sich, erschlossen durch die Arbeit des Gelehrten und des Technikers, ein Neuland auf, das dem Industriellen, dem Kaufmann und dem wirtschaftlichen Organisator ungeahnten Spielraum für ein freies Schaffen und Gestalten bot. Erfindungen von größter Tragweite stellten eine bis vor wenigen Jahrzehnten nur in den Kreisen der Wissenschaft bekannte Naturkraft in den Dienst des Menschen; eine Naturkraft, die sich, einmal erkannt und gebändigt, stärker und zugleich fügsamer erwies als irgendeine der anderen motorischen Kräfte, die bisher für die Zwecke des Menschen nutzbar gemacht worden waren. Die Wirkungen der Dampfmaschine, die in der menschlichen Wirtschaft ein neues Zeitalter herbeigeführt hatte, sollten durch die Wirkungen der elektrischen Energie ergänzt und erheblich übertroffen werden, sobald es gelungen war, elektrischen Strom von großer Stärke mit geringen Kosten zu erzeugen, ihn auf größere Entfernungen weiterzuleiten und zu verteilen. Diese Möglichkeiten reiften während der achtziger Jahre des vorigen Jahrhunderts zur praktischen Verwendung größten Stiles heran.

Schon ein halbes Jahrhundert früher war es gelungen, auf einem Teilgebiet die elektrische Energie technisch nutzbar zu machen und industriell zu verwerten. Die Erfindung des elektrischen Telegraphen durch die deutschen Gelehrten Gauß und Weber geht auf das Jahr 1833 zurück. Zwei Jahre später hatte der Amerikaner Morse seinen Fernschreib-Apparat konstruiert, und im Jahre 1844 war die erste öffentliche Telegraphenlinie — zwischen Washington und Boston — dem Verkehr übergeben worden. Die Verdienste Werner Siemens' um die Vervollkommnung der Technik des elektrischen Telegraphen und um die Ausdehnung seiner praktischen Anwendung, seine Erfolge in der Schaffung einer elektrotechnischen Industrie und großer Telegraphenunternehmungen sind an anderer Stelle dieses Buches bereits kurz geschildert worden.*) Georg Siemens hatte sich auf diesem Gebiet seine Sporen als praktischer Geschäftsmann verdient.

Der elektrische Telegraph und das später entwickelte elektrische Telephon gehören der sogenannten Schwachstromtechnik an. Die für den Betrieb der Telegraphen- und Telephonleitungen erforderlichen schwachen Ströme wurden ursprünglich auf chemischem Wege, später auch durch Induktoren auf physikalischem Wege erzeugt. Die Wirkung beider Erfindungen auf das Wirtschaftsleben sind nicht leicht zu überschätzen: sie haben das gesamte Nachrichtenwesen revolutioniert; sie haben außerdem die Grundlage für neue große Industrien geschaffen, die sich mit der Herstellung von Kabeln, Isolatoren, Apparaten, Instrumenten usw. befassen. Aber eine unmittelbare Einwirkung auf den Produktionsprozeß selbst haben diese Erfindungen noch nicht ausgeübt.

Diese unmittelbare Einwirkung griff erst Platz — dann aber auch im stärksten Maße — nachdem es gelungen war, neben der Schwachstromtechnik auch die Starkstromtechnik auszubilden und praktisch verwertbar zu machen.

*) Siehe I. Band S. 77ff. und II. Band S. 14ff.

Die für die Schaffung der Starkstromtechnik entscheidende Erfindung ist das Verdienst Werner Siemens', der im Jahre 1866 das sogenannte dynamo-elektrische Prinzip entdeckt hat. Mit dieser Erfindung hat Werner Siemens seine gewaltigen Leistungen auf dem Gebiete der Schwachstromtechnik noch in Schatten gestellt und das Tor des „elektrischen Zeitalters" geöffnet. Angesichts der Wichtigkeit dieses Schrittes für die ganze weitere Entwicklung der elektrotechnischen Industrie sei mir gestattet, hier aus den Lebenserinnerungen Werner von Siemens' die Stelle wiederzugeben, in der er die Auffindung des dynamo-elektrischen Prinzips schildert:*)

„Bereits im Herbst des Jahres 1866, als ich bemüht war, die elektrischen Zündvorrichtungen mit Hilfe meines Zylinderinduktors zu vervollkommnen, beschäftigte mich die Frage, ob man nicht durch geschickte Benutzung des sogenannten Extrastromes eine wesentliche Verstärkung des Induktionsstromes hervorbringen könnte. Es wurde mir klar, daß eine elektromagnetische Maschine, deren Arbeitsleistung durch die in ihren Windungen entstehenden Gegenströme außerordentlich geschwächt wird, weil diese Gegenströme die Kraft der wirksamen Batterie beträchtlich vermindern, umgekehrt eine Verstärkung der Kraft dieser Batterie hervorrufen müßte, wenn sie durch eine äußere Arbeitskraft in der entgegengesetzten Richtung gewaltsam gedreht würde. Dies mußte der Fall sein, weil durch die umgekehrte Bewegung gleichzeitig die Richtung der induzierten Ströme umgekehrt wurde. In der Tat bestätigte der Versuch die Theorie, und es stellte sich dabei heraus, daß in den feststehenden Elektromagneten einer passend eingerichteten elektromagnetischen Maschine immer Magnetismus genug zurückbleibt, um durch allmähliche Verstärkung des durch ihn erzeugten Stromes bei umgekehrter Drehung die überraschendsten Wirkungen hervorzubringen. Es war dies die Entdeckung und erste Anwendung des allen dynamo-elektrischen Maschinen zugrunde liegenden dynamo-elektrischen Prinzips. Die erste Aufgabe, welche dadurch praktisch gelöst wurde, war die Konstruktion eines wirksamen elektrischen Zündapparates ohne Stahlmagnete, und noch heute werden Zündapparate dieser Art allgemein verwendet. Die Berliner

---

*) a. a. O. S. 187.

Physiker, unter ihnen Magnus, Dove, Rieß, Du Bois Reymond, waren äußerst überrascht, als ich ihnen im Dezember 1866 einen solchen Zünderinduktor vorführte und an ihm zeigte, daß eine kleine elektromagnetische Maschine ohne Batterie und permanente Magnete, die sich in einer Richtung ohne allen Kraftaufwand und in jeder Geschwindigkeit drehen ließ, der entgegengesetzten Drehung einen kaum zu überwindenden Widerstand darbot und dabei einen so starken elektrischen Strom erzeugte, daß ihre Drahtwindungen sich schnell erhitzten."

Es ist geradezu verblüffend, mit welcher Klarheit und Präzision der Genius Werner Siemens' die praktische Tragweite des dynamo-elektrischen Prinzips und der darauf beruhenden dynamo-elektrischen Maschine gleich in der Geburtsstunde dieser neuen Entdeckung erkannt hat. Noch im Jahre 1866 schrieb er an seinen Bruder Wilhelm:

„Die Effekte (der dynamo-elektrischen Maschine) müssen bei richtiger Konstruktion kolossal werden. ... Magnet-Elektrizität wird billig werden, und es kann nun Licht, Galvano-Metallurgie usw., selbst kleine elektromagnetische Maschinen, die ihre Kraft von großen erhalten, möglich und nützlich werden."*)

Die Entwicklung hat dieser Voraussage recht gegeben. Die Wirkungen der dynamo-elektrischen Maschine — kurz „Dynamomaschine" genannt — sind in jeder Beziehung „kolossale" geworden. Sie haben sich genau auf die von Werner Siemens in jener Briefstelle bezeichneten Gebiete erstreckt: Die Dynamomaschine hat die Erzeugung billigen elektrischen Lichtes ermöglicht und damit die Voraussetzung für die praktische Anwendung der elektrischen Beleuchtung geschaffen; auf der Dynamomaschine hat sich ferner die große elektrochemische Industrie aufgebaut; und schließlich hat die Dynamomaschine die rationelle Verteilung der durch sie selbst gewonnenen elektrischen Kraft ermöglicht.

Aber von der Entdeckung des dynamo-elektrischen Prinzips und der Konstruktion der ersten primitiven dynamo-elektrischen Maschine bis zur vollen technischen Durchbildung und praktischen Auswertung des neuen Prinzips war noch ein weiter Weg. Auf diesem Wege drängte alles

*) Werner Siemens, Lebensbild u. Briefe, herausgegeben von Conrad Matschoß, Berlin 1916, S. 260 — das Buch wird im folgenden kurz als „Matschoß" zitiert werden.

vorwärts, was irgendwo auf der Welt auf dem Gebiete der Elektrotechnik arbeitete. Das dynamoelektrische Prinzip war alsbald Gemeingut — in dem Maße, daß die Engländer Wheatstone und Varley, die gleichzeitig mit Werner Siemens und unabhängig von diesem in derselben Richtung arbeiteten, die Priorität seiner Entdeckung für sich in Anspruch zu nehmen versuchten.

In der aus diesem Prinzip erwachsenden neuen Starkstromtechnik regte sich ein Wettbewerb, der die auf dem Boden der Schwachstromtechnik zu einer gewissen Stabilität der Konkurrenzverhältnisse gelangte elektrotechnische Industrie von Grund aus veränderte. Bei der Schwachstromtechnik hatte der Schwerpunkt der industriellen Betätigung in dem Bau großer Telegraphenlinien, sei es von Überlandlinien, sei es von Unterseekabeln, gelegen. Einerlei ob solche Anlagen im Auftrag von Regierungen und großen Betriebsgesellschaften, oder ob sie — direkt oder indirekt — für eigne Rechnung der fabrizierenden Unternehmungen hergestellt wurden, erforderten sie eine starke Kapitalkraft und große technische Erfahrung. Die Unternehmungen auf dem Gebiet des Telegraphenbaues waren mit der Ausdehnung ihres Arbeitsfeldes in ihre Aufgaben hineingewachsen. Die großen englischen Kabelfabriken und Telegraphengesellschaften hatten sich nach Jahren scharfer Konkurrenz miteinander verständigt; in Deutschland beherrschte die Firma Siemens & Halske das Feld; neben ihr hatten einige Bedeutung nur wenige Fabriken wie Felten & Guillaume in Mülheim a. d. Ruhr, Gebrüder Naglo in Berlin und H. Poege in Chemnitz. Neue gleichartige Unternehmungen konnten sich angesichts des Vorsprunges und der gesicherten Position der bestehenden kaum hervorwagen. Der Wettbewerb spielte sich in der Hauptsache — und das allerdings in den schärfsten Formen — zwischen dem britischen Kabelring und den Siemens-Firmen auf dem Gebiet der großen internationalen Unterseekabel ab.*) Ihre Ergänzungen fanden diese großen Unternehmungen in kleineren, mehr handwerks- als fabrikmäßig arbeitenden Betrieben der Feinmechanik, in denen Apparate, Instrumente und Zubehör aller Art für den Telegraphen, für Läutewerke usw. hergestellt wurden.

---

*) Siehe oben S. 15.

Das dynamo-elektrische Prinzip erschloß der elektrotechnischen Industrie neue Gebiete — Beleuchtung, motorische Kraft —, auf denen der Wettbewerb durch keine Schranken historisch gewordener Machtpositionen eingeengt war. Daneben hatte es die Wirkung, das weite Gebiet des Maschinenbaues in den Bereich der Elektrizitätsindustrie einzubeziehen und mit neuen Ideen und Aufgaben zu erfüllen.

Der freie Wettbewerb in der Erfindungs- und Konstruktionstätigkeit hat sich als ein gewaltiger und segensreicher Antrieb für die Entwicklung der neuen Starkstromtechnik erwiesen. Insbesondere die Vereinigten Staaten und Deutschland zeichneten sich in diesem Wettbewerb aus, während England, das im eignen Lande die Konkurrenz durch einen Akt der Gesetzgebung einschränkte, nicht ganz Schritt gehalten hat.*)

In Deutschland entstand vom Ende der siebziger Jahre an neben Siemens & Halske eine Anzahl neuer elektrotechnischer Fabriken. Die Firma **Schuckert** in Nürnberg, deren Begründer und Leiter in seinen Anfängen als Mechaniker bei Siemens & Halske in Berlin und später bei Edison in Amerika gearbeitet hatte, warf sich zunächst auf den Bau von Dynamomaschinen und erzielte auf diesem Gebiet ansehnliche Erfolge. Auch die Firma **Garbe, Lahmeyer & Co.**, die spätere **Elektrizitäts-Aktien-Gesellschaft W. Lahmeyer & Co.** in Frankfurt a. M., suchte zunächst ihr Arbeitsfeld in der Herstellung von Dynamomaschinen. Die Entwicklung der Lichtelektrizität gab Anlaß zu weiteren Neugründungen: der **Helios-Elektrizitäts-Gesellschaft** in Köln, der **Elektrizitäts-Aktien-Gesellschaft Kummer** in Dresden und vor allem der **Deutschen Edison-Gesellschaft**, der späteren **Allgemeinen Elektrizitäts-Gesellschaft** (A.E.G.) in Berlin.

---

*) England hatte in den siebziger Jahren auf Grund der großen Erfolge im Kabelbau eine starke Überspekulation in elektrischen Werten erlebt, die in einem schlimmen Börsenkrach endigte. Getroffen wurden vor allem die Kreise der kleinen Sparer, die sich angesichts der Zulassung von 1-Pfund-Aktien im weitesten Umfang an der Spekulation beteiligt hatten. Als nun das elektrische Licht in den Bereich der industriellen Verwertung rückte, hielt es die englische Regierung im Einklang mit der öffentlichen Meinung auf Grund der geschilderten Erfahrungen für richtig, neuen spekulativen Ausschreitungen einen Riegel vorzuschieben. Durch die im Jahre 1880 erlassene Electric Lighting Act wurden elektrische Beleuchtungsanlagen für 20 Jahre zum Regierungsmonopol erklärt.

Es kann hier nicht im einzelnen dargestellt werden, wie in diesem Wettbewerb Schritt für Schritt die Starkstromtechnik in allen ihren Teilgebieten ausgebaut wurde, wie es gelang, immer bessere Typen von Glüh- und Bogenlampen zu konstruieren, die Dynamomaschine zu verbessern und zur Großkraftmaschine von Tausenden von Pferdekräften auszugestalten, den hochgespannten elektrischen Strom an Zentralstellen zu gewinnen, auf große Entfernungen zu übertragen, zu verteilen und ihn so für den Antrieb großer und kleiner Maschinen in großindustriellen und kleingewerblichen Betrieben, von Förderbahnen, Straßenbahnen und schließlich von Vollbahnen nutzbar zu machen. Nur der große Rahmen der technischen Entwicklung soll aufgezeigt werden, innerhalb dessen sich die Entwicklung der Elektrizitätsindustrie und die Einflußnahme Georg Siemens' auf deren Gestaltung abspielte. Die einzelnen epochemachenden Fortschritte werden ohnedies im Fortgang dieser Darstellung zu ihrem Rechte kommen; denn sie sind mit der Tätigkeit des finanziellen Organisators unlösbar verknüpft. Um jedoch hier schon die zahlenmäßigen Abmessungen zur Vorstellung zu bringen, in denen sich die Entwicklung der elektrotechnischen Industrie im Zeichen der Starkstromtechnik vollziehen sollte, sei hervorgehoben, daß die Firma Siemens & Halske um die Mitte der siebziger Jahre des vorigen Jahrhunderts erst etwa 600 Arbeiter in ihren Fabriken und Werkstätten beschäftigte; in der ganzen deutschen Elektrizitätsindustrie waren es damals kaum mehr als doppelt soviel, also kaum mehr als 1200 Arbeiter. Mitte 1921 dagegen betrug die Arbeiterzahl der Siemensschen Betriebe allein etwa 51000, die Zahl der Angestellten etwa 24000; die Gesamtzahl der Arbeitnehmer dieser einen Firma stellte sich also auf rund 75000. Die Arbeitnehmerzahl der A.E.G. ist wohl noch größer, und in der gesamten deutschen Elektrizitätsindustrie einschließlich der auf Elektrizität beruhenden Betriebsunternehmungen stellt sie sich auf viele Hunderttausende.

Die Siemensschen Unternehmungen und die praktische Verwertung des Starkstromes.

Werner Siemens hatte zwar durch die Entdeckung des dynamo-elektrischen Prinzips und die Erkenntnis seiner praktischen Tragweite die

Starkstromtechnik begründet; aber die Arbeit der Siemensschen Unternehmungen gehörte auch nach dieser epochemachenden Entdeckung noch für Jahre hinaus ganz vorwiegend dem Gebiet der Schwachstromtechnik, auf dem sie bisher schon so große Erfolge erzielt hatten und auf dem noch große Aufgaben von unmittelbar praktischer Bedeutung zu vollbringen waren. Das große praktische Unternehmen, das in den nächsten Jahren nach der Entdeckung des dynamo-elektrischen Prinzips die Arbeitskraft der Brüder Siemens und ihrer Firmen in Deutschland, England und Rußland ganz vorwiegend in Anspruch nahm, war die 10000 km lange indo-europäische Telegraphenlinie. In der ersten Hälfte der siebziger Jahre folgte dann der gewaltige Kampf gegen den großen englischen Kabelring, in dem das oben behandelte direkte Kabel nur eine einzelne, wenn auch wichtige Episode war. In Deutschland selbst war in jener Zeit die von der Reichspostverwaltung betriebene Ersetzung eines großen Teiles der oberirdischen Kabel durch unterirdische durchzuführen. Dazu kamen Ende der siebziger Jahre die entscheidenden Verbesserungen an dem Bellschen Telephon; die Firma Siemens & Halske begann jetzt in großem Maßstab den Bau von Telephonleitungen und Telephoneinrichtungen.

Diese ganze gewaltige Arbeit vollzog sich nach wie vor auf dem Gebiet des Schwachstroms. Vielleicht wäre, wenn Werner Siemens und seine Mitarbeiter nach der Entdeckung des dynamo-elektrischen Prinzips alle Aufgaben der Schwachstromtechnik mit einem Ruck beiseite geschoben und sich mit ihrer ganzen Arbeits- und Willenskraft auf den raschen Ausbau des neuerschlossenen Gebietes der Starkstromtechnik geworfen hätten, die Entwicklung auf diesem Gebiete rascher vorwärts gegangen, und vielleicht hätten dann die Siemensschen Unternehmungen sich auf dem Gebiet der Starkstromtechnik wenigstens in Deutschland eine ebenso unbestrittene Führung sichern können, wie zwei Jahrzehnte zuvor auf dem Gebiete des Telegraphenwesens. Vielleicht ist es auch richtig, daß Werner Siemens, der bis zu seinem Tode (1892) der überragende Führergeist in den Siemensschen Unternehmungen geblieben ist, schon damals nicht mehr über die ungebrochene Arbeitskraft und den beschwingenden Enthusiasmus verfügte, die ihn zu den vorwärtsstürmenden Eroberungen auf dem Gebiete der Schwachstromtechnik befähigt hatten.*) Aber die Gerechtigkeit gebietet doch, anzuerkennen, daß trotz der Beschäftigung mit der weiteren wissenschaftlichen Vertiefung und praktischen Verbesserung der Schwachstromtechnik und trotz der Arbeit an der Durchführung gewaltiger Unternehmungen auf diesem Gebiet Werner Siemens und seine Mitarbeiter an der Ausbildung der Starkstromtechnik nicht nur unablässig und mit zäher Energie weitergearbeitet, sondern auch Entscheidendes für die praktische Nutzbarmachung des Starkstromes geleistet haben.

Die Arbeit der Siemensschen Unternehmungen richtete sich vor allem auf die Schaffung einer leistungsfähigen dynamo-elektrischen Maschine, die für alles weitere die erste Voraussetzung war. Obwohl sie auf diesem Feld über keinen technischen Vorsprung und keine alterworbene Machtposition gegenüber der sich mächtig regenden deutschen und ausländischen Konkurrenz verfügten, gewannen sie doch durch die Vortrefflichkeit ihrer Leistungen auf diesem für sie neuen Gebiet des Maschinenbaues bald einen überragenden Platz. In welchem Maße, dafür ist wohl die stärkste Anerkennung die Tatsache gewesen, daß die Firma Siemens & Halske in der Lage war, sogar auf dem französischen Markte, dessen Zugang den deutschen Erzeugnissen damals durch die Nachwirkungen des Krieges ganz besonders erschwert war, mit durchschlagendem Erfolg aufzutreten. Nachdem die französische Patentgesetzgebung die Einfuhr deutscher Dynamomaschinen unmöglich gemacht hatte, errichteten Siemens & Halske eine eigne Niederlassung für den Bau von Dynamomaschinen in Paris. Als diese Niederlassung Mitte der achtziger Jahre wieder eingezogen wurde, kamen von den damals in Frankreich vorhandenen elektrischen Installationen etwa 14% auf solche, die von der deutschen Firma Siemens & Halske ausgeführt waren.

---

*) Vgl. Felix Pinner, Emil Rathenau und das elektrische Zeitalter, Leipzig 1918. — Es heißt dort S. 71: „Richtig ist hingegen, daß Werner Siemens weder die Dynamomaschine zu voller praktischer Brauchbarkeit entwickelt, noch den ganzen Umfang ihrer industriellen Nutzungsmöglichkeit erkannt und mit der sonst bei ihm gewohnten Energie zu verwirklichen gesucht hat. Sein Gedanken- und Arbeitskreis war doch wohl zu sehr von den Problemen der Schwachstromtechnik erfüllt, seine Kraft zu sehr von der lebenslangen Beschäftigung mit ihr absorbiert, als daß er sich dem Neuland der Starkstromtechnik hätte mit unverminderter Schaffensfähigkeit zuwenden können. Dazu gehörte eine unverbrauchte Frische, eine Jugend mit Zukunftsaugen, nicht die Kraft eines mit Arbeit und Gedanken überfüllten Lebens.“

Auch an der Ausbildung des elektrischen Lichtes wurde eifrig gearbeitet. Werner Siemens hatte in dem oben angeführten Brief an seinen Bruder Wilhelm vom Dezember 1866, unmittelbar nach der Entdeckung des dynamo-elektrischen Prinzips, darauf hingewiesen, daß jetzt die Elektrizität infolge der Möglichkeit billiger Stromgewinnung zur Lichterzeugung verwendet werden könne. An sich war das elektrische Licht schon seit der Entdeckung des elektrischen Lichtbogens durch Humphry Davy im Jahre 1808 bekannt. Seine Entdeckung ist also wesentlich älter als die des elektrischen Telegraphen (1833). Aber während die praktische Verwertung des Telegraphen nur Schwachstrom erforderte, wurde die praktische Verwertung des elektrischen Lichtes erst möglich nach der zur Herstellung von Starkstrom erforderlichen Dynamomaschine. Vor der Dynamomaschine kam elektrisches Bogenlicht nur für Zwecke besonderer Art in Betracht; so gelegentlich als Bühnenbeleuchtung und namentlich als Leuchtturmlicht. Für den letzten Zweck wurde es von dem englischen Physiker Faraday eingeführt, der dabei als Kraftquelle statt der bisher benutzten großen galvanischen Batterien die von ihm erfundenen magnet-elektrischen Induktionsmaschinen verwandte. Aber die Erzeugung des Stromes war auch auf diesem Wege so teuer, daß seine Verwendung für allgemeine Beleuchtungszwecke nicht in Betracht kommen konnte.

Mit der Erfindung des dynamo-elektrischen Prinzips und der Konstruktion leistungsfähiger Dynamomaschinen war endlich, wie Werner Siemens sofort richtig erkannte, der Weg für die Ausnutzung der Elektrizität als Lichtquelle frei. Es handelte sich jetzt in der Hauptsache um die Konstruktion praktisch brauchbarer Lampen.

Die Versuche, an denen sich die Siemens-Firmen lebhaft beteiligten, befaßten sich zunächst mit der Bogenlampe. Die größte Schwierigkeit bestand zunächst darin, daß für jede Lampe eine eigne Dynamomaschine als Kraftquelle nötig war. Diese Schwierigkeit wurde in der zweiten Hälfte der siebziger Jahre durch eine Erfindung Jablochkoffs, die die Speisung mehrerer Stromkreise aus einer einzigen Maschine ermöglichte, überwunden. Nach dem Jablochkoffschen System wurden zuerst in Paris Beleuchtungsanlagen hergestellt, so für das Magazin du Louvre, für die Avenue de l'Opéra und die Place de la Concorde.

Die Jablochkoffsche Erfindung wurde bald durch die Differential-Bogenlampe übertroffen, deren Prinzip von Werner Siemens erfunden und deren Konstruktion von seinem jungen Mitarbeiter von Hefner-Alteneck durchgeführt wurde (1878). Allerdings hatte auch die Differentiallampe bei einem im Jahre 1880 unternommenen Versuch, den Pariser Platz in Berlin mit Bogenlampen zu beleuchten, der Konkurrenz der Gasbeleuchtung, die damals die stärksten Anstrengungen machte, das aufgehende elektrische Licht zu unterdrücken, sich noch nicht gewachsen gezeigt. Es blieb bei einer Versuchsanlage. Dieser Fehlschlag mag im Siemensschen Kreise die Zweifel an einem nahen durchschlagenden Erfolg des elektrischen Lichtes verstärkt haben.*) So erklärt sich wohl, was Pinner**) über die kühle Aufnahme einer ersten Anregung berichtet, mit der in jener Zeit Emil Rathenau an Werner Siemens und Hefner-Alteneck wegen der Beleuchtung der Leipziger Straße mit Hefner-Alteneckschen Differentiallampen herantrat.

Gleichwohl führte die Firma Siemens & Halske im Herbst 1882 die Beleuchtung der Leipziger Straße mit Hefnerschen Bogenlampen durch. Das Licht wurde von vier Gaskraftmaschinen zu je 12½ Pferdestärken erzeugt; mit der auf diesem Wege verwendeten Gasmenge wurde das Zehnfache der Lichtwirkung erzielt, die sich bei unmittelbarer Verwendung des Gases zur Beleuchtung hätte gewinnen lassen. Trotzdem stellte sich die Lampenbrennstunde noch auf den hohen Satz von 38 Pfennigen.

Neben der Entwicklung des elektrischen Lichtes, die in der Aufmerksamkeit sowohl des Publikums als auch der Fachkreise damals im Vordergrund stand, betrieben die Siemensschen Unternehmungen auch schon in jener Zeit großzügige Versuche der Verwendung des Starkstromes zu motorischen Zwecken. Im Jahre 1879 führte die Firma Siemens & Halske auf der Berliner Gewerbe-Ausstellung zum erstenmal eine elektrisch betriebene kleine Bahn — eine in sich geschlossene 300 m

*) Matschoß, Band II, S. 577, Schreiben Werner Siemens' vom 4. Oktober 1878: „... Soweit ist die Technik noch lange nicht. Vorläufig ist das elektrische Licht nur als ziemlich kostspielige Luxusbeleuchtung zu betrachten und außerdem auch in einzelnen besonderen Fällen auch mit ökonomischem Vorteil zu verwenden. Erfindung und Experiment sowie geniale Konstruktion müssen noch längere Zeit arbeiten, um zu einem gewissen Abschluß zu kommen, der dann größere Unternehmungen erst möglich macht."

**) a. a. O. S. 81.

lange Schmalspurbahn — und einen elektrisch angetriebenen Webstuhl vor und zeigte damit die zwei weiteren großen Gebiete an, die mit der Stromtechnik zu erobern waren. Der Demonstration auf der Ausstellung folgte schon im Jahre 1881 der Bau der ersten elektrischen Straßenbahn vom Anhalter Bahnhof in Berlin nach Groß-Lichterfelde. Gleichzeitig wurde mit dem Bau von elektrischen Grubenbahnen begonnen; die erste Anlage dieser Art wurde auf dem Kalibergwerk Neu-Staßfurt eingerichtet.

Der entscheidende Anstoß für die weitere Entwicklung der Starkstromtechnik sollte jedoch von der elektrischen Glühlampe ausgehen.

Nach vielfachen experimentellen Versuchen mit dem Prinzip der Glühlampe, einen Körper in luftleer gemachtem Raum durch elektrischen Strom zum Leuchten zu bringen, gelang es dem Amerikaner Thomas Alva Edison Ende der siebziger Jahre, eine Glühlampe zu konstruieren, die sich, unter Benutzung von Dynamomaschinen für die Stromerzeugung, für die praktische Verwendung großen Stiles als brauchbar erwies. Entscheidend war der Gedanke, nachdem die Versuche mit Metallfäden — auf die in einem späteren Stadium die Technik zur Verbesserung der Glühlampe wieder zurückkommen sollte — immer wieder unbefriedigende Ergebnisse geliefert hatten, Kohlenfäden zu benutzen; als den geeignetsten Stoff für diese Kohlenfäden fand Edison die Bambusfaser. Edison nahm für seine Erfindung sowohl in Amerika wie in Europa Patente, die ihm und seinen Gesellschaften die praktische Nutzbarmachung der Kohlenfadenlampe vorbehalten sollten.

Von der Kohlenfadenlampe ausgehend schuf Edison ein bis in alle Einzelheiten durchkonstruiertes Beleuchtungssystem, für das eine nach den damaligen Begriffen riesengroße Dynamomaschine, ein „Schnellläufer" von 150 Pferdestärken, den Strom lieferte. Die Pariser Elektrizitätsausstellung des Jahres 1881 gab Edison Gelegenheit, sein Beleuchtungssystem der staunenden Welt vorzuführen. Der Eindruck war, trotz vereinzelter skeptischer Stimmen aus Fachkreisen, ein ungeheuerer. Emil Rathenau, der das Edisonsche Lichtwunder auf der Pariser Ausstellung sah und für dessen Lebensgestaltung der hier empfangene Eindruck ausschlaggebend werden sollte, hat später diesen Eindruck folgendermaßen geschildert:

„Edisons Beleuchtungssystem war bis in die Einzelheiten so genial erdacht und sachkundig durchgearbeitet, daß man meinte, es sei in unzähligen Städten jahrzehntelang erprobt gewesen. Weder Fassungen, Umschalter, Schmelzsicherungen, Lampenträger, noch andere zur Installation gehörige Gegenstände fehlten, und die Stromerzeugung, die Regulierung, die Leitungen mit Abzweigen, Hausanschlüssen, Elektrizitätsmessern usw. waren mit staunenswertem Verständnis und unvergleichlichem Genie durchgebildet."

Emil Rathenau und die Gründung der Deutschen Edison-Gesellschaft.

Von all den vielen Tausenden, die damals die Edisonsche Beleuchtungsanlage sahen, hat wohl kaum einer die praktischen Möglichkeiten, die sich hier auftaten, klarer vor sich gesehen und stärker auf sich wirken lassen als Emil Rathenau.

Rathenau war von Haus aus Maschinentechniker; er hatte in deutschen und englischen Maschinenfabriken praktisch gelernt und dazwischen auf den polytechnischen Hochschulen in Hannover und Zürich sich die wissenschaftlichen Grundlagen angeeignet. Zusammen mit einem Schulfreunde erwarb er dann in der ersten Hälfte der sechziger Jahre eine kleine Maschinenfabrik im Berliner Norden, die damals 40 bis 50 Arbeiter beschäftigte und neben dem Bau von Dampfmaschinen insbesondere die Herstellung von Einrichtungen für Gas- und Wasserwerke betrieb. Rathenau betätigte sich in der Fabrik hauptsächlich als Konstrukteur. Es gelang den beiden Sozien, in fleißiger und umsichtiger Arbeit die Fabrik auf eine ansehnliche Höhe zu bringen; aber schließlich wurde sie ein Opfer der Gründungsära. Im Jahre 1873 wurde das kurz zuvor in eine Aktiengesellschaft umgewandelte Unternehmen liquidiert. Seit jener Zeit hatte Rathenau zwar die Vorgänge auf dem Gebiet der Technik aufmerksam verfolgt, aber keine ihm zusagende geschäftliche Tätigkeit gefunden. Die Technik der elektrischen Beleuchtung interessierte ihn in besonderem Maße, und er glaubte, in ihr ein Feld der weitesten geschäftlichen Möglichkeiten zu erkennen.

Die Edisonsche Beleuchtungsanlage erschien Rathenau geradezu als Offenbarung. Mit raschem Entschluß wandte er sich telegraphisch an

Edison. Von diesem an seinen Pariser Vertreter verwiesen, setzte er sich sofort mit der Compagnie Continentale Edison in Verbindung und kam nach sehr schwierigen Verhandlungen mit dieser zu einem Vertragsabschluß, der ihm die Verwertung der deutschen Edison-Patente überließ.

Zum Verständnis des verwickelten Vertragsverhältnisses, auf dem sich das in seiner weiteren Entwicklung so wichtig gewordene deutsche Unternehmen aufbauen sollte, muß erwähnt werden, daß Edison damals bereits zur Verwertung seiner Patente eine weitschichtige Organisation geschaffen hatte. Die Edison Electric Light Company in New-York war das Zentrum dieser Organisation; sie sollte die Patente in Amerika ausnutzen und war gleichzeitig die Muttergesellschaft der in London errichteten Gesellschaft gleichen Namens. Von der Londoner Electric Light Company wurde für die Verwertung der Edison-Patente auf dem europäischen Kontinent die Compagnie Continentale Edison in Paris abgezweigt, die ihrerseits zwei Untergesellschaften errichtete: die Société Electrique Edison für die Ausführung privater Beleuchtungsanlagen und die Société Industrielle et Commerciale Edison als eigentliches Fabrikationsunternehmen. Nunmehr sollte auf Grund der mit Rathenau abgeschlossenen Verträge in Deutschland gleichfalls je eine Gesellschaft für die Herstellung von Zentralstationen und für die Fabrikation errichtet werden.

Die Durchführung der Verträge auf dieser breiten Grundlage stieß jedoch auf erhebliche und für das nächste unüberwindliche Schwierigkeiten. In den Berliner Bankkreisen, an die Rathenau sich wegen der Beschaffung der für die geplante Gründung erforderlichen Geldmittel wandte, zeigte man sich zurückhaltend. Es gelang Rathenau schließlich, einen der Mitinhaber des Bankhauses Landau für seine Pläne zu interessieren und mit dessen Hilfe ein Konsortium zustande zu bringen.

Aber auch dieses Konsortium sah keine Möglichkeit, die Aktien der zu gründenden Gesellschaft in naher Zeit zu verwerten; da es keine Neigung hatte, das für die Existenz der Gesellschaft benötigte Grundkapital auf lange Frist vorzustrecken, begnügte man sich zunächst mit der Errichtung einer Studiengesellschaft, die mit dem bescheidenen Kapital von 250000 Mark ausgestattet wurde. Die Studiengesellschaft, deren

Aufgabe die praktische Erprobung des Glühlampenlichtes und die Propaganda für dieses Beleuchtungssystem war, stellte einige kleine Privatanlagen in Berlin her, die gut gelangen, und wagte sich dann an eine Versuchsanlage für Straßenbeleuchtung (Wilhelmstraße zwischen Linden und Leipziger Straße). Einen starken Erfolg erzielte sie auf der von dem Ingenieur Oscar von Miller veranstalteten Münchner Elektrizitäts-Ausstellung des Jahres 1882. Eine Folge dieser Ausstellung war, daß es Rathenau gelang, Oscar von Miller als Mitdirektor für die geplante Deutsche Edison-Gesellschaft zu gewinnen.

In Verbindung mit neuen Versuchen, den Kreis der für die Gründung der Gesellschaft zu interessierenden Geldgeber zu erweitern, trat Rathenau in jener Zeit an Georg Siemens heran. Dieser schrieb am 28. Oktober 1882 an seinen Vetter Werner:

„Heute früh war einer der Beteiligten bei dem Londoner Edison-Konsortium bei mir. Derselbe versichert, daß die Gesellschaft nunmehr definitiv konstituiert wird mit der ausgesprochenen Absicht, zugleich als Beleuchtungsgesellschaft zu figurieren. Kapital 6 Millionen Mark. Man bietet uns eine sehr starke Beteiligung an und bittet mich, Dich zu fragen, ob Eure Firma in irgendwelcher Form sich dabei beteiligen will. Oechelhäuser (Generaldirektor der Deutschen Continentalen Gas-Gesellschaft), mit dem ich heute früh sprach, hielt vorläufig auch eine Beleuchtungsgesellschaft für utopisch. Willst Du mir vielleicht heute nachmittag mündlich Deine Meinung sagen. Ich stelle mich Dir zur Verfügung."

Werner Siemens stand damals zu der Edison-Gruppe in einer Kampfstellung, aus der sich bald Verhandlungen und später eine Verständigung entwickeln sollten. Werner, der ursprünglich die Edisonsche Erfindung, als die ersten reklamehaften Berichte über die Glühlampe nach Europa herübergekommen waren, sehr skeptisch beurteilt hatte, sah sich bald veranlaßt, seine Meinung zu revidieren. Er nahm selbst die Versuche der Herstellung von Glühlampen mit Nachdruck auf. Schon am 30. November 1881 konnte er an seinen Bruder Wilhelm nach London schreiben:

„Mit Glühlampen habe ich gute Fortschritte gemacht und bin jetzt fest überzeugt, daß wir bald bessere Glühlampen als irgendeiner der Konkurrenten haben.*)"

*) Matschoß, Band II, S. 711.

Bald jedoch stellte sich die Edison-Gruppe der praktischen Betätigung der Firma Siemens & Halske auf dem Gebiet der Glühlampe unter Berufung auf ihre Patentrechte in den Weg. Gerade in der Zeit, in der Georg Siemens sich wegen des Angebots der Beteiligung an der geplanten deutschen Edison-Gesellschaft an Werner wandte, erhielt die Firma Siemens & Halske von der Edison-Gruppe die ersten Proteste. Werner schrieb darüber am 24. November 1882 an seinen Bruder Wilhelm:

„Wenn wir nach erfolgter Warnung mit Fabrikation und Installation fortfahren, so setzen wir uns großen Entschädigungsansprüchen aus. Stellen wir dagegen bis zur Entscheidung die Glühlampenfabrikation und Anwendung ein, so verlieren wir in dem folgenden Jahre das ganze Geschäft an die Edison-Gesellschaft, die dann fest im Sattel sitzt."*)

Angesichts dieser Alternative hielt es Werner Siemens für zweckmäßig, sich mit der Edison-Gruppe zu verständigen. Diese zeigte sich trotz der seit längerer Zeit mit Emil Rathenau und seinen Geldgebern geführten Verhandlungen zum Abschluß eines Lizenzvertrages für Deutschland mit der Firma Siemens & Halske bereit. Der Vertrag wurde am 13. März 1883 unterzeichnet.

Daß Werner Siemens bei der im Oktober 1882 gegebenen ungeklärten Stellung gegenüber dem Edison-Konzern seinen Vetter Georg nicht ermutigte, sich an dem Unternehmen der Gegenpartei zu beteiligen, war selbstverständlich. Bei den übrigen großen Banken und Bankiers von Berlin ging es Rathenau nicht viel besser als bei der Deutschen Bank. Nur die dem Bankhause Jakob Landau nahestehende Gruppe (Nationalbank für Deutschland und Breslauer Diskontobank) und das Bankhaus Gebr. Sulzbach in Frankfurt a. M. gewährten ihm Unterstützung.

Im April 1883 konnte die Gründung der Deutschen Edison-Gesellschaft — auf die ursprünglich geplante Zweiteilung leistete man Verzicht — mit einem Kapital von 5 Millionen Mark vorgenommen werden.

Damit war der Kern gegeben, aus dem später das gewaltige Unternehmen der A.E.G. erwachsen sollte.

---

*) Matschoß, Band II, S. 789.

Die Stellung von Siemens & Halske zur Deutschen Edison-Gesellschaft.

Voraussetzung für das Zustandekommen der Gründung der Deutschen Edison-Gesellschaft war eine Umgestaltung der ursprünglichen Verträge mit der Edison-Gruppe gewesen; ferner eine Regelung des Verhältnisses zu Siemens & Halske.

Die Deutsche Edison-Gesellschaft erwarb auf Grund der neuen Verträge mit dem Edison-Konzern das Recht der gewerblichen Ausnutzung der auf das elektrische Licht bezüglichen Erfindungen Edisons und seiner Gesellschaften, und zwar als ausschließliches Recht für das gesamte Gebiet des Deutschen Reiches. Beschränkt sollte die Deutsche Edison-Gesellschaft in der Ausnutzung dieses Rechtes nur sein durch diejenigen Rechte, welche der Firma Siemens & Halske laut der am 13. März 1883 — also kurz vor Gründung der Deutschen Edison-Gesellschaft — zwischen dieser Firma und dem Edison-Konzern abgeschlossenen Verträge zustanden; andrerseits sollten die aus diesen Verträgen dem Edison-Konzern gegenüber der Firma Siemens & Halske zustehenden Rechte auf die Deutsche Edison-Gesellschaft übergehen. Die finanziellen Gegenleistungen der Deutschen Edison-Gesellschaft an den Edison-Konzern bestanden einmal in der Überlassung von Genußscheinen (1500 von im ganzen 2500 Stück), die mit 35% an dem nach Zahlung einer 6%igen Dividende verbleibenden Überschuß beteiligt sein sollten; ferner in einer Abgabe von $16^2/_3$% des Selbstkostenpreises für eine jede verkaufte Lampe; schließlich in einer Abgabe für jede innerhalb des Deutschen Reiches ausgeführte Glühlampenbeleuchtung. Die Compagnie Continentale erhielt ferner das Recht, zwei ständige Kommissare zur Wahrnehmung ihrer Befugnisse und Interessen zu bestellen. Außerdem stellte die Compagnie Continentale ein Mitglied des Aufsichtsrates.

Neben den Verträgen mit dem Edison-Konzern war eine Regelung des Verhältnisses der Deutschen Edison-Gesellschaft zu der Firma Siemens & Halske notwendig. Die Edison-Gruppe selbst hatte diese Notwendigkeit ihrerseits durch den Abschluß des Vertrages mit Siemens & Halske anerkannt. Die Edison-Patente waren zwar mit allem Raffinement so hieb- und stichfest formuliert, wie das nur irgend möglich war; aber trotzdem war es zweifelhaft, ob die neuen, insbesondere auch die von Siemens & Halske konstruierten Glühlampen von den Gerichten als unter die Edison-Patente fallend anerkannt werden würden. Außerdem: so groß damals schon der Glanz des Namens Edison war und soviel es für die neue Gesellschaft bedeutete, daß der Glanz dieses Namens auf sie fiel — auch der Name Siemens war eine Macht, die dem neuen Unternehmen als Gegner ebenso verderblich wie als Verbündeter förderlich werden konnte. Auch dem Bankkonsortium Rathenaus erschien deshalb eine Verständigung mit Siemens & Halske geradezu als Vorbedingung für die Gründung der Deutschen Edison-Gesellschaft.

In dem im April 1883 zwischen der Firma Siemens & Halske und der Edison-Gruppe abgeschlossenen Vertrage verpflichtete sich die Firma Siemens & Halske, die Edison-Patente nicht anzufechten, sondern sie nach besten Kräften zu fördern. Dagegen wurde der Firma Siemens & Halske das auf dem früheren Vertrag beruhende Recht bestätigt, die Gegenstände der patentierten Edison-Erfindungen herzustellen und in Verkehr zu bringen. Die hierfür zu zahlenden Abgaben sollten Siemens & Halske nicht mehr an die ausländischen Edison-Gesellschaften, sondern an die Deutsche Edison-Gesellschaft entrichten; sie waren doppelt so hoch wie die Abgabe, die die Deutsche Edison-Gesellschaft ihrerseits an die Compagnie Continentale zu zahlen hatte. Ferner entsagte die Firma Siemens & Halske für die Dauer des Vertrags dem Recht, „permanente Anlagen mit dem gewerblichen Zweck der Abgabe von Licht gegen Bezahlung des Lichtverbrauchs zu betreiben". Als Gegenleistung entsagte die Edison-Gruppe, einschließlich der Deutschen Edison-Gesellschaft, für sich und ihre Rechtsnachfolger zugunsten der Firma Siemens & Halske dem Rechte, Maschinen, Apparate und Materialien für in Deutschland zu errichtende Beleuchtungsanlagen nach dem System Edison anzufertigen; Glühlampen und Zubehör, sowie Dampfmaschinen und Zubehör waren dabei ausgenommen. Die Deutsche Edison-Gesellschaft wurde verpflichtet, die der Firma Siemens & Halske zur alleinigen Herstellung überlassenen Gegenstände zu Meistbegünstigungspreisen von dieser Firma zu beziehen; in Betracht kamen vor allem Dynamomaschinen, Kabel- und Leitungsdrähte. Ferner verzichtete die Edison-Gruppe für

Deutschland auf das Recht, bei Bogenlichtbeleuchtungen irgend ein anderes System als dasjenige der Firma Siemens & Halske oder ein etwa von Herrn Edison selbst zu erfindendes anzuwenden; sie verpflichtete sich dabei, das zu den Bogenlichtanlagen benötigte Zubehör lediglich von der Firma Siemens & Halske zu beziehen.

Der für die Dauer von 10 Jahren abgeschlossene Vertrag schuf also eine Arbeitsteilung: Siemens & Halske behielten sich die Gebiete vor, auf denen sie bisher schon unter Aufwand erheblicher Arbeit und großer Geldmittel die neue Starkstromtechnik vorwärts gebracht hatten: die Herstellung von Bogenlampen und von Dynamomaschinen mit Zubehör. Dem neubegründeten Unternehmen gaben sie einen Vorsprung auf dem der Arbeit Edisons erwachsenen Felde der Glühlampenfabrikation, wenn sie hier auch nicht ganz auf eigne Betätigung verzichteten. Ganz und gar wurde der neuen Gesellschaft von Siemens & Halske das Gebiet des gewerblichen Betriebs von Lichtanlagen (Zentralstationen) überlassen.

Man hat es späterhin, nachdem auf der so geschaffenen Grundlage das von Emil Rathenau ins Leben gerufene Unternehmen sich zu einem gleichberechtigten und gleichwertigen Konkurrenten der Siemensschen Unternehmungen ausgewachsen hatte, auf ein Nachlassen des Scharfblicks und der Tatkraft des alternden Werner von Siemens zurückzuführen versucht, daß dieser sich zu jener Abmachung mit Edison bereitgefunden hat.*) Möglicherweise hat in der Tat auch damals noch eine Unterschätzung des sich durch die Glühlampe neu erschließenden Arbeitsfeldes bei Werner Siemens vorgelegen; entscheidend war aber doch wohl die große Auffassung, die Werner Siemens vom Wesen des geschäftlichen Wettbewerbes hatte, wie auch die Vorstellung von den Schranken, die seiner Firma durch ihre Eigenart als Familienunternehmen, auf die er nicht verzichten wollte, gezogen waren.

Werner Siemens hatte seiner Firma allerdings auf dem Gebiet des Telegraphenwesens in Deutschland eine Stellung erworben, die auf ein tatsächliches Monopol hinauskam. Aber das war geschehen nicht durch rücksichtsloses Niederkämpfen eines jeden auftauchenden Wettbewerbes, sondern durch hervorragende Leistungen, beruhend auf einem geradezu einzigartigen Zusammenwirken genialen Erfindungsgeistes, wissenschaft-

*) Siehe Pinner, a. a. O. S. 116 ff.

lichen Forschungstriebes, technischer Intuition und Schulung, industriellen und kaufmännischen Griffes.

Wie Werner Siemens über Stellung und Aufgaben der von ihm begründeten Unternehmen dachte, dafür zeugt nachstehende Auslassung in seinen „Lebenserinnerungen"*), auf die auch in anderem Zusammenhang noch zurückzugreifen sein wird:

„... Es führt mich dies auf die Frage, ob es überhaupt dem allgemeinen Interesse dienlich ist, daß sich in einem Staate große Geschäftshäuser bilden, die sich dauernd im Besitz der Familie des Begründers erhalten. Man könnte sagen, daß solche große Häuser dem Emporkommen vieler kleineren Unternehmungen hinderlich sind und deshalb schädlich wirken. Es ist das gewiß auch in vielen Fällen zutreffend. Überall, wo der Handwerksbetrieb ausreicht, die Fabrikation exportfähig zu erhalten, wirken große konkurrierende Fabriken nachteilig. Überall dagegen, wo es sich um die Entwicklung neuer Industriezweige und um die Eröffnung des Weltmarktes für bestehende handelt, sind große zentralisierte Geschäftsorgane mit reichlicher Kapitalansammlung unentbehrlich. Solche Kapitalansammlungen lassen sich heutigen Tages für bestimmte Zwecke allerdings am leichtesten in der Form von Aktiengesellschaften herbeiführen, doch können diese fast immer nur reine Erwerbsgesellschaften sein, die schon statutenmäßig nur die Erzielung möglichst hohen Gewinnes im Auge haben dürfen. Sie eignen sich daher nur zur Ausbeutung von bereits vorhandenen, erprobten Arbeitsmethoden und Einrichtungen. Die Eröffnung neuer Wege ist dagegen fast immer mühevoll und mit großem Risiko verknüpft, erfordert auch einen größeren Schatz von Spezialkenntnissen und Erfahrungen, als er in den meist kurzlebigen und ihre Leitung oft wechselnden Aktiengesellschaften zu finden ist. Eine solche Ansammlung von Kapital, Kenntnissen und Erfahrungen kann sich nur in lange bestehenden, durch Erbschaft in der Familie bleibenden Geschäftshäusern bilden und erhalten. So wie die großen Handelshäuser des Mittelalters nicht nur Geldgewinnungsanstalten waren, sondern sich für berufen und verpflichtet hielten, durch Aufsuchung neuer Verkehrsobjekte und neuer Handelswege ihren Mitbürgern und ihrem Staate zu dienen, und wie dies Pflichtgefühl sich als Familientradition durch viele Gene-

*) A. a. O. S. 202.

rationen fortpflanzte, so sind heutigen Tages im angebrochenen naturwissenschaftlichen Zeitalter die großen technischen Geschäftshäuser berufen, ihre ganze Kraft dafür einzusetzen, daß die Industrie ihres Landes im großen Wettkampfe der zivilisierten Welt die leitende Spitze, oder wenigstens den ihr nach Natur und Lage ihres Landes zustehenden Platz einnimmt."

Dieser großen und vornehmen Auffassung, der stets das allgemeine Ziel vorschwebte, die es als einen bedauerlichen Nachteil empfand, daß die Erfordernisse dieses Zieles die Lebensfähigkeit von kleinen Konkurrenzbetrieben einschränkten, lag der Gedanke weltenfern, sei es aus Gewinnstreben, sei es aus Machtwillen jeden sich irgendwo rührenden Wettbewerb niederkämpfen oder im Entstehen unterdrücken zu wollen. „Man muß nicht alles selbst verdienen wollen," hatte Werner Siemens schon in einem Briefe vom 11. Juni 1867 an seinen Bruder Karl geschrieben.*)

Aus dieser Auffassung, nicht aus Schwäche oder Mangel an Voraussicht, erklärt sich in erster Linie die Haltung, die Werner Siemens gegenüber der Edison-Gruppe und der werdenden A.E.G. eingenommen hat.

In einem Brief vom 16. März 1883**) schrieb er an Wilhelm:

„Ich habe die Überzeugung gewonnen, daß Edison nicht der Börsenschwindel, sondern große technische Leistungen vor Augen stehen. Er ist noch jung und wird noch viel schaffen. Eine auf loyaler Basis mit Gleichberechtigung beruhende Vereinigung kann ihm wie uns nützlich sein."

Diese Auffassung vom geschäftlichen Wettbewerb hat die Siemens-Gruppe auch späterhin betätigt. Ich darf hier vorgreifend auf die schonende und auf die Erhaltung des Lebensfähigen gerichtete Behandlung hinweisen, die zu Beginn dieses Jahrhunderts der Siemens-Konzern der ins Wanken geratenen S c h u c k e r t - G e s e l l s c h a f t hat zuteil werden lassen. Ich selbst habe als Direktor der Deutschen Bank im Jahre 1911, als die B e r g m a n n E l e k t r i z i t ä t s - W e r k e in eine schwere Krisis gerieten, an Verhandlungen teilgenommen, die über die Erhaltung dieses großen Unternehmens sowohl mit der A.E.G. als auch mit der Siemens-Gruppe geführt wurden. Wenn die Reorganisation der Bergmann

*) Siehe Matschoß, Band I, S. 273.

**) Siehe Matschoß, Band II, S. 774.

Elektrizitäts-Werke damals mit Hilfe der Siemens-Gruppe und an der A.E.G. vorbei durchgeführt wurde, so nur deshalb, weil Emil Rathenau den völligen Verzicht Bergmanns auf Selbständigkeit verlangte, während der Siemens-Konzern, vor allem Werners Sohn Wilhelm von Siemens, unter Ablehnung jeder monopolistischen Bestrebung sich bereit fand, an einer Lösung mitzuwirken, die den Bergmann-Werken ihre Selbständigkeit erhielt.

Nicht minder bezeichnend ist, daß Werner Siemens in dem soeben erwähnten Briefe fortfuhr, die Verständigung mit Edison und der Deutschen Edison-Gesellschaft werde „die Möglichkeit geben, unser schon zu kompliziert gewordenes Geschäft zu vereinfachen und dadurch für unsere Nachfolger durchführbarer zu machen." Es kam ihm aus den in seinen „Lebenserinnerungen" dargelegten Gründen darauf an, die von ihm geschaffenen Betriebe als Familienunternehmen zu erhalten, und er war klarblickend genug, um Versuchungen einer Expansion zu widerstehen, die sich als unvereinbar mit diesem Bestreben hätten erweisen müssen.

Die Brüder Siemens hatten von jeher große Aufträge von dritter Seite, namentlich von Staatsverwaltungen bevorzugt. An den Aufträgen des preußischen und russischen Staates auf dem Gebiet des Telegraphenwesens waren die Siemensschen Unternehmungen groß geworden. In zwei besonders markanten Fällen, in denen sie die technische und industrielle Durchführung einer großen Aufgabe reizte, der Auftraggeber sich aber nicht von selbst einstellen wollte, hatten die Siemens-Firmen nicht etwa mit eignem Kapital und auf eignes Risiko diese Aufgaben durchgeführt — sondern ad hoc besondere Gesellschaften geschaffen: Die Indo-European Telegraph Company und die United States Direct Cable Company. Diese Gesellschaften übernahmen die Finanzierung und den Betrieb der geplanten großen Unternehmungen, während den Siemens-Firmen die Projektierung und Herstellung der Anlagen sowie die Lieferung der Kabel, Apparate usw. vorbehalten wurde. Die gleiche Erwägung, die zu jenen Gesellschaftsgründungen geführt hatte, war der tiefere Grund, aus dem heraus Werner Siemens jetzt, an der Schwelle der Entwicklung der Lichtelektrizität und der gesamten Starkstromtechnik, den gewerblichen Betrieb von Beleuchtungsanlagen (Zentralstationen), in dem Rathenau die Zukunft der elektrischen Industrie erblickte, der Deutschen Edison-Gesellschaft gegen die Verpflichtung überließ, den für die Siemens-Firmen wichtigsten Teil der technischen Einrichtung von dieser zu beziehen. „Wir sind kein Beleuchtungsunternehmen, sondern Fabrikanten," war damals Werners Leitsatz. Und noch im September 1885 schrieb er an den damaligen Oberbürgermeister in Frankfurt Dr. Miquel:*)

„Wir wollen selbst keine Lichtlieferungsgeschäfte machen, wir wünschen nur als technisches Geschäft Beleuchtungsanlagen zu projektieren und auszuführen unter strengen von uns zu leistenden Garantien guter Leistung, sei es für die Städte selbst, sei es für Gasgesellschaften oder Spezialgesellschaften für Lieferung elektrischen Lichtes."

Von diesem Gesichtspunkte aus erfüllte ein Vertrag, der der neuen aufstrebenden Gesellschaft die Betriebsunternehmungen, der Firma Siemens & Halske aber die Lieferung der Maschinen und der sonstigen Ausrüstung für diese Betriebsunternehmungen zuwies, in seinen Hauptpunkten die Wünsche, die der Siemenssche Kreis damals hegen konnte.

Die Arbeit auf der so geschaffenen Grundlage brachte zwar von Anfang an mancherlei Reibungen zwischen den beiden Unternehmungen mit sich, Reibungen, die sogar zu Prozessen führten; aber alles in allem kamen beide Teile gut vorwärts.

Die Edison-Gesellschaft ging mit der größten Rührigkeit ans Werk. Schon bei Ablauf des ersten, nur acht Monate umfassenden Geschäftsjahres hatte sie in Deutschland 27 Anlagen mit 35 Dynamomaschinen und mehr als 4700 Lampen in Betrieb gebracht. Am Schlusse des Jahres 1886 waren es 260 Anlagen mit 70000 Glühlampen und 1000 Bogenlampen.

Der Firma Siemens & Halske wuchsen mit der Ausdehnung der Geschäfte der Deutschen Edison-Gesellschaft große Aufträge zu, vor allem an Dynamomaschinen. In Voraussicht dieser Entwicklung nahm die Firma im Jahre 1883 den Bau des großen Charlottenburger Werkes in Angriff. In der kürzesten Zeit gelang es, die Herstellung der für die Edison-Anlagen benötigten Dynomomaschinen so weit zu vervollkommnen, daß sie sich den von den Edison-Fabriken selbst hergestellten weit überlegen zeigten.**)

*) Siehe Matschoß, Band II, S. 857.

**) Siehe Felix Pinner, a. a. O. S. 118.

Diese Fortschritte wurden von beiden Teilen erreicht, obwohl der Schutz der Edison-Patente in jenen Jahren durch konkurrierende Erfindungen und die in zahlreichen Prozessen angerufene Rechtsprechung auf das schwerste erschüttert wurde.

In der ersten Zeit waren die von der Deutschen Edison-Gesellschaft hergestellten Anlagen nur Einzelanlagen für Fabriken, Hotels, Theater usw. sowie sogenannte „Blockstationen" (zentrale Beleuchtungsanlagen für einzelne zusammenhängende Häuserblocks ohne Benutzung öffentlicher Wege). Der Betrieb der Blockstationen mit ihrem beschränkten Aktionsradius erwies sich jedoch bald als unzweckmäßig und unrentabel. Die Erfahrungen drängten auf den Weg zur großen Zentralstation.

Aber auf diesem Wege lagen zunächst noch schwere Steine. Die Errichtung größerer Zentralstationen hatte zur Voraussetzung die Genehmigung der Städte zur Benutzung ihrer Straßen und Plätze für das Verlegen der Leitungen. Die Stadtverwaltungen aber waren zumeist direkt oder indirekt an der großen Konkurrentin des aufkommenden elektrischen Lichtes, der Gasbeleuchtung, interessiert. Das war auch in Berlin der Fall. Trotzdem gelang es schließlich der Deutschen Edison-Gesellschaft, die Berliner Stadtverwaltung für die Erteilung einer ersten Konzession einer Zentralanlage für elektrische Beleuchtung zu gewinnen. Durch einen im Februar 1884 zustande gekommenen Vertrag erhielt die Gesellschaft das Recht, innerhalb eines mit einem Radius von 800 m um den Werderschen Markt gezogenen Kreises in den Straßen Leitungen zur Fortführung elektrischer Ströme von einer oder mehreren Zentralstationen aus zu legen und zur Anlage dieser Leitungen die Straßendämme und Bürgersteige zu benutzen.

In Deutschland war das die erste Konzession dieser Art. Sie sollte bahnbrechend für unser ganzes Beleuchtungswesen werden. Aber auch auf das Schicksal der Deutschen Edison-Gesellschaft sollte sie eine tiefeinschneidende Wirkung ausüben. Zunächst drohte das aus dieser Konzession hervorgegangene Unternehmen zusammenzubrechen und in seinem Falle die Muttergesellschaft zu erdrücken. Geschickte Hände aber, nicht zum wenigsten die Hand Georg Siemens', wußten die Lösung der Krisis so zu führen, daß aus dem drohenden Zusammenbruch der Beginn des eigentlichen großen Aufschwungs der deutschen Elektrizitätsindustrie wurde.

Georg Siemens und die Entwicklung der Elektrotechnik.

Georg Siemens, mit den elektrotechnischen Dingen von Jugend an vertraut, verfolgte mit lebhaftem Interesse die mit der Ausbildung der Starkstromtechnik einsetzende neue Entwicklung. Daß er diese neue Entwicklung im wesentlichen mit den Augen seines Vetters Werner sah, ist nur natürlich. Er lehnte, wie wir gesehen haben, deshalb die der Deutschen Bank angebotene Beteiligung an der Gründung der Deutschen Edison-Gesellschaft ab. Dagegen ist unzweifelhaft, wenn es auch aktenmäßig nicht mehr belegt werden kann, daß er schon bei den ersten Verhandlungen mit Emil Rathenau von Werner Siemens beigezogen worden ist und daß sein Rat für die Gestaltung des Vertragsverhältnisses zwischen Siemens & Halske und der Deutschen Edison-Gesellschaft mit ins Gewicht gefallen ist.

Aber dabei handelte es sich zunächst nur um einen gelegentlichen persönlichen Freundschaftsdienst, aus dem sich zwar häufige persönliche Berührungen mit Emil Rathenau, aber noch nicht irgendwelche geschäftlichen Konsequenzen, insbesondere irgendwelche Beziehungen zu der Deutschen Edison-Gesellschaft ergaben. Auch in den auf die Gründung der Edison-Gesellschaft unmittelbar folgenden Jahren hat sich darin noch nichts geändert. Dagegen interessierte sich Georg Siemens in jener Zeit lebhaft für Pläne Werners auf dem Gebiet der elektrischen Bahnen.

Bereits im Jahre 1883 hielt Werner Siemens das von seiner Firma ausgebildete System des elektrischen Bahnbetriebes für so weit vervollkommnet, daß er in Verbindung mit Georg den Versuch einer großen praktischen Verwirklichung machte. Gleichzeitig mit der Errichtung einer „Studiengesellschaft", an die alle die elektrischen Bahnen betreffenden Patente und Erfindungen von Siemens & Halske übertragen werden sollten, wollte man die Konzession für eine elektrische Hochbahn in Wien erwerben und ausführen. Obwohl damals weder das eine noch das andere Projekt zur Durchführung kam, seien hier aus der Korrespondenz Georg Siemens' mit seinem intimen Mitarbeiter und Berater Dr. Kilian Steiner einige Stellen wiedergegeben, die das tätige Interesse des ersteren für diese Projekte zeigen.

Am 24. April 1883 schrieb Georg Siemens:

„Das einzige Neue, was ich vorhabe, ist eine Sache, die mir Schenk*) leider abgelehnt hat. Siemens & Halske sind heute mit ihren Versuchen betreffend elektrische Bahnen so weit, daß sie mit unbedingter Sicherheit sagen können, daß die Sache geht. Sie sind zugleich im Besitz der erforderlichen Patente, welche ihnen das absolute Monopol für den Kontinent sichern. Nun schlug mein Vetter vor, daß wir gemeinschaftlich eine Gesellschaft machen sollten. Bedingungen waren fair. Er verhandelte zugleich mit Wien selbst. Prima Menschen für die Durchführung sind vorhanden. Aber Schenk hatte keine Lust. Mir ist die Sache insofern nicht glücklich gelegen, als es ein unangenehm Ding ist, mit Verwandten Geschäfte zu machen. Auf der andern Seite tut es mir leid, wenn eine solche Sache, bei welcher Deutschland technisch und wissenschaftlich die Vorhand hat, nach England wandert. Aber ich weiß mir nicht recht zu helfen. Was meinen Sie dazu? Daß mein Vetter eine solche Gesellschaft braucht, erklärt sich aus den persönlichen Verhältnissen. An sich würde er durchaus tantus sein, um mehrere große Sachen allein zu machen. Aber seine Söhne sind den Konstruktionsschwierigkeiten (als da sind Verhandlungen mit Magistrat, Regierung usw.) nicht gewachsen, und so hapert es an den Menschen."

In einem weiteren Brief vom 4. Mai 1883 schrieb er:

„Mein Plan ist ziemlich einfach. Ich will als Associé von Siemens & Halske und unter deren dauernden Beteiligung eine Société d'Etudes zustande bringen, welcher gegenüber Siemens & Halske sich zu binden haben, daß sie mit niemand anders mehr verhandeln dürfen. Damit hat die Societé für die elektrischen Bahnen (für welchen Zweig die technische Frage ungleich günstiger liegt als für elektrisches Licht) ein Monopol. Dagegen müssen die Beteiligten an der Société sich untereinander binden, daß die einzelnen Teilnehmer bei den Geschäften, welche die Majorität für gut erkennt, auch alle mit gewissen Minimalsätzen mitgehen ... Die Frage ist eine Konstruktionsfrage, kein einzelnes Geschäft; sie entscheidet über die Zukunft der Ausbeutung eines technisch nicht unwichtigen Monopols.

*) Adolf Ritter von Schenk, Direktor und später Aufsichtsratsvorsitzender des Wiener Bankvereins.

„Die Wiener Frage ist eine zweite. Es liegt ein ganz interessantes Projekt vor, welches man in Angriff nehmen oder fallen lassen kann, wie man will. Diese Sache hat erst etwas dringlicher ausgesehen; sie ist es heute nicht mehr, nachdem Siemens & Halske beschlossen haben, die Sache ruhig fortzusetzen und dem Minister zu erklären, daß sie sich die Sache eventuell selbst finanzieren würden. Damit vereinfacht sich die Sache sehr; denn ich denke, daß der Minister bei Einholung einer Auskunft finden wird, daß die Leute durchaus tanti sind, um nötigenfalls ex propriis 10—12 Millionen Mark in solcher Sache unbekümmert festrennen zu können. Damit gewinnen beide Teile Zeit zu freieren Verhandlungen und Prüfungen."

Werner Siemens schrieb in dieser Angelegenheit an seinen Bruder Karl in Petersburg am 29. April 1883:

„Ich verhandle jetzt mit Georg, um eine Gesellschaft für elektrische Bahnen in Deutschland und Österreich zu konstituieren. Kommt das zustande, so kann das Wiener Projekt das erste sein, was sie finanzieren .. Nach meinem Vorschlag soll die Gesellschaft uns alle elektrischen Bahnen zur Errichtung des elektrischen Betriebes (nebst rollendem Material) übergeben und uns außerdem 5 bis 10% Freiaktien für unsre Patentrechte geben."

Ferner am 4. Mai 1883:

„Ich bin jetzt in lebhafter Verhandlung mit Georg und Delbrück über Bildung eines Konsortiums oder einer freien Vereinigung für Einführung elektrischer Bahnen. Wir müssen jetzt auch an den künftigen Finanzierungen anzulegender Bahnen unsern Gewinn haben. Der Wert der Maschinenlieferungen ist kein hinreichendes Äquivalent. Ich habe vorgeschlagen, ein Korsortium mit je 1/2 Million Mark Beteiligung zum Betrage von 5 Millionen zu bilden. Wir werden daran teilnehmen. Diesem Konsortium übergeben wir den Nießbrauch unserer Patente in Deutschland, Österreich und Italien. Wir bleiben Elektrotechniker des Konsortiums und liefern den elektrischen und maschinellen Teil (das rollende Material und Leitungen und stehende Maschinen) zu unsern Preiskurantpreisen weniger 10%. Von dem Gewinn des Konsortiums (durch den Bau der Bahnen, Verkauf derselben, Gründung von Spezialgesellschaften für Städte oder einzelne Bahnen usw.) erhalten wir ein Viertel vorweg für unsere Leistungen. Zum Direktor habe ich Schwieger*) vorgeschlagen, der uns das Wiener Projekt in bewundernswürdiger Güte und Schnelligkeit gemacht hat und überhaupt ein famoser Kerl ist."

Am 5. Mai 1883 schrieb Werner Siemens in der gleichen Angelegenheit an den Bürgermeister A. Rosenthal in Köln, den er in jener Zeit, zunächst als Syndikus, für seine Unternehmungen gewann:

„... Die Sache muß ihrer Bedeutung entsprechend auf breiterer Basis angelegt werden, muß also jede Vergrößerung zulassen, ohne ihren Charakter zu ändern. Ich will durch die Gesellschaft und ihre Tätigkeit entlastet werden, sowohl finanziell wie geschäftlich. Eine Kommanditgesellschaft, deren verantwortlicher Leiter ich wäre, paßt mir daher nicht. Die Gesellschaft muß mit der Zeit allein laufen lernen und meiner Firma wesentlich nur die Fabrikation der elektrischen Sachen und die Sorge um den technischen Fortschritt überlassen. Die Deutsche Bank in Direktion und Verwaltungsrat scheint geneigt, auf die Sache einzugehen."

Über das vorläufige Fallenlassen des Konsortial-Gedankens schrieb Georg Siemens am 28. Juni 1883 an Dr. Steiner:

„Die Société d'Etudes haben wir vorläufig noch nicht gemacht. Wir wollen zunächst ein großes Unternehmen anfangen und durchführen und verfolgen vorläufig die Wiener Sache weiter. Nachdem der Bankverein abgelehnt hat, wollen wir sehen, wie weit wir allein kommen („wir" sind vorläufig Siemens & Halske ohne Bankiers!). Ich höre, daß die Erteilung der Vorkonzession bevorsteht."

Es ergibt sich aus diesen Briefstellen, daß in dem Gedanken der „Société d'Etudes" Georg Siemens damals schon das später von ihm verwirklichte große Konsortium für elektrische Geschäfte vorschwebte. Er fand jedoch in jener Zeit nicht einmal in den Reihen seiner Mitarbeiter Gefolgschaft. Auch für das große Wiener Einzelprojekt sah er sich genötigt, den Versuch zu machen, für seine Person und ohne Rückendeckung

*) Schwieger ist später Chefingenieur und Vorstandsmitglied bei der Firma Siemens & Halske geworden; er entwickelte sich zum führenden Geist der elektrischen Bahnbauten der Siemens'schen Unternehmungen.

bei der Deutschen Bank und deren Wiener Verbündeten, dem Wiener Bankverein, weiter zu kommen. Aber auch hier waren seine Bemühungen ergebnislos.

Für das Verhältnis Georg Siemens' zur angewandten Elektrotechnik und darüber hinaus für seine Stellung zu Theorie und Praxis in hohem Maße bezeichnend, ist ein Brief, den er in jener Zeit an seinen jungen Schwager Hermann Görz geschrieben hat. Dieser stand nach einer praktischen Ausbildung im Maschinenfach und einem Studium auf der Technischen Hochschule in Darmstadt vor dem Scheideweg der weiteren Ausbildung und der Berufswahl und wandte sich an seinen welterfahrenen Schwager um Rat. Das für Deutschland durch die Deutsche Edison-Gesellschaft neuerschlossene Gebiet stand dabei dem jungen Mann als besonders reizvoll vor Augen. Georg Siemens antwortete ihm am 2. März 1884:

Du weißt, daß ich von der Theorie sehr wenig halte. Unsere Zeit ist diejenige der Spezialitäten. Es handelt sich darum, früher als andere auf irgendeinem Gebiet, und sei es noch so klein, Autorität zu werden. Damit schlägt man alle übrigen. Ist man aber dazu imstande, so hat man reichliche Beschäftigung, weil die Kommunikationsmittel usw. so entwickelt sind, daß jemand, der Autorität in Deutschland ist, den Markt für die Verwertung seiner Tätigkeit in der ganzen kultivierten Welt findet, ohne daß er darum seinen Wohnort zu verlassen braucht.

Nun wird man aber Autorität nur dann, wenn man etwas machen kann. Die Professorenrederei ist eitel dummes Zeug. Theoretische Bildung ist nur dann als solche wirklich viel wert, wenn sie als Spezialität, d. h. als Selbstzweck betrieben wird, wenn man also an Universitäten als Professor damit Handel treibt. Im übrigen ist sie nur Dienerin, d. h. Hilfsmittel, um die praktische Arbeit zu erleichtern resp. Genußmittel für stille Stunden, wie die Zigarre nach dem Mittagbrot. Den rein theoretischen Professorenzustand hast Du nicht gewählt und m. E. daran Recht getan, weil dies Gebiet in Deutschland entschieden übersetzt ist (overtraded sagen die Engländer). Du mußt also darauf sehen, daß Du das große technische Übergewicht, welches Du durch Deine Ausbildung bei Fueß vor vielen anderen voraus hast, ausnutzest.

Ich gehe im großen und ganzen davon aus, daß auf den Universitäten bei uns sehr viel, eigentlich zu viel Zeit vertrödelt wird. Unser Universitätsleben besteht eigentlich nur aus Ferien mit intermittierenden Arbeitszwischenräumen; und bei der Menge von Büchern, die es gibt, glaube ich, daß man viel schneller vorwärtskommt, wenn man sich in die Praxis stürzt und die dabei aufstoßenden Zweifel durch Lektüre und privates Nachstudium zu beseitigen bestrebt ist. Der Weg ist um eine Kleinigkeit angreifender, aber unendlich mehr Zeit ersparend.

Wieviel Du Vorkenntnisse über Maschinenbaulehre hast, kann ich nicht recht beurteilen. Allerdings setzt sich die Tätigkeit des Beleuchtungstechnikers aus zwei Faktoren zusammen: Maschinenlehre und Elektrotechnik.

Bist Du aber so weit, daß Du Dich getraust, etwaige Lücken durch privates Studium ausfüllen zu können, so würde ich Dir raten, nicht zu viel Zeit zu verlieren.

Augenblicklich ist die kaufmännische Situation die, daß mehr Unternehmungen da sind als Menschen. Die Edison-Gesellschaft krankt daran, daß sie nicht genügend viel und genügend gute praktisch geschulte Techniker zur Verfügung hat. In nicht allzu langer Zeit wird der Markt gefüllt sein: denn die Leute bilden sich im Geschäft. Der alte Borsig und Egell, auch Wöhlert waren Schmiedegesellen; sie wurden groß, weil sie früher da waren als diejenigen Techniker, welche sich erst auf Universitäten ausbilden zu müssen glaubten. Derselbe Erfahrungssatz gilt für alle neuen Industrien.

Edison hat sich dem kleinen Willy Siemens gegenüber beklagt, daß die Berliner Leute so miserable Techniker hätten. Ähnliche Erfahrungen machte seinerzeit Werner Siemens. Also der Moment ist augenblicklich noch vorhanden.

Wenn ich an Deiner Stelle wäre, würde ich denselben dahin ausnutzen, daß ich bald in die Praxis ginge und ordentlich Erfahrungen sammelte, stets mit dem stillen Hintergedanken, mich demnächst mit einem wissenschaftlich geschulten Techniker, eventl. auch einem Geldmenschen, zu associieren und dann ein eigenes Etablissement zu gründen.

Für diese Praxis gibt es zwei Wege, entweder Schuckert in Nürnberg oder die Edison-Gesellschaft in Berlin, wenn dieselbe in der Lage ist, Dich vorher noch nach Amerika zu schicken, sodaß Du dort 6 Monate bleiben und alles sehen kannst. Letzterer Weg ist vielleicht der spekulativere, aber doch immerhin für einen jungen Mann, der auf ein Jahr früheren oder späteren Verdienst nicht zu sehen hat, durchaus betretbar. Der Edison-Gesellschaft gegenüber sich auf Jahre zu binden, ist natürlich Unsinn. Wenn es darauf ankommt, Dir zum amerikanischen Aufenthalt einen Zuschuß zu geben, brauchst Du keine Edison-Gesellschaft. Das können Deine Verwandten nach alle Tage. Auch würde ich Dich zu Edison ganz gut bringen können, ohne daß Du die Berliner Edison-Leute dazu brauchst. Aber eine Einführung seitens derselben würde insofern nützlich sein, als Edison bei den Erträgen des Berliner Geschäftes beteiligt ist und ein Interesse hat, einen von dort eingeführten jungen Mann etwas besser einzuschulen als einen von anderer, mehr oder weniger konkurrierender Seite ihm zugeführten.

„Seitdem ich in Amerika gewesen bin*), lege ich auf einen längeren Aufenthalt dort aus pädagogischen Rücksichten großen Wert. Es ist für mich kein Zweifel, daß der Ton, in welchem dort die Geschäfte betrieben werden, dem unsrigen bei weitem überlegen ist. Die Leute sind dort rücksichtslose Räuber, aber sie haben Sinn für große Konstruktion und es herrscht dort nicht der kleine schmutzige Diebstahl, welcher bei uns grassiert. Namentlich aber lernt man dort die Konzentration der Aufmerksamkeit auf ein bestimmtes Ziel und die Verachtung des ziellosen Hin- und Herfackelns, das ich den feuilletonistischen Geschäftsbetrieb nennen möchte. Es wird garnicht lange dauern, daß diese Leute uns auf allen unseren eigensten Gebieten geschlagen haben werden, inkl. Malerei und anderer Künste; und man lernt dort sehr viel mehr tüchtige Menschen kennen als bei uns.

*) Im Herbst 1883: siehe unten S. 231.

Die ersten elektrischen Lichtzentralen.

Für die ersten großen Finanzierungsprojekte auf dem Gebiete der Starkstromtechnik, wie sie Georg Siemens im Jahre 1883 mit seinem Vetter Werner behandelte, spielte die Deutsche Edison-Gesellschaft noch keine Rolle, so lange sie im wesentlichen als Glühlampenfabrik und Installationsunternehmen erschien. Sie bot infolgedessen für Georg Siemens noch kein besonderes Interesse.

Die Sachlage änderte sich jedoch, als die Deutsche Edison-Gesellschaft die Schaffung großer Zentralanlagen für elektrische Beleuchtung in Angriff nahm. Hier betrat sie ein Gebiet, auf dem nicht nur technische und industrielle, sondern auch in ganz großem Ausmaße finanziell-konstruktive Arbeit zu leisten war. Aus der Initiative der Kommunen heraus war — darüber konnte ein Zweifel nicht bestehen — die Herstellung großer zentraler Lichtanlagen nicht zu erwarten. Die neue große Aufgabe fiel in vollem Umfange dem Privatkapital und dem privaten Unternehmungsgeist zu. Die Aufbringung der Mittel und die zweckmäßige finanzielle Organisation für die Durchführung der neuen Aufgabe stellten an den Finanzmann Anforderungen ersten Ranges.

Es mußte nahe liegen, die Lösung dieser finanziellen Aufbauarbeit im engsten Anschluß an die elektrotechnischen Fabrikationsunternehmungen zu versuchen. Für Georg Siemens und damit für die Deutsche Bank wäre damit, wenn sie das neue Gebiet in Angriff nehmen wollten, in erster Linie das Zusammenwirken mit Siemens & Halske gegeben gewesen. Aber gerade die Firma Siemens & Halske war es, deren Stellungnahme gegenüber den neuen Aufgaben der Lichtelektrizität den finanziellen Organisator an die Deutsche Edison-Gesellschaft weiter wies.

Die damals zwischen dem Siemensschen Kreise und der Edison-Gruppe getroffene Regelung überließ absichtlich und eindeutig mit dem Gebiet der Betriebsunternehmungen für elektrische Beleuchtung auch das Gebiet der finanziellen Organisation dieser Betriebsunternehmungen der Deutschen Edison-Gesellschaft.

Es ist aus den mir zugänglichen Akten und Korrespondenzen heute nicht mehr einwandfrei festzustellen, in welchem Augenblick sich aus dieser

Lage für Georg Siemens ein praktisches Zusammenarbeiten mit der Deutschen Edison-Gesellschaft und ihrem leitenden Kopfe, Emil Rathenau, ergab. Ein unmittelbares Eingreifen ist zum ersten Male nachweisbar, als es sich für die Deutsche Edison-Gesellschaft um die Erlangung der Konzession der Berliner Stadtverwaltung für die erste zentrale Beleuchtungsanlage handelte. Damals half Georg Siemens, ohne daß bereits geschäftliche Beziehungen zwischen der Deutschen Bank und der Deutschen Edison-Gesellschaft bestanden, an der Überwindung der großen Schwierigkeiten mit, die sich der Konzession entgegenstellten. Steinthal hat darüber in seiner Gedächtnisrede vom 27. Oktober 1901 ausgeführt:

„Damals lagen die Faktoren für die Rentabilität der elektrischen Anlagen noch nicht so klar wie heute zutage; es gab bei den Verhandlungen mit der Stadt Berlin über die Errichtung von Beleuchtungswerken eine Menge von Bedenklichkeiten, bis es — wie die Beteiligten sich gewiß erinnern werden — Siemens gelang, sie über den toten Punkt hinwegzuschieben."

Für die Durchführung und Verwertung der Berliner Beleuchtungskonzession wurde eine besondere Gesellschaft mit einem Kapital von 3 Millionen Mark, die „Städtischen Elektrizitätswerke", gegründet. Die Deutsche Edison-Gesellschaft folgte hier also den Spuren des Siemens-Konzerns, der sich seinerzeit für den indo-europäischen Telegraphen und das atlantische Kabel gleichfalls besondere Gesellschaften errichtet hatte. Die Aktien der neuen Gesellschaft wurden den Aktionären der Muttergesellschaft angeboten. Das Bankkonsortium der Deutschen Edison-Gesellschaft wurde nur für eine Garantie der Unterbringung von 80% des Kapitals der Städtischen Elektrizitätswerke in Anspruch genommen. Die Deutsche Edison-Gesellschaft selbst behielt aus den 3 Millionen des Grundkapitals einen Anteil von 560000 Mark. Für die Überlassung der von der Deutschen Edison-Gesellschaft erworbenen Konzession wurde den Städtischen Elektrizitätswerken die Verpflichtung auferlegt, alle Maschinen, Apparate und Utensilien zur Ergänzung und Verwendung des elektrischen Stromes zu Meistbegünstigungspreisen von der Deutschen Edison-Gesellschaft zu beziehen.

Der technische Erfolg der Städtischen Elektrizitätswerke war, trotz mancherlei Schwierigkeiten, von Anfang an befriedigend. Aber der finanzielle Erfolg stand damit nicht in Einklang. Statt der erwarteten Gewinne ergab der Betrieb Verluste. Die Berliner Stadtverwaltung drängte, ohne auf diese prekäre Lage Rücksicht zu nehmen, auf die Ausdehnung der Anlagen und verlangte für die Ausführung der vertragsmäßigen Verpflichtungen der Gesellschaft erhöhte finanzielle Garantien. Die Städtischen Elektrizitätswerke und mit ihnen die Deutsche Edison-Gesellschaft wurden durch diese Forderungen an den Rand des Abgrundes gedrängt. Einer der damaligen Direktoren der Städtischen Elektrizitätswerke faßte in einem Gutachten sein Urteil dahin zusammen: „Erfüllen wir die Forderungen der Stadt, so sind wir bankerott." Um die Aufregung der Aktionäre zu beschwichtigen und die Lage zu retten, blieb der Deutschen Edison-Gesellschaft nichts übrig, als sich bereit zu erklären, 1500000 Mark der Aktien der Städtischen Elektrizitätswerke zum Kurse von 95% zurückzunehmen. Die Absicht, das eigne Kapital nicht in einem erheblichen Umfang mit der Festlegung in dem Unternehmen der Städtischen Elektrizitätswerke zu beschweren, war damit fürs nächste gescheitert. Für die Deutsche Edison-Gesellschaft selbst bedeutete bei ihrem Kapital von nur 5 Millionen Mark die Zurücknahme der Aktien der Städtischen Elektrizitätswerke eine kaum tragbare Belastung. Und dabei blieb die Beschaffung der für das Durchhalten dieses Unternehmens und gar für die von der Stadt Berlin verlangte Erweiterung eine ungelöste und auf der bisherigen Grundlage überhaupt nicht lösbare Frage. Gelang es aber nicht, eine Lösung zu finden, so war mit der Existenz der Städtischen Elektrizitätswerke auch die Existenz der Deutschen Edison-Gesellschaft auf das schwerste bedroht. Ein Auffliegen der Deutschen Edison-Gesellschaft aber hätte die ganze deutsche elektrotechnische Industrie in jenem entscheidenden Entwicklungsstadium auf das schwerste getroffen.

Georg Siemens und die Gründung der A.E.G.

Es war für die Deutsche Edison-Gesellschaft doppelt schwer, sich dem drohenden Schicksal zu entwinden, weil sie durch die bei ihrer Gründung abgeschlossenen Verträge sowohl mit Siemens & Halske, wie namentlich auch mit dem Edison-Konzern an Händen und Füßen gebunden war.

Das Verhältnis zu Siemens & Halske hatte sich keineswegs befriedigend entwickelt. Daraus, daß die Deutsche Edison-Gesellschaft nicht nur eine Finanzierungs- und Betriebsunternehmung, sondern von vornherein auch ein Fabrikationsunternehmen war, hatten sich von Anfang an Reibungen ergeben. Das Verhältnis hatte sich scharf zugespitzt, nachdem die Deutsche Edison-Gesellschaft eine Bogenlampenkonstruktion erworben hatte, die es ermöglichte, Bogenlicht und Glühlicht in wirtschaftlich vorteilhafter Weise in demselben Stromkreis zu brennen. Durch den Vertrag mit Siemens & Halske hatte die Deutsche Edison-Gesellschaft dem Rechte entsagt, „bei Bogenlichtbeleuchtungen irgendein anderes System als dasjenige der Herren Siemens & Halske oder ein von Herrn Edison selbst erfundenes zu exploitieren und den zu Bogenlichtbeleuchtungen gebrauchten Zubehör aus einer anderen Bezugsquelle als von den Herrn Siemens & Halske zu entnehmen.“ Als jetzt die Deutsche Edison-Gesellschaft dazu überging, selbst Bogenlampen und Zubehör nach dem von ihr erworbenen System zu fabrizieren und für ihre gemischten Anlagen zu verwenden, erhob die Firma Siemens & Halske Einspruch. Es kam darüber zu verwickelten Prozessen.

Noch viel schwieriger hatten sich die Beziehungen der Deutschen Edison-Gesellschaft zum Edison-Konzern gestaltet. Die von ihr erworbenen Edison-Patente waren in kurzer Zeit so gut wie wertlos geworden, insbesondere seitdem in einem Prozeß der Deutschen Edison-Gesellschaft mit der Firma Gebr. Naglo das Gericht die Entscheidung gefällt hatte, daß die Edison-Patente nicht sämtliche Glühlampen umfaßten. Überall tauchten Konkurrenzfabrikate auf, die es mit der Edison-Lampe aufnehmen konnten. Die Deutsche Edison-Gesellschaft aber war gegenüber dieser „Freibeuter-Konkurrenz“ mit den recht erheblichen Abgaben an den Edison-Konzern belastet, denen kaum mehr ein Vorteil entsprach. Dazu kamen sehr starke Meinungsverschiedenheiten und Rechtsstreitigkeiten mit den ausländischen Edison-Gesellschaften, die schließlich zu einem Rattenkönig von Prozessen führten.*)

Mit dieser Zuspitzung des Verhältnisses sowohl gegenüber Siemens & Halske als auch gegenüber den ausländischen Edison-Gesellschaften

---

*) Siehe Pinner, a. a. O. S. 124.

beschwert und mit den hohen Abgaben an den Edison-Konzern belastet, stand die Deutsche Edison-Gesellschaft vor der durch die Entwicklung der Städtischen Elektrizitätswerke heraufbeschworenen Krisis, aus der es kaum einen Ausweg zu geben schien.

In dieser aufs äußerste bedrängten Lage wurde Georg Siemens zum Retter.

In jener Zeit, in der das allgemeine Urteil über die Zukunft der Licht- und Kraftelektrizität noch völlig unsicher war, in der selbst Fachleute ersten Ranges diese Zukunft noch mit Zweifeln betrachteten, in der das Schicksal des von der Deutschen Edison-Gesellschaft unternommenen Versuches die Berechtigung dieser Zweifel zu beweisen schien, — in jener Zeit waren Georg Siemens die ungeheuren Entwicklungsmöglichkeiten bereits klar geworden, und er trug in sich den Willen, diesen Möglichkeiten die Bahn zu brechen.

Sein Aufenthalt in den Vereinigten Staaten von Amerika im Herbst 1883 hatte ihn in seiner Überzeugung von der großen Zukunft der Elektrotechnik bestärkt. Er hatte sich von den dort in der praktischen Anwendung der Elektrizität bereits erzielten großen Fortschritten überzeugt und persönliche Beziehungen zu den Persönlichkeiten angeknüpft, die sich in technischer und finanzieller Beziehung um diese Fortschritte verdient gemacht hatten, insbesondere mit Henry Villard, dem Präsidenten der Northern Pacific-Eisenbahn, der gleichzeitig einer der ersten Aktionäre und Mitglied des Verwaltungsrats der ersten amerikanischen Edison-Gesellschaft war.

Was Anfangsschwierigkeiten sind und daß Anfangsschwierigkeiten nichts gegen die Richtigkeit einer großen Idee beweisen, wußte Georg Siemens zur Genüge aus eigner Erfahrung. Durch die kritische Gestaltung der Verhältnisse der Deutschen Edison-Gesellschaft ließ er sich deshalb nicht beirren. Seine Menschenkenntnis sagte ihm überdies, daß die leitenden Persönlichkeiten der Deutschen Edison-Gesellschaft, vor allem Emil Rathenau, aus einem nicht gewöhnlichen Holze geschnitzt seien, und daß es sich der Mühe lohne, sie für die weitere Arbeit an dem begonnenen Werke zu erhalten.

Es traf sich zufällig, daß in der für das weitere Schicksal der Deutschen Edison-Gesellschaft entscheidenden Zeit Henry Villard in Deutschland weilte. Er hatte sich nach einem schweren geschäftlichen Mißerfolg Ende 1883 aus den amerikanischen Geschäften zurückgezogen und sich für einige Jahre in Berlin niedergelassen, wo er lebhafte Beziehung sowohl zu Georg und Werner Siemens als auch zu Emil Rathenau pflegte. Als die Deutsche Edison-Gesellschaft in Schwierigkeiten geriet und der Edison-Konzern dadurch seine Position in Deutschland bedroht sah, suchte Edison durch die Vermittlung Villards zu neuen Abmachungen mit Siemens & Halske zu kommen. Werner Siemens schrieb darüber am 24. Juni 1886 an seinen Bruder Karl in Petersburg:

„Es sind jetzt schwere geschäftliche Fragen zur Entscheidung stehend, die ich Dir gern zuschanzen möchte. Einmal Friedensverhandlungen mit der Edison-Gesellschaft in Paris und Berlin, wobei Mr. Villard als Bevollmächtigter Edisons jetzt vermittelt. Es handelt sich um ein Abkommen, welches uns die Kontrolle der Edison-Patente in Österreich und Rußland gibt, wogegen wir Frankreich und Belgien preisgeben und eine Abgabe pro Lampe zahlen. Ferner soll unser Vertrag mit der hiesigen Edison-Gesellschaft wesentlich modifiziert werden, sodaß wir ungehindert Zentralen bauen und betreiben können. Daran hängt jetzt das ganze Beleuchtungsgeschäft."

Am 28. Juni 1886 schrieb Werner Siemens in der gleichen Angelegenheit an Henry Villard:

„Je mehr man die Frage eines Ausgleichs mit der Edison-Gesellschaft betrachtet, um so mehr Schwierigkeiten tauchen auf. Ich glaube freilich, daß dieselben zu überwinden sind, da zu gewichtige Interessen auf beiden Seiten für die Vereinigung sprechen; — das wird aber so schnell nicht gehen, wie Sie es Ihrer bevorstehenden Abreise wegen wünschen. Ich kann nur sagen, daß wir (Siemens & Halske) die Notwendigkeit einer Vereinigung der Interessen einsehen, daß es uns angenehm war, von Ihnen zu erfahren, daß auch die Leiter der Edison-Gesellschaft dieser Ansicht sind, und daß sich auch über die Richtung, in welcher eine Interessenvereinigung zu erstreben ist, eine Übereinstimmung stets findet... Diese Möglichkeit beruht auf der in neuerer Zeit gewonnenen Erkenntnis, daß die Zeit zu einer großen Ausdehnung der elektrischen Beleuchtung jetzt gekommen ist, da gut angelegte Zentralstationen mit dem Gaslicht vorteilhaft konkurrieren können. Diese Überzeugung wird sich bald allgemein Bahn brechen, und es ist daher jetzt Zeit, Maßregeln einzuleiten, um den Nutzen zu sichern. Um das zu können, muß die Berliner Edison-Gesellschaft sich — wie bei ihrer Gründung beabsichtigt war — in eine unbegrenzt ausdehnbare Kapitalgesellschaft reformieren, welche jedem Kapitalbedürfnis für Anlagen von Zentralstationen usw. Genüge tun kann und müßte andererseits die Technik uns überlassen. Über unsere Beteiligung bei der Kapitalgesellschaft und die Beteiligung dieser bei dem durch uns zu erzielenden technischen Gewinn würde eine Vereinbarung zu suchen und auch erzielbar sein."

Georg Siemens wurde sowohl von seinem Vetter Werner, als auch von Villard und Rathenau mit der Angelegenheit befaßt. Er nahm sich ihrer sofort mit allem Nachdruck an. Die finanztechnischen Schwierigkeiten, die sowohl von Werner Siemens als auch von Rathenau unterschätzt wurden, machten ihm viel Arbeit und manchen Verdruß. Der nachstehende Brief vom 12. August 1886 an Henry Villard, der sich damals in St. Moritz aufhielt, gibt ein Bild, wie er zu jener Zeit die Angelegenheit beurteilte:

Indem ich mein ergebenes Letztes bestätige, nehme ich Bezug auf die Mitteilungen, die Ihnen Herr Rathenau über unsere Besprechung gemacht haben wird. Ich habe dessen Brief nicht gelesen, vermute aber, daß derselbe sich sehr befriedigt und sicher über die Lösung der technischen Frage und die Auseinandersetzung über die Patente geäußert haben wird. Hierüber habe ich kein Urteil.

Wenn ich dem noch etwas hinzufüge, so geschieht es nur, um Sie auf einige Zweifel hinsichtlich der Durchführung der finanziellen Frage vorzubereiten. Ich hoffe, daß dieselben nicht unlösbar sein werden, aber die Beseitigung derselben wird viel Zeit kosten, vielleicht auch den Gewinn beeinträchtigen.

Die Konstruktion, die Herr Rathenau vorsieht, ist die, daß er zuförderst die städtischen Elektrizitätswerke liquidieren will. Dieses bietet voraussichtlich keine Schwierigkeiten, weil die Aktien nicht genommen worden sind und sich noch im Besitze, wenigstens aber in der Kontrolle, der Edison-Gesellschaft befinden. Aber es ist auch nötig, daß die Edison-Gesellschaft zur Liquidation kommt, und dieses ist deshalb schwierig, weil nach allen von mir eingezogenen Erkundigungen diese Aktien sehr verteilt sind, und weil größere Besitzer, mit denen man sprechen könnte, fehlen. Der einzige mir bekannte größere Posten befindet sich im Besitz der Nationalbank, welche voraussichtlich um deswillen ein starkes Interesse gegen das Geschäft hat, weil deren Direktor durch Herrn Rathenau aus der Verwaltung der Edison-Gesellschaft gedrängt ist, und weil das Gefühl der persönlichen Empfindlichkeit bei diesem Herrn sehr stark ist.

Die juristische Folge der Liquidation ist ferner die Beseitigung der Gründeranteile. Es liegt auf der Hand, daß die Gesellschaft hierfür nicht viel bezahlen kann, und daß der Abfindungsweg (mit Ausnahme der an die Franzosen zu zahlenden Abfindung) deshalb im Großen und Ganzen verschlossen ist. Wenn nun diejenigen Personen, welche ein der Liquidation entgegenstehendes Interesse haben, zugleich im Besitze der größeren Aktienposten und im Besitze der Gründeranteile sind, so folgt daraus, daß zur Durchführung der Sache entweder viel Geld oder viel Zeit erforderlich sein werden; denn mit Beredsamkeit allein, (und wäre es selbst diejenige des Herrn Rathenau), ist ein Erfolg nicht zu erzielen. Herr Rathenau stützt sich auf Herrn Sulzbach. Derselbe ist mir seit langen Jahren bekannt als sehr gescheidt, aber auch als etwas wetterwendisch, sodaß ich seine Hülfe bei Geschäften, welche weit hinaus angelegt sind, weniger hoch veranschlage, als Herr Rathenau. Herr Sulzbach wird voraussichtlich am 7. September in Berlin sein, wo der Verwaltungsrat der Deutschen Bank, dem er angehört, eine Sitzung hat. Ich glaube deshalb, daß man von einer Besprechung in Baden-Baden vor Ende August absehen kann. Es wird für alle Teile bequemer sein, dieselbe mit mehr Muße in Berlin zu führen.

Aber die Schwierigkeiten waren nicht nur finanztechnischer Natur. Auch in den Zielen waren Werner Siemens einerseits, Edison und Rathenau andererseits weiter auseinander, als sie selbst fühlen mochten. Jedenfalls lag bei Edison und Rathenau nicht die von Werner Siemens vorausgesetzte Bereitschaft vor, sich auf das Finanzgeschäft zu beschränken und die „Technik", d. h. das Fabrikationsgeschäft, in vollem Umfang an Siemens & Halske zu überlassen. Dazu kamen gewisse Schwierigkeiten persönlicher Natur. Es kann nicht wundernehmen, wenn bei diesen Verhältnissen die Verhandlungen mehr als einmal auf den toten Punkt kamen, ja als aussichtslos abgebrochen wurden.

Am 27. Januar 1887 mußte Georg Siemens an den inzwischen wieder nach Amerika zurückgekehrten Henry Villard berichten:

„Die elektrischen Sachen sind ins Stocken geraten. Nachdem Siemens & Halske die Edison-Rechte von der Pariser Gesellschaft gekauft haben, hat man versucht, die beiden feindlichen Konkurrenten unter einen Hut zu bringen; aber es ist bisher nicht gelungen, und wir haben die ganze Fusionsfrage auf einige Monate vertagt. Die Verhandlungen, welche durch Rathenau und einen neuen Syndikus von Werner Siemens, einen Bürgermeister Rosenthal, geführt wurden, waren schließlich so leidenschaftlich geworden, daß es zu persönlichen Beleidigungen kam, und da haben wir die Leutchen allein gelassen."

Aber der Beharrlichkeit und Ruhe, der Verhandlungskunst, der Zielklarheit und dem Einfluß der überragenden Persönlichkeit Georg Siemens gelang es schließlich doch, alle Hemmnisse zu überwinden. Im Frühjahr 1887 schrieb er an Villard:

„Es werden jetzt unter unserer Vermittlung die Verhandlungen zwischen Siemens & Halske und Edison-Gesellschaft wieder aufgenommen. Ein Vertrag ist vorbereitet, zu dessen Unterschrift sich beide Teile bereit erklärt haben, in welchem sie sich über die Grenzen ihrer beiderseitigen Tätigkeit auseinandersetzen. Nachdem derselbe vollzogen, wollen wir eine neue größere allgemeine elektrische Gesellschaft gründen. Es wird für diesen Zweck sehr wesentlich sein, die Edison-Gesellschaft von den französischen und amerikanischen Belastungen frei zu machen. Dann könnte man versuchen, Aktionäre in Amerika zu suchen, und den Unternehmungskreis dieser international zu gestaltenden Gesellschaft auf Amerika auszudehnen."

In den neuaufgenommenen Verhandlungen einigten sich die beteiligten Parteien schließlich auf ein großes Reorganisationsprogramm. Die wichtigsten Punkte dieses Programmes waren:

1. Die Befreiung von den Fesseln der Verträge mit dem Edison-Konzern;

2. die Herstellung eines neuen, den beiderseitigen Wünschen und Bedürfnissen angepaßten Vertragsverhältnisses zwischen der Deutschen Edison-Gesellschaft und Siemens & Halske;

3. die Neuregelung des Verhältnisses zwischen der Deutschen Edison-Gesellschaft und den Städtischen Elektrizitätswerken;

4. die Neuregelung des Verhältnisses zwischen den Städtischen Elektrizitätswerken und der Stadt Berlin;

5. die finanzielle Rekonstruktion sowohl der Deutschen Edison-Gesellschaft als auch der Städtischen Elektrizitätswerke unter bedeutender Verbreiterung der Kapitalbasis dieser beiden Gesellschaften und unter führender Mitwirkung der Deutschen Bank.

Georg Siemens' Stellung im Kreise der Deutschen Bank war jetzt bereits so gefestigt, daß er den Mißerfolg einer Ablehnung des von ihm vorgeschlagenen weitausschauenden Geschäftes, wie im Jahre 1881 in der Kali-Angelegenheit oder auch wie noch im Jahre 1883 in Sachen der elektrischen Studiengesellschaft, nicht mehr zu gewärtigen hatte. Als er an seine Mitarbeiter in der Direktion und an den Aufsichtsrat mit dem Vorschlage herantrat, mit einer großangelegten Aktion in die elektrotechnische Industrie hineinzugehen, im Einvernehmen und im Zusammenwirken mit Siemens & Halske die Deutsche Edison-Gesellschaft zu stützen und eine breite finanzielle Grundlage für den weiteren Ausbau der elektrischen Industrie zu schaffen, da fand man diese Vorschläge zwar kühn, aber man vertraute sich der bewährten Führung Georg Siemens' an. Die Deutsche Bank entschloß sich, mit ihrem Namen, ihrer Arbeit und ihrer Kapitalkraft an der Sicherung und Erweiterung der von der Deutschen Edison-Gesellschaft eingeleiteten Unternehmungen sich zu beteiligen.

Gestützt auf diesen Rückhalt konnte Georg Siemens die Verhandlungen zu einem guten Ende bringen.

Die nach so schweren Mühen zustande gekommenen Verträge verwirklichten das oben skizzierte Programm in folgender Weise:

1. Die Lösung des Verhältnisses zu dem Edison-Konzern, eine Angelegenheit, die angesichts der bestehenden Verträge sowohl die Deutsche Edison-Gesellschaft, wie auch die Firma Siemens & Halske unmittelbar betraf, wurde durch ein Abkommen zwischen der Firma Siemens & Halske und der Compagnie Continentale erreicht. Die Firma Siemens & Halske erwarb gegen Zahlung einer Summe von 809000 Mark von der Compagnie Continentale alle dem Edison-Konzern gegenüber ihr selbst und der Deutschen Edison Gesellschaft zustehenden Rechte. Alle Beschränkungen und Abgaben gegenüber dem Edison-Konzern kamen damit in Wegfall; die der Compagnie Continentale bei der Gründung der Deutschen Edison-Gesellschaft überlassenen Genußscheine wurden zurückgegeben. Die aufzubringenden 809000 Mark wurden auf die Firma Siemens & Halske, die Deutsche Edison-Gesellschaft und das für die Durchführung des Gesamtprogramms unter Führung der Deutschen Bank gebildete Bankenkonsortium verteilt. Die Befreiung der deutschen elektrotechnischen Industrie von jeder ausländischen Abhängigkeit war damit erreicht.

2. Das Verhältnis zwischen der Deutschen Edison-Gesellschaft und der Firma Siemens & Halske wurde auf folgender Grundlage neu gestaltet:

a) Für den Bau und Betrieb von Zentralstationen wurde die „Kooperation" der beiden Unternehmungen sowohl für das Inland wie auch für das Ausland vereinbart. Zwar wurde an dem Grundsatze festgehalten, daß die Deutsche Edison-Gesellschaft die Konzessionen auf ihren Namen erwerben sollte; die Firma Siemens & Halske verpflichtete sich, alle Stromlieferungsunternehmungen von mehr als 100 Pferdestärken, die sie etwa erwerben sollte, der Deutschen Edison-Gesellschaft gegen Erstattung der Unkosten anzubieten, die ihrerseits die Finanzierung zu besorgen hatte. Dagegen sollte die Bauausführung gemeinschaftlich erfolgen, wobei Siemens & Halske das Recht auf Lieferung der Maschinen und Kabel zustehen sollte. Konzessionen auf elektrolytische Einzelanlagen und elektrische Anlagen für den Betrieb von Eisenbahnen wurden von der Verpflichtung der Abtretung an die Deutsche Edison-Gesellschaft ausgenommen.

b) Auf dem Gebiete der isolierten Anlagen wurden die Schranken beseitigt, die in den bisherigen Verträgen der Ausdehnung der fabrikatorischen Tätigkeit der Deutschen Edison-Gesellschaft entgegenstanden. Insbesondere wurde es der Gesellschaft gestattet, Dynamomaschinen bis zu 100 Pferdestärken selbst herzustellen.

c) Die mit erheblichen Kosten von beiden Firmen ins Leben gerufene Glühlampenfabrikation wurde durch eine Preiskonvention vor gegenseitiger ruinöser Konkurrenz geschützt.

Durch diesen neuen Vertrag wurde die Deutsche Edison-Gesellschaft im Bau von Zentralstationen an Siemens & Halske gebunden und — durch das Zugeständnis der „Kooperation" bei der Bauausführung — einer schärferen Kontrolle dieser Firma unterworfen, als es auf Grund der alten Verträge der Fall gewesen war. Auf der anderen Seite machte die Firma Siemens & Halske auf dem Gebiete der Fabrikation an die Deutsche Edison-Gesellschaft das wertvolle Zugeständnis, daß sie dieser den bisher ausschließlich in ihre Domäne fallenden Bau von Dynamomaschinen, wenigstens von solchen bis zu 100 Pferdestärken, gestattete. Auch die bisher umstrittene Frage der Herstellung von Bogenlampen wurde, soweit isolierte Betriebe in Betracht kamen, im Sinne der Deutschen Edison-Gesellschaft entschieden.

3. Die Städtischen Elektrizitätswerke, deren Leitung sich der Schwie-

rigkeit der Aufgabe nicht voll gewachsen gezeigt hatte, wurden der Deutschen Edison-Gesellschaft durch die Herstellung einer „Verwaltungsgemeinschaft“ angegliedert. Die Direktoren der Deutschen Edison-Gesellschaft (Emil Rathenau, Oscar von Miller und Felix Deutsch) übernahmen gleichzeitig die Leitung der Städtischen Elektrizitätswerke; die ganze Verwaltung der Städtischen Elektrizitätswerke sollte gegen eine Pauschalvergütung von der Deutschen Edison-Gesellschaft geführt und bestritten werden. Der Deutschen Edison-Gesellschaft wurde gleichzeitig das später vielfach scharf kritisierte Recht vorbehalten, bei Kapitalserhöhungen der Städtischen Elektrizitätswerke die Hälfte der neuen Aktien zum Nennwerte zu beziehen.

4. Im Verhältnis der Städtischen Elektrizitätswerke zur Stadt Berlin wurde vor allem eine Herabsetzung der von der Gesellschaft zu zahlenden Abgaben erreicht und damit die finanzielle Lage des Unternehmens erleichtert. Gleichzeitig wurde das Konzessionsgebiet der Gesellschaft sehr erheblich erweitert; es erstreckte sich jetzt von der Besselstraße zum Oranienburger Tor und von der Wallner-Theaterstraße bis zum Ende der Bellevuestraße.

5. Alle die vorstehend erwähnten Abmachungen konnten nur dann wirksam werden, wenn es gelang, die finanziellen Verhältnisse sowohl der Deutschen Edison-Gesellschaft als auch der Städtischen Elektrizitätswerke zu ordnen und ihnen die für die Durchführung des neuen erweiterten Arbeitsprogramms erforderlichen Kapitalien zu sichern. Die Deutsche Edison-Gesellschaft verfügte damals über keine irgendwie erheblichen stillen Reserven und über offene Reserven nur im Betrage von rund 285000 Mark. Allein durch ihren Anteil an der Abfindungssumme, die an die Compagnie Continentale zu zahlen war, wurden diese Reserven fast völlig aufgezehrt. Die Rücknahme von 1½ Millionen Mark der Aktien der Städtischen Elektrizitätswerke nahm fast das gesamte zu Ende des Jahres 1886 noch verfügbare Bankguthaben der Deutschen Edison-Gesellschaft in Anspruch. Für alle anderen Zwecke blieb so gut wie nichts übrig. Dabei wurde das Gelderfordernis allein für das neue Bauprogramm der Städtischen Elektrizitätswerke auf nicht weniger als 9 Millionen Mark berechnet. Die ursprünglich von Rathenau ins Auge gefaßte Kapitalerhöhung der Deutschen Edison-Gesellschaft um 2 Millionen

Mark wäre unter diesen Umständen nur ein Tropfen auf einen heißen Stein gewesen. Nur durch eine Kapitalbeschaffung ganz weiten Ausmaßes konnten Grundlage und Spielraum für freie und ersprießliche Arbeit gesichert werden.

Es gab damals in der deutschen Bankwelt wohl nur eine Persönlichkeit, die Weitblick und Entschlossenheit genug besaß, um eine Lösung solchen Stiles zu wagen und durchzusetzen. Georg Siemens erreichte die Bildung eines Finanzkonsortiums, das sich bereit erklärte, die Erhöhung des Aktienkapitals der Deutschen Edison-Gesellschaft von 5 Millionen Mark auf 12 Millionen Mark durchzuführen. Gleichzeitig wurde die Verdoppelung des 3 Millionen Mark betragenden Grundkapitals der Städtischen Elektrizitätswerke ins Auge gefaßt; ein weiterer erheblicher Betrag sollte durch die Ausgabe von Obligationen der Städtischen Elektrizitätswerke aufgebracht werden.

Das Finanzkonsortium setzte sich zusammen aus der Deutschen Bank, der Firma Siemens & Halske und den Bankhäusern Delbrück, Leo & Co., Jakob Landau und Gebrüder Sulzbach. Von den 7 Millionen Mark neuer Aktien der Deutschen Edison-Gesellschaft übernahmen die Deutsche Bank und Delbrück, Leo & Co., dessen Chef Adalbert Delbrück dieses Mal mit Georg Siemens Hand in Hand ging, je 2 Millionen Mark, die übrigen Beteiligten je 1 Million Mark.

Die Generalversammlung der Deutschen Edison-Gesellschaft vom 23. Mai 1887 genehmigte nach lebhafter Aussprache die ihr vorgelegten Verträge. Die Verwaltung der Gesellschaft wurde scharf angegriffen.*) Die Opposition berief sich insbesondere darauf, daß von der Direktion vor nicht allzu langer Zeit eine Dividende in Höhe von 6% — es waren bisher zweimal 4% und zuletzt 5% gezahlt worden — den Aktionären in Aussicht gestellt worden sei, während jetzt nur eine Dividende von 4% vorgeschlagen wurde. Die Herabsetzung der Dividende wurde nötig, weil ein Teil des erzielten Reingewinnes zur Abfindung der Compagnie Continentale mit herangezogen werden mußte. Der Vorsitzende wies mit allem Nachdruck darauf hin, daß eine Ablehnung in diesem Punkte die ganze vorgeschlagene Transaktion und damit die Gesundung der Gesell-

---

*) Siehe Pinner, a. a. O. S. 153.

schaft zum Scheitern bringen würde. Die Anträge der Verwaltung auf Genehmigung der Verträge wurden schließlich mit großer Mehrheit bewilligt. Gleichzeitig nahm die Deutsche Edison-Gesellschaft den Namen „Allgemeine Elektrizitäts-Gesellschaft" an. Die Firma der Städtischen Elektrizitätswerke wurde in „Berliner Elektrizitäts-Werke" umgeändert.

Der Aufsichtsrat der reorganisierten Gesellschaft wurde neu gewählt. Neben Arnold von Siemens, dem Sohn Werners und Mitinhaber der Firma Siemens & Halske, und Adalbert Delbrück trat Georg Siemens in den Aufsichtsrat der Allgemeinen Elektrizitäts-Gesellschaft ein. Vorsitzender des Aufsichtsrates wurde Adalbert Delbrück; nach dessen Rücktritt, der zwei Jahre später (1889) erfolgte, wurde Georg Siemens zum Vorsitzenden gewählt. Er bekleidete dieses Amt sieben Jahre lang, bis ihn im Jahre 1896 die Gestaltung des Verhältnisses zwischen der A.E.G. und Siemens & Halske veranlaßte, aus dem Aufsichtsrat der A.E.G. auszuscheiden.

Emil Rathenau, Georg und Werner Siemens.

Die Rettung der bedrängten Deutschen Edison-Gesellschaft und ihre Umformung in die Allgemeine Elektrizitäts-Gesellschaft war eine entscheidende Tat in einem entscheidenden Augenblick. Aus ihr erwuchs eine neue Epoche der deutschen Wirtschaftsentwicklung. Auf der neuen breiten und gesicherten Grundlage wurde die A.E.G. in wenigen Jahren zu einem Unternehmen von Weltrang. Sie gab in ihrem Wachstum nicht nur der gesamten deutschen Elektrizitätsindustrie ein neues Gepräge; die von diesem Wachstum ausstrahlenden Kräfte und Tendenzen übten auch eine mächtige Wirkung auf das gesamte industrielle und kommerzielle Leben Deutschlands und gaben ihm den starken Antrieb zu dem gewaltigen Aufschwung, der in den letzten Jahrzehnten der langen Friedensära die deutsche Wirtschaft auf ungeahnte Höhen emportrug.

In der Entwicklung, die das neugestaltete Unternehmen der A.E.G. und mit ihm die deutsche Elektrizitätsindustrie nehmen sollte, waren — wie immer und überall — treibend und entscheidend die handelnden Persönlichkeiten.

Georg Siemens hatte mit weitem Blick, kühnem Entschluß und sicherer Hand die neuen Grundlagen geschaffen. Die Männer, die nun auf dieser Grundlage zu bauen hatten, konnten weiterhin auf seine vom gleichen Geist beseelte Mitarbeit rechnen.

Der unbändige Tätigkeitsdrang Emil Rathenaus hatte auf dieser Grundlage jetzt endlich Raum zur freien Entfaltung.

Rathenau war kein Forscher und Erfinder wie etwa Werner Siemens. Er war praktisch und wissenschaftlich als Maschineningenieur ausgebildet, aber sein eigner Biograph sagt von ihm, daß er nur selten eine technische Konstruktion selbständig von Anfang bis zum Ende durchgeführt hat; seine Begabung auf diesem Fachgebiet, und zwar eine Begabung allerersten Ranges habe in einem anderen Punkte gelegen: „Er war ein technischer Kritiker von ungewöhnlichem Scharf- und Weitblick, ein Kritiker, der nicht nur tief in die Einzelheiten und Kleinheiten einer Materie eindringen, sondern der neben dem Mikrokosmus auch den Makrokosmus der großen Zusammenhänge, Untergründe und Ausblicke sah."*) In der Tat war der sichere Blick für technische Möglichkeiten, wie er ihn im Jahre 1881 angesichts der Edisonschen Beleuchtungsanlage auf der Pariser Elektrizitätsausstellung bewährt hatte, eine seiner auffallendsten und wichtigsten Eigenschaften. Damit verbunden war ein ebenso sicherer Blick für geschäftliche Möglichkeiten, und gerade diese Vereinigung zweier Qualitäten, die man nicht gerade häufig zusammenfindet, prädestinierte ihn für die große Rolle, die er in der deutschen Elektrizitätsindustrie gespielt hat. Auch Werner Siemens hat technische und kaufmännische Eigenschaften in hohem Maße vereinigt. Er war als Techniker Emil Rathenau turmhoch überlegen; er war nicht bloß Kritiker, sondern Schöpfer; seine technischen Leistungen erwuchsen aus der gründlichsten wissenschaftlichen Forschung und aus dem Genie des Erfinders. Auf dem Gebiet der Industrie lag seine Stärke in der geschäftlichen Veranlagung, die ihm gestattete und ihn dazu antrieb, das Ergebnis seiner wissenschaftlich-technischen Forschungen und Erfindungen in großen Unternehmungen praktisch auszuwerten. Aber es waren die Ergebnisse der eignen Forschungsarbeit und des eignen Erfindergeistes,

*) Siehe Pinner, a. a. O. S. 366.

die für ihn durchaus im Vordergrund standen und die den Anlaß und Hauptgegenstand seiner geschäftlichen Tätigkeit bildeten. Mit diesem Geist erfüllte er auch die von ihm und seinen Brüdern gegründeten Unternehmungen. In Rathenau dagegen war der Techniker dem Geschäftsmann untergeordnet. Er war als Industrieller und Kaufmann Werner Siemens vor allem darin überlegen, daß er in seiner geschäftlichen Betätigung frei war von jeder Gebundenheit an die Ergebnisse eigner Versuche und Forschungen, Erfindungen und Konstruktionen. Eine fremde Erfindung oder Konstruktion war ihm, wenn er sie rasch und für billiges Entgelt bekommen konnte, lieber als langwierige und teure Versuche im eignen Unternehmen*).

Dieser Unterschied zwischen den Naturen der beiden Männer hat auch das Gebahren der von ihnen geschaffenen und geleiteten großen Unternehmungen stark beeinflußt; er erklärt zu einem guten Teil die Entwicklung des Verhältnisses zwischen dem Siemens-Konzern und dem A.E.G.-Konzern, in das sich Georg Siemens jetzt mitten hinein gestellt sah.

Dazu kam ein weiterer Unterschied, der diese Erklärung vervollständigt. Werner Siemens und Emil Rathenau waren beide Tatmenschen. Als solcher hatte sich der Gelehrte und Forscher Werner Siemens von der Zeit an bewährt, wo er als junger Artillerieleutnant den Grundstein für seine weltumfassenden Unternehmungen legte. Aber Werner Siemens hatte zu der Zeit, als mit Hilfe seiner eignen Firma die Deutsche Edison-Gesellschaft vor dem Untergang gerettet und als A.E.G. auf eine breite, für den starken Tatendrang Rathenaus tragfähige Grundlage gestellt wurde, das siebzigste Lebensjahr überschritten. Emil Rathenau war auch kein Jüngling mehr, aber er näherte sich erst den Fünfzigern. Werner hatte ein Leben voller Leistungen hinter sich, sein Tatendrang hatte eine Befriedigung gefunden, wie sie nur wenigen Sterblichen vergönnt ist. Mit zunehmendem Alter suchte er die Vollendung seines Lebens in den

*) Siehe Pinner, a. a. O. S. 170: „Um in den neu aufgenommenen Fabrikationszweigen nicht erst die Anfangsgründe mühsam auf empirischem Wege sich aneignen zu müssen und der bereits vorher in ihnen tätig gewesenen Konkurrenz sofort gewachsen zu sein, erwarb die Gesellschaft (A.E.G.) fertige Verfahren, in die sie dann sofort mit entwickelter Produktion eintrat." — Siehe auch S. 158: „Rathenau, der sich nie gern mit Vorarbeiten abgab, wo fertige Resultate bereits vorlagen."

reinen Sphären der Wissenschaft. Der Industrielle und Kaufmann verschwand immer mehr hinter dem gelehrten Forscher und dem gefeierten Mitglied der Akademie der Wissenschaften. Der Tatendrang Emil Rathenaus dagegen war bisher durch widrige Umstände an seinem Auswirken verhindert worden, er war zurückgehalten und aufgestaut worden, bis jetzt endlich dem nahezu Fünfzigjährigen die Schleusen geöffnet wurden.

Nun bot sich ihm die große Gelegenheit, seine Fähigkeiten auf einem weiten Felde auszuwerten; auf einem Felde, auf dem erheblich mehr zu leisten war als technische, industrielle und kaufmännische Arbeit im gewöhnlichen Sinn; denn hier handelte es sich um die finanzielle Organisation eines neuen großen Industriezweiges. In dieser Arbeit fanden sich Emil Rathenaus Begabung und die eminent schöpferische und konstruktive Kraft Georg Siemens zusammen, sich gegenseitig anregend und befruchtend. Den genauen Anteil des einzelnen an dem einheitlichen Ergebnis gemeinsamen Denkens und Arbeitens herauszuschälen, war schon den Zeitgenossen, die alles im Fluß des Werdens miterlebten, nicht immer möglich und ist dem rückwärtsschauenden Geschichtschreiber noch viel mehr versagt. Ein Versuch zu einer solchen genauen Repartierung von Arbeit und Erfolg wäre auch kleinlich. Denn wahre Größe in schöpferischer Tätigkeit zeigt sich auf allen Gebieten praktischen Wirkens vorzüglich in der Fähigkeit, mit anderen, die auch über die Kraft des Gestaltens verfügen, zusammen zu arbeiten, ihnen zum Vorteil des gemeinsamen Werkes in unlösbarer Wechselwirkung zu geben und von ihnen zu empfangen.

Die Berliner Elektrizitätswerke als Schrittmacher der Lichtzentralen.

Die erste und wichtigste praktische Arbeit auf der neuen Grundlage war der Ausbau der Berliner Elektrizitätswerke.

Die organisatorische Ordnung war hier in ihren wesentlichen Zügen durch die Neuregelung des Verhältnisses zur A.E.G. geschaffen. Der Besitz der Aktienmehrheit der Berliner Elektrizitäts-Werke und die Verwaltungsgemeinschaft sicherten der A.E.G. und dem jetzt hinter dieser stehenden Finanzkonsortium den erforderlichen Einfluß; außerdem der A.E.G. und — soweit die für die Firma Siemens & Halske nach deren Vertrag mit der A.E.G. vorbehaltenen Maschinen, Kabel usw. in Frage kamen — indirekt auch Siemens & Halske die sich aus dem Ausbau des Beleuchtungsnetzes ergebenden Aufträge. Gleichzeitig war in der Erhaltung der Berliner Elektrizitäts-Werke als einer formell selbständigen juristischen Person die Grundlage für eine selbständige Finanzierung der Geldbedürfnisse dieses Unternehmens durch Ausgabe von Obligationen und von neuen Aktien erhalten geblieben. Es sollte sich bald Gelegenheit geben, diese Möglichkeit praktisch werden zu lassen; denn die Ausdehnung der Anlagen der Berliner Elektrizitäts-Werke sollte sich über alle Erwartungen rasch und weit entwickeln.

Die neue von der Stadt Berlin erteilte Konzession erschloß ein ausgedehntes Arbeitsgebiet. Die alte Zentralstation mußte vergrößert, neue Zentralstationen mußten gebaut werden. Die neue Aufgabe zeitigte einen technisch für die gesamte Starkstromindustrie außerordentlich wichtigen Fortschritt: den Übergang zu großen Maschinentypen. An Stelle der bisher allgemein üblichen kleinen Schnelläufermaschinen von höchstens 150 Pferdestärken wurden von Rathenau — entgegen dem Abraten und den Zweifeln der Fachleute, einschließlich Edisons — große „Langsamläufer" in Auftrag gegeben und aufgestellt. Sie bewährten sich ausgezeichnet, brachten vor allem eine wesentliche Verbilligung der Stromerzeugung und wurden bald bis auf 1000 Pferdestärken gebracht. Das Prinzip der Großmaschine hatte damit gesiegt und der elektrischen Zentrale eine neue große Entwicklung erschlossen.

Abgesehen von dem Ausbau der Zentralstationen war der weite Raum der neuen Konzession mit Kabeln, Leitungsdrähten und Anschlüssen zu versehen. Die Nachfrage nach Anschlüssen schwoll, nachdem einmal der Bann gebrochen war, geradezu lawinenartig an und ließ auch die kühnsten Erwartungen weit hinter sich zurück. Auch auf dem Gebiet der öffentlichen Straßenbeleuchtung ging es endlich vorwärts. Während die Deutsche Edison-Gesellschaft in den drei Jahren ihres Bestehens sich darauf beschränkt gesehen hatte, die früher von Siemens & Halske angelegten Straßenbeleuchtungen, im wesentlichen also die Beleuchtungsanlage in der Leipziger Straße, zu übernehmen und an ihre Zentralstation anzuschließen, sah jetzt der neue Vertrag mit der Stadt eine beträchtliche Erweiterung der öffentlichen Beleuchtung vor. Schon am 2. September 1888 konnte die Beleuchtungsanlage der Straße Unter den Linden dem Betriebe übergeben werden, ein Ereignis, das damals gewaltiges Aufsehen erregte.

Das Berliner Beispiel wirkte auch auf das Reich und weit darüber hinaus. Die Anlage elektrischer Lichtzentralen, sei es für Rechnung der Kommunen, sei es für eigens zu diesem Zweck errichtete Gesellschaften, kam allmählich in Fluß. Neben der A.E.G. beteiligten sich auch die andern Elektrizitätsunternehmungen lebhaft an dieser Entwicklung. Siemens & Halske hatten schon im Jahre 1886 in der Gesellschaft für elektrische Beleuchtung in St. Petersburg ein großes Unternehmen dieser Art geschaffen und von derselben Zeit an in Deutschland Beleuchtungsanlagen für Stadtgemeinden gebaut (Elberfeld, Mühlhausen i. E., Darmstadt, Stettin, Leipzig, München, Weimar u. a. m.). Vor allem betätigte sich die Schuckert-Gesellschaft, die im Jahre 1887 eine große Elektrizitätsanlage in Lübeck erbaute, mit großer Rührigkeit und großem Erfolg auf diesem Gebiet.

Die Fortschritte der elektrotechnischen Fabrikation.

Die Rückwirkung der Entwicklung des elektrischen Beleuchtungswesens auf die elektrotechnischen Fabrikationsbetriebe war begreiflicherweise außerordentlich stark. Im Jahre 1886 hatte die Deutsche Edison-Gesellschaft rund 90000 Lampen abgesetzt. Das galt damals als ein gewaltiger Erfolg. Der Lampenabsatz der A.E.G. jedoch stieg in ihrem ersten, allerdings achtzehn Monate umfassenden Geschäftsjahr 1887/88 auf nicht weniger als 300000 Stück. Bald bezifferte sich der Jahresabsatz nach Millionen. Außer der Erweiterung der Glühlampenfabrik wurde die Errichtung und der Ausbau einer eignen Fabrik für den Bau der durch den neuen Vertrag mit Siemens & Halske freigegebenen Dynamomaschinen bis zu 100 Pferdestärken erforderlich. Daneben wurde in den Fabriken der A.E.G. Schritt für Schritt die Herstellung allen wesentlichen Zubehörs und Materials für elektrische Anlagen in Angriff genommen. Die Ausführung isolierter Anlagen wurde durch diese

Erweiterung der eignen fabrikatorischen Tätigkeit außerordentlich gefördert. Im Jahre 1892 konnte sich die Leitung der A.E.G. rühmen, daß die Gesellschaft nunmehr den ganzen Bedarf solcher Anlagen von der Dampfmaschine bis zur Glühlampe selbst herstellte.

Eine besondere Stellung in der fabrikatorischen Tätigkeit nahm bald der Bau von Akkumulatoren ein. Die A.E.G. erwarb die sehr wichtigen Patente der amerikanischen Electrical Power Storage Company für Deutschland und plante zunächst die Verwertung dieser Patente in einer eignen Fabrik. Die Firma Siemens & Halske arbeitete mit der ihr eignen Folgerichtigkeit auf dem gleichen Gebiet und erlangte ebenfalls wertvolle Patentrechte. Außerdem bestand in Hagen i. W. eine Spezialfabrik, die Firma Müller & Einbeck, die Akkumulatoren nach dem System Tudor baute und sich durch die Güte ihrer Erzeugnisse bereits eine ansehnliche Stellung errungen hatte. Ein heftiger Konkurrenzkampf drohte sich zwischen den drei Parteien zu entwickeln. Wenn dieser Kampf vermieden und statt dessen ein einheitliches Zusammenwirken aller Beteiligten in einem großen Unternehmen herbeigeführt wurde, so war das in erster Linie Georg Siemens zu verdanken. Es gelang ihm, die Firma Siemens & Halske, die A.E.G. und die von der Deutschen Bank geführte Finanzgruppe zum gemeinschaftlichen Erwerb des Hagener Unternehmens zusammenzufassen, das unter Beteiligung der Vorbesitzer in eine Aktiengesellschaft umgewandelt wurde. Sowohl die A.E.G. wie auch Siemens & Halske übertrugen der neuen Akkumulatorenfabrik A.G. ihre Patente und Erfahrungen; sie verzichteten ferner zu deren Gunsten auf das Recht, ihrerseits Akkumulatorenfabriken zu errichten; sie verpflichteten sich schließlich, ihren Bedarf an Akkumulatoren in denjenigen Ländern, in denen die Akkumulatorenfabrik A.G. Fabriken errichten sollte, bei dieser Gesellschaft zu decken.

Georg Siemens widmete diesem Unternehmen auch in seiner weiteren Entwicklung stets ein besonderes Interesse; lange Jahre hindurch war er Vorsitzender des Aufsichtsrates der Akkumulatoren A.G. Die von ihm herbeigeführte Zusammenfassung der Kräfte zeitigte glänzende Erfolge. Die Akkumulatorenfabrik nahm bald einen großen Aufschwung. Sie wurde die weitaus bedeutendste Akkumulatorenfabrik Deutschlands und eine der ersten der Welt. In Deutschland schuf sie sich durch ihre

Leistungen geradezu ein Monopol. Die Ausdehnung ihrer Geschäfte veranlaßte sie, außer in Hagen auch in Berlin Fabriken zu errichten. Sie baute später eigne Fabriken auch in Budapest und in Hirschwang am Semmering. Außerdem beteiligte sie sich an Akkumulatorenfabriken in Rußland, in der Schweiz, in Spanien und in Schweden.

Die elektrischen Straßenbahnen.

Um die Wende der achtziger und neunziger Jahre erschloß sich endlich ein neues großes Arbeitsfeld: die elektrische Straßenbahn.

Die Firma Siemens & Halske hatte auf diesen Zweig der angewandten Elektrotechnik frühzeitig die größten Erwartungen gesetzt und mit großen Mühen und Kosten ein brauchbares System entwickelt. Aber mit der praktischen Verwirklichung ihrer Projekte wollte es nicht vorwärts gehen. Das zeigte sich insbesondere bei dem Plane der Wiener Hochbahn, der nicht vom Fleck kommen wollte. In Deutschland selbst galt es, abgesehen von den großen technischen Schwierigkeiten, noch Hindernisse besonderer Art zu überwinden. Die Öffentlichkeit und die Behörden nahmen Anstoß an der oberirdischen Stromleitung, durch die das Straßenbild beeinträchtigt und verunziert werde; man hegte außerdem vielfach die Befürchtung, daß durch die Starkstromleitungen der Straßenbahn die Schwachstromleitungen für den Telegraphen und das Telephon gestört werden könnten. Namentlich in Berlin ist durch solche Bedenken die Elektrisierung der Straßenbahn über alle Gebühr verzögert worden.

Die erste große elektrische Straßenbahnanlage mit unterirdischer Stromzuführung baute die Firma Siemens & Halske nach ihrem System im Jahre 1889 in Budapest.

Inzwischen hatte die amerikanische elektrotechnische Industrie, unabhängig von den deutschen Versuchen, die Technik der elektrischen Straßenbahn zu hoher Vollendung gefördert. Die wichtigsten Erfindungen und Konstruktionen waren durch Patente zugunsten des bekannten Ingenieurs J. Frank Sprague geschützt. Als Rathenau den Augenblick für gekommen erachtete, um auch die elektrische Straßenbahn in den Geschäftsbereich der A.E.G. einzubeziehen — er war auf diesem Gebiet gegenüber Siemens & Halske völlig frei — entschloß er sich, in derselben Weise vorzugehen wie zu Beginn seiner elektrotechnischen Laufbahn mit der Edisonschen Glühlampe: er nahm von eignen Vorarbeiten Abstand und erwarb mit den Spragueschen Patenten ein fertiges und erprobtes System. Nach diesem System erbaute die A.E.G. im Jahre 1891 in Halle a. S. die erste elektrische Straßenbahn in Deutschland mit brauchbarer oberirdischer Stromzuführung. Den Auftrag dazu hatte sie sich von einem unter ihrer eignen Beteiligung gebildeten Finanzsyndikat erteilen lassen, das für die Übernahme der Hallenser städtischen Pferdestraßenbahn und deren Elektrisierung gebildet worden war; gleichzeitig sicherte sich die A.E.G. für zehn Jahre die Betriebsführung.

Die wohlgelungenen Anlagen in Budapest und in Halle wirkten als Muster- und Propaganda-Anlagen ersten Ranges. Sie gaben den Anstoß zur Elektrisierung der Straßenbahn in zahlreichen andern Städten und lösten so den gewaltigen Prozeß der Umstellung des Straßenbahnwesens auf die Elektrizität aus, der sich im letzten Jahrzehnt des vorigen Jahrhunderts mit so erstaunlicher Schnelligkeit vollzogen und seinen Höhepunkt in dem Bau der großen Untergrundbahnen gefunden hat. Die A.E.G. förderte diesen Prozeß und machte ihn für ihre Fabrikations- und Bautätigkeit nutzbar, indem sie einen großen Posten von Aktien der Allgemeinen Lokal- und Straßenbahn erwarb und sich so einen maßgebenden Einfluß auf diese Gesellschaft sicherte, die ihrerseits Beteiligungen an zahlreichen Straßenbahngesellschaften in sich vereinigte.

Kraftübertragung und Elektrochemie.

Dagegen schien die Verwendung des elektrischen Stroms für gewerbliche Zwecke nur langsam in Fluß kommen zu wollen.

Auch hier war es Werner Siemens gewesen, der schon frühzeitig den Weg gewiesen hatte*). Aber die Schwierigkeiten, die einer praktischen Auswertung entgegenstanden, erwiesen sich als besonders groß. Vor allem war das Problem der Kraftübertragung auf einigermaßen größere Entfernungen noch nicht einwandfrei gelöst.

Hier war es der A.E.G. vorbehalten, den entscheidenden Schritt zu tun. Einem ihrer Ingenieure, Dolivo Dobrolowski, gelang es, das von

*) Siehe oben S. 48; ferner Matschoß, Band I, S. 100ff.

dem italienischen Physiker Ferraris entwickelte Prinzip des mehrphasigen Drehstromsystems in einer Weise praktisch auszubilden, daß die Schranken für die Kraftübertragung fielen (1890). Was der bis dahin vorherrschende Gleichstrom nicht zu erreichen vermocht hatte, das wurde durch das also ausgestaltete Drehstromsystem von dem Wechselstrom mit seinen hohen Spannungen geleistet.

Schon im Jahre 1891 wurde das neue Drehstromsystem der A.E.G. in einer überraschenden und überzeugenden Demonstration der Welt vorgeführt: Die Internationale Elektrotechnische Ausstellung in Frankfurt a. M. gab Gelegenheit, die Wasserkräfte des Neckarfalles bei Lauffen mit Hilfe des neuen Drehstromsystems über eine Entfernung von 175 km nach dem Frankfurter Ausstellungsgebäude zu übertragen. Die also übertragene Kraft brannte dort in 1000 Glühlampen und betrieb einen künstlichen Wasserfall. Der Gedanke dieser Vorführung war von Oscar von Miller ausgegangen, der bis vor kurzem Rathenaus Mitdirektor bei der A.E.G. gewesen war und jetzt die Frankfurter Ausstellung organisierte.

Die vollen Auswirkungen der mit der Frankfurter Anlage demonstrierten Fernübertragung der elektrischen Kraft haben sich trotz des gewaltigen Eindrucks, den dieses Probebeispiel überall in der ganzen Welt machte, nur verhältnismäßig langsam eingestellt. In der praktischen Erprobung größerer Anlagen stellten sich noch erhebliche Schwierigkeiten heraus, die nur in geduldiger und systematischer Arbeit überwunden werden konnten. Erst das letzte Jahrzehnt vor dem Krieg hat in den großen Fernleitungen und den großen Überlandzentralen die Möglichkeiten der Kraftübertragung einigermaßen ausgeschöpft.

Ein erster praktischer Versuch großen Stiles wurde bald nach der Frankfurter Vorführung von der A.E.G. und ihrem Finanzkonsortium mit der Begründung der Kraftübertragungswerke Rheinfelden in die Wege geleitet. Aus der Wasserkraft des Rheines sollten hier auf schweizerischem Boden 15000 Pferdekräfte gewonnen und als elektrischer Strom in einem Umkreis von 50 km an die Abnehmer verteilt werden. An dem im Jahre 1894 in Form einer schweizerischen Aktiengesellschaft gegründeten Unternehmen war nicht nur die deutsche Bankengruppe beteiligt, sondern vor allem auch eine schweizerische Gruppe unter Führung der Schweizerischen Kreditanstalt, die vorher schon in wichtigen internationalen Geschäften mit der Deutschen Bank in enge Beziehungen getreten war und die Georg Siemens für die elektrischen Geschäfte des A.E.G.-Konzerns gewonnen hatte.

Schon im Jahre 1888 war nach dieser Richtung der erste Schritt geschehen: mit der Gründung der Aluminium-Industrie-Aktien-Gesellschaft in Neuhausen, bei der mit der A.E.G. und ihrer deutschen Bankengruppe ein schweizerisches Finanzkonsortium unter Führung der Schweizerischen Kreditanstalt zusammengewirkt hatte. Die Technik der Aluminiumgewinnung aus Tonerde im Wege des elektrolytischen Verfahrens war gleichzeitig von verschiedenen Seiten entwickelt worden. Das bis dahin seltene und für eine praktische Verwendung größeren Umfanges zu teure Metall konnte jetzt, wenn hinreichende Mengen elektrischen Stromes zu hinreichend niedrigen Preisen zur Verfügung standen, in unbeschränkten Mengen und mit billigen Kosten gewonnen werden. Versuche dieser Art waren von der A.E.G. in einer kleinen Fabrik und von der in Zürich gebildeten „Metallurgischen Gesellschaft" ausgeführt worden. Die schweizerische Gesellschaft hatte sich für die praktische Verwertung der von ihr erzielten Ergebnisse die Wasserkräfte des Rheinfalles bei Schaffhausen gesichert. Die nahen Beziehungen der leitenden Persönlichkeiten der in der schweizerischen Gesellschaft maßgebenden Schweizerischen Kreditanstalt, vor allem ihres Präsidenten Abegg-Arter, zu Georg Siemens bildeten die Brücke der Verständigung zwischen den deutschen und den schweizerischen Interessenten. Im beiderseitigen Zusammenwirken und unter Beteiligung einer österreichischen Gruppe unter Führung der Österreichischen Länderbank wurde die Aluminium-Industrie-Aktien-Gesellschaft mit einem Grundkapital von 10 Millionen Franken errichtet, die sich als Keimzelle einer großen Industrie erweisen sollte. Es brauchte allerdings einige Jahre, bis auch hier die Anfangsschwierigkeiten überwunden wurden. In Konsequenz der von Georg Siemens überall, wo er mitzureden hatte, zur Durchführung gebrachten Grundsätze wurde die Dividendenzahlung erst aufgenommen, nachdem die innere Position der Gesellschaft hinreichend gefestigt erschien. Schon für das Jahr 1892 konnte jedoch zum erstenmal eine Dividende, und zwar in der stattlichen Höhe von 8% verteilt werden, für das folgende Jahr sogar eine Dividende von 10%.

Jetzt wurden die Aluminiumwerke A.G. mit der Errichtung einer Zweigfabrik in Rheinfelden ein wichtiger Stromabnehmer der Rheinfeldener Kraftübertragungswerke.

Mit dem großen Erfolg der Aluminiumwerke hatte die A.E.G. das weite und zukunftsreiche Feld der elektrochemischen Industrie betreten. Neue Schöpfungen auf diesem Gebiete in Deutschland selbst schlossen sich an. Im Jahre 1893 wurden im Bitterfelder Revier, wo die Braunkohle eine billige Kraftgewinnung großen Umfanges gestattete, die Elektrochemischen Werke G. m. b. H. ins Leben gerufen. Dieses Unternehmen betrieb nicht nur die Ausbildung und Verwertung elektrochemischer Verfahren auf den verschiedensten Gebieten, sondern entfaltete bald auch eine rege Tätigkeit in der Errichtung weiterer chemischer Fabriken. Zwei Jahre später erfolgte die Gründung der Karbid G.m.b.H., an der sich unter anderm auch die Deutsche Continentale Gas-Gesellschaft beteiligte. Im Jahre 1896 wurde in Rheinfelden ein neues großes elektrochemisches Werk errichtet.

Auch Siemens & Halske betätigten sich mit Erfolg auf dem neuen Gebiet der Elektrochemie. Die Firma entwickelte ein Verfahren zur Gewinnung von Gold auf elektrolytischem Wege, ein Verfahren zur Sterilisation von Trinkwasser, die Darstellung von Ozon zu Bleichereizwecken und schließlich ein elektrolytisches Verfahren der Zuckergewinnung. Auch die größte Errungenschaft der Elektrochemie, die Herstellung von Stickstoffverbindungen aus der Luft, stand Werner Siemens schon frühzeitig vor Augen. Er schrieb darüber am 15. September 1883 an Herrn von Thaer: „Theoretisch ist die Oxydation des Stickstoffs schon durch meinen alten Ozonapparat gelöst ... Die Aufgaben liegen vor Augen, aber die Ausführung hat immer ihre großen Haken! Gelöst wird die Aufgabe, den eigentlichen Reichtum der Welt — die Stickstoffverbindungen — künstlich herzustellen, einn al werden — das Wann und Wie liegt aber noch im Schoße der Zukunft verborgen."

Mit dieser kurzen und zusammengedrängten Übersicht soll keineswegs ein auch nur annähernd vollständiges Bild der industriellen Entwicklung auf dem Gebiet der Elektrotechnik gegeben werden, die sich in dem Jahrzehnt von etwa der Mitte der achtziger bis zur Mitte der neunziger Jahre vollzogen hat. Der Zweck ist lediglich, eine Vorstellung von der Weite,

Vielgestaltigkeit und Bedeutung dieser Entwicklung zu vermitteln. Die Entwicklung dieses Jahrzehnts schloß alle grundsätzlichen und entscheidenden Fortschritte der elektrotechnischen Industrie bereits in sich. Die Folgezeit brachte die Ausgestaltung und Fortentwicklung dessen, was in jenem Jahrzehnt neu gefunden und geschaffen wurde, vor allem aber die praktische Anwendung und Nutzbarmachung auf den weitesten und breitesten Gebieten der Industrie, des Verkehrs und des öffentlichen Lebens.

Viertes Kapitel.

Der finanzielle Aufbau der deutschen Elektrizitäts-Industrie

(Fortsetzung).

Die deutsche Elektrizitäts-Industrie im Ausland.

„Die Umformung der Deutschen Edison-Gesellschaft für angewandte Elektrizität in die allgemeinere Zwecke verfolgende Allgemeine Elektrizitäts-Gesellschaft wurde unter unserer Mithilfe durchgeführt. Wir hoffen, daß dieses Unternehmen nach und nach auch eine internationale Bedeutung gewinnen wird."

Mit diesen wenigen Worten erwähnte Georg Siemens in dem Geschäftsbericht der Deutschen Bank für das Jahr 1887 die unter seiner führenden Mitwirkung vollbrachte, für die Gestaltung der deutschen Elektrizitätsindustrie entscheidende Tat. Aber in diesen wenigen Worten lag nicht nur ein Bericht über das Geleistete, auch nicht nur ein Hinweis auf das sich unmittelbar eröffnende neue Arbeitsfeld, sondern darüber hinaus ein Erschließen weiterer Perspektiven: auch eine internationale Bedeutung, nicht nur eine innerdeutsche, sollte das neue Unternehmen gewinnen; es sollte nicht Selbstzweck werden, sondern sich einreihen in das große, Georg Siemens immer und überall vorschwebende Ziel, dem deutschen Volke seinen Platz in der Welt zu erarbeiten.

Die beiden Sätze aus dem Geschäftsbericht der Deutschen Bank sind ebenso bezeichnend für das Urteil, das Georg Siemens sich über die wissenschaftliche, technische und industrielle Fundierung der deutschen Elektrizitätsindustrie gebildet hatte, wie für die Absichten, die er für ihre finanzielle Unterstützung hegte. In demselben Augenblick, in dem es mit einer für die damalige Zeit nicht gewöhnlichen Kraftanstrengung gelungen war, ein Unternehmen dieser Industrie aus Schwierigkeiten zu retten und auf eine neue Grundlage zu stellen, faßte er für dieses selbe Unternehmen, über den Aufbau seines inländischen Geschäftes hinaus, die internationale Bedeutung ins Auge und proklamierte sie damit als Ziel. Niemand war mehr als Georg Siemens von der Erkenntnis durchdrungen, daß der Erfolg draußen in der Welt an die Voraussetzung einer starken inländischen Position gebunden ist. Er hatte diese Erfahrung beim Aufbau der Deutschen Bank selbst gemacht und aus dieser Erfahrung für die Gestaltung der Deutschen Bank die Folgerungen gezogen. Wenn er jetzt das umgeformte Unternehmen der A.E.G. gleich in die Welt hinausführen wollte, so läßt sich danach seine unbedingte Zuversicht sowohl in den hohen Stand der deutschen Elektrotechnik als auch in die Kraft ermessen, die ihm selbst für eine Förderung der deutschen Elektrizitätsindustrie zur Verfügung stand.

Das Vertrauen in ein erfolgreiches Bestehen der deutschen Elektrotechnik auf internationalem Boden konnte er aus seiner engen Berührung mit Siemens & Halske schöpfen. Das Unternehmen seiner Vettern hatte von seinen ersten Anfängen an im Auslande, vor allem in Rußland und England, Fuß gefaßt und dort auf dem Gebiet des Telegraphenbaues und der Kabellegung gewaltige Leistungen vollbracht; es hatte in Rußland und England Niederlassungen gegründet, die selbst zu großen Unternehmungen geworden waren, und es hatte die Kapitalkraft für seinen inneren Ausbau zu einem erheblichen Teil aus den großen Gewinnen gezogen, die ihm das Auslandsgeschäft abwarf.

Wie in der ersten Periode auf dem Gebiet der Schwachstromtechnik, so machten die Siemensschen Unternehmungen jetzt auf dem Gebiet der Starkstromtechnik große Anstrengungen, um auch im Ausland ein Feld der Betätigung zu finden. Die Londoner Firma Siemens Brothers und die Petersburger Siemens-Werke nahmen im Gleichschritt mit der Berliner Firma die Arbeiten auf dem Gebiet des Starkstroms in Angriff. Mit der Begründung der Gesellschaft für elektrische Beleuchtung in St. Petersburg, die später auch eine Zentralstation in Moskau errichtete, erzielte die Siemens-Gruppe auf dem Gebiet der elektrischen Lichtzentralen im Jahre 1886 in Rußland den ersten großen Erfolg. Daß die Firma Siemens & Halske im Jahre 1878 eine Niederlassung für den Bau von Dynamomaschinen in Paris gründete, die bis zu ihrer Einziehung im Jahre 1886 auf dem schwierigen französischen Boden mit guten Ergebnissen arbeitete, wurde bereits erwähnt. In Österreich-Ungarn entfaltete die Firma Siemens & Halske vom Ende der siebziger Jahre an eine rege Tätigkeit. Im Jahre 1879 errichtete sie in Wien ein Zweigbureau, das sich aus bescheidenen Anfängen bald zu dem weitaus größten elektrotechnischen Unternehmen der Donaumonarchie entwickelte und nach und nach alle Fabrikationszweige der Berliner Firma aufnahm. Es wurde an anderer Stelle bereits hervorgehoben, daß im Jahre 1889 die Firma in Budapest die erste elektrische Straßenbahn mit unterirdischer Stromzuführung baute.

Georg Siemens war diese mit gutem Erfolg fortschreitende Arbeit bekannt. Er sah aber auch die Grenzen, die dieser Arbeit in den Mitteln und der Struktur der Siemensschen Unternehmungen gezogen waren. „In unserer wirtschaftlichen Entwicklung," so führte Georg Siemens später einmal (7. Juni 1900) im Reichstage aus, „geht die Bewegung so schnell vor sich, daß die Privatvermögen häufig nicht mehr ausreichen, um die durch den industriellen Fortschritt gebotenen Anlagen rechtzeitig und ausreichend herzustellen." Die Absicht, die Siemensschen Unternehmungen als Familienunternehmungen fortzuführen, und die daraus erwachsene Abneigung des alten Werner Siemens gegen die Form der Aktiengesellschaft, die allein eine dem stürmischen Vorwärtsdrängen der Elektrizitätsindustrie einigermaßen entsprechende Erweiterung der verfügbaren Kapitalien ermöglicht hätte, war schon im inländischen Geschäft für die Zurückhaltung des Siemensschen Kreises gegenüber den Betriebsunternehmungen maßgebend gewesen. Eine planmäßige Bearbeitung des Auslandes war noch viel mehr an finanzielle Voraussetzungen gebunden, die der Siemens-Konzern in seiner damaligen Verfassung, die für das nächste als unabänderlich gelten mußte, nicht zu bieten in der Lage war; diese Voraussetzungen der Beschaffung und Beherrschung von Kapitalien weitesten Ausmaßes waren nur zu schaffen durch

Konstruktionen und Kombinationen auf der Grundlage der Aktiengesellschaft.

Die Erkenntnis, daß schon für die Verwirklichung der durch die Entwicklung der Starkstromtechnik geschaffenen Möglichkeiten auf innerdeutschem Gebiete die Firma Siemens & Halske in der angedeuteten Richtung einer starken Ergänzung bedürfe, hatte Georg Siemens veranlaßt, an der Umformung der Deutschen Edison-Gesellschaft in die Allgemeine Elektrizitäts-Gesellschaft unter Beteiligung von Siemens & Halske mitzuarbeiten. Noch mehr mußte ihm diese Ergänzung notwendig erscheinen angesichts der unabsehbaren Weiten der ausländischen Welt. Gerade hier konnte ein Instrument wie die A.E.G. nicht nur für die deutsche Industrie im ganzen, sondern auch für die Siemensschen Elektrizitätsunternehmungen selbst, wenn es gelang, ein gut ineinandergreifendes Zusammenarbeiten zu sichern, von größtem Nutzen werden.

Erwägungen dieser Art mußten verstärkt werden durch die Beobachtung, wie starke Konzerne anderwärts, namentlich in den Vereinigten Staaten, sich auf dem Gebiet der Elektrizitätsindustrie herausbildeten. Diesen Kräften gegenüber galt es Gleichwertiges zu schaffen und auf dem Boden der Gleichwertigkeit mit ihnen in Fühlung und womöglich zu Verständigungen zu kommen.

Solche Gedankengänge fanden eine praktische Verwirklichung schon in einer großen deutsch-amerikanischen Aktion des Jahres 1889.

Die amerikanische Elektrotechnik hatte gewaltige Leistungen zu verzeichnen. Aber die amerikanische Industrie litt an unsystematischer Arbeit und an starker Zersplitterung, selbst innerhalb der einzelnen in sich zusammenhängenden Gruppen. Damals waren nun Verhandlungen im Gange, um die verschiedenen Unternehmungen der Edison-Gruppe zu einem einheitlichen Ganzen zusammenzufassen. Zu der Gruppe führten von deutscher Seite die Fäden hinüber, die von Georg Siemens zu Henry Villard, dem jetzt wieder leitenden Finanzmann in der Edison Electric Light Company, und von Rathenau zu Edison selbst liefen. Schon die oben dargestellten Verhandlungen zwischen der Edison- und Siemens-Gruppe waren davon ausgegangen, daß beiden Seiten ein gutes Verhältnis rätlicher erschien als eine Kampfstellung. Die Welt war groß genug für die deutsche und für die amerikanische Elektrizitätsindustrie.

Eine Verständigung über die Absatzgebiete und auf dieser Grundlage gegenseitige Absatzunterstützung und Austausch von Erfahrungen konnte als ein Ziel erscheinen, das einen großen Versuch lohnte.

Der Versuch wurde in der Tat unternommen. Die verschiedenen nordamerikanischen Unternehmungen der Edison-Gruppe, nämlich die Edison Electric Light Company, die Edison Machine Works, die Edison Lamps Company und die Bergmann & Co. Factory wurden unter Mitwirkung eines deutsch-amerikanischen Finanzkonsortiums zu einer einheitlichen großen Gesellschaft, der Edison General Electric Company, verschmolzen. Das Aktienkapital der neuen Gesellschaft betrug 12 Millionen Dollar. Das Konsortium, das diese Transaktion durchführte und die Aktien der neuen Gesellschaft übernahm, bestand auf der amerikanischen Seite aus den Bankhäusern Drexel Morgan & Co., Winslow Lanier & Co., Edison und Henry Villard; auf deutscher Seite aus der Deutschen Bank, dem Frankfurter Bankhaus Jacob S. H. Stern, der A.E.G. und Siemens & Halske.

Letztere Firma war an der Transaktion von vornherein nur mit einem bescheidenen Betrag beteiligt. Die A.E.G. war anfänglich für das Geschäft sehr eingenommen. Rathenau reiste persönlich nach Amerika; er war stark beeindruckt von den „vortrefflichen Einrichtungen und den ausnahmsweise günstigen Aussichten dieses größten elektrotechnischen Unternehmens der Neuen Welt".*) Aber sein Interesse an dieser Beziehung zu der General Electric erkaltete bald. Als sich nach einigen Jahren Gelegenheit bot, die Aktienbeteiligung an diesem Unternehmen mit einigem Nutzen zu veräußern, stieß die A.E.G. ihre Beteiligung ab. Erst ein Jahrzehnt später nahm sie unter andern Verhältnissen und in anderer Form die Verbindung mit der General Electric wieder auf.

Die Deutsche Bank dagegen, die auch in andern amerikanischen Geschäften von großer Wichtigkeit Fuß gefaßt hatte, hielt die Beziehung mit der General Electric aufrecht. So beteiligte sie sich im Jahre 1890 an einem Vorschuß an der für die Entwicklung des elektrischen Eisenbahnwesens besonders wichtigen Sprague Electric Railway Co. Auch an der Finanzierung der Niagara Falls Power Co. und an anderen amerika-

*) Siehe Pinner, a. a. O. S. 171.

nischen Elektrizitätsgeschäften wirkte die Deutsche Bank später gelegentlich mit.

Ähnliche Fühlungen, wie durch die Verbindung mit der General Electric in Nordamerika, suchte die A.E.G. mit Belgien und England herzustellen. Sie beteiligte sich an der Compagnie Internationale d'Electricité in Lüttich, wohl hauptsächlich, um durch Vermittlung dieser Gesellschaft für ihre Erzeugnisse den für ein deutsches Unternehmen schwierigen Zugang zum französischen Markt zu gewinnen. In London beteiligte sie sich an der Gründung der Key's Electric Co., die für sie die Stelle einer Filiale vertreten sollte. Auch diese beiden Verbindungen waren nicht von langer Dauer.

Was im Wege allgemeiner Verbindungen nicht recht gelingen wollte, wurde mit besserem Erfolg und großer Nachhaltigkeit mit der Aufnahme und Durchführung einzelner großer Auslandsunternehmungen versucht.

Ein erster Wurf dieser Art gelang der A.E.G. schon im Jahre 1889 unter Mitwirkung der Deutschen Bank auf spanischem Boden: die Erlangung einer Konzession für elektrische Beleuchtung in Madrid und die Durchführung dieser Konzession durch den Bau eines großen Elektrizitätswerkes. An der für die Zwecke dieser Konzession gegründeten Compañia General Madrileña de Electricidad beteiligte sich die A.E.G. mit einem erheblichen Teil des 4 Millionen Pesetas betragenden Aktienkapitals. Die Anlage wurde technisch und finanziell ein großer Erfolg. Schon nach wenigen Jahren konnte die A.E.G. ihre Aktienbeteiligung, an der sie nach Durchführung des Baues kein besonderes Interesse mehr hatte, mit einem Gewinn von mehr als 1 Million Mark veräußern.

Diesem ersten spanischen Geschäft folgte vom Jahre 1894 an eine Anzahl weiterer von dauernder Bedeutung.

Zunächst die Errichtung der Compañia Sevillana de Electricidad zum Bau und Betrieb eines Elektrizitätswerkes für die Beleuchtung der Stadt Sevilla (1894). Zwei Jahre später wurde die seit 10 Jahren bestehende Seville Tramways Co. Ltd. (Sitz in London) zum Zwecke der Elektrisierung der von dieser Gesellschaft betriebenen Pferdebahn hinzu erworben und an die spanische Gesellschaft angeschlossen.

Noch im Jahre 1894 folgte dem Erwerb der Beleuchtungskonzession für Sevilla die Errichtung der Compañia Barcelonesa de Electricidad, die eine in Barcelona bereits bestehende Elektrizitätsgesellschaft sowie zwei bereits vorhandene Trambahnunternehmungen erwarb; die verschiedenen Betriebe wurden vereinheitlicht und in großem Umfange ausgestaltet.

Gleichzeitig baute die A.E.G. große elektrische Zentralanlagen in Christiania (Straßenbahn 1893), Kopenhagen (Zentrale für Versorgung des Freihafens mit Licht und Kraft 1894/95) und in Craiova (Elektrizitätswerk 1895). Sie errichtete auch ständige Vertretungen in Rußland und Österreich-Ungarn, die dort allerdings gegenüber der festen Position der Siemensschen Unternehmungen zunächst keine größeren Fortschritte machen konnten.

Der weitaus größte Erfolg jener Jahre im ausländischen Geschäft wurde von der A.E.G. auf italienischem Boden erzielt. Es gelang ihr durch Transaktionen, die im Jahre 1894 eingeleitet und im folgenden Jahre zu Ende geführt wurden, die gesamte elektrische Licht- und Kraftversorgung sowie die Straßenbahnen der Stadt Genua und ihrer Vororte einheitlich zusammenzufassen. Für diesen Zweck wurden zuerst die Aktien der Società dei Ferrovie Elettriche e Funiculari erworben, die von der italienischen Regierung und der Stadt Genua für den Bau und Betrieb der Genueser Straßenbahn konzessioniert war. Im folgenden Jahre wurden die sämtlichen Aktien der Società dei Tramways Orientali di Genova, in deren Besitz die Konzessionsrechte für den Bau und Betrieb der elektrischen Straßenbahnen nach den Vororten der Riviera di Levante bis Nervi sich befanden, hinzugekauft. Im September 1895 wurde dann eine neue Gesellschaft, die Unione Italiania Tramways Elettrici di Genova, gegründet, die von der Compagnia Generale Francese di Tramways, einer französischen Gesellschaft, die bisher in deren Besitz befindliche große Pferdebahn übernahm, die Genua mit San Pier d'Arena und den Vororten der Riviera di Ponente verband. Die Deutsche Bank zeichnete die sämtlichen Aktien der neuen Gesellschaft und hielt sie zur Verfügung des A.E.G.-Konzerns. Die auf diese Weise unter den Einfluß der A.E.G. gebrachten und von dieser auf den elektrischen Betrieb umzustellenden Straßenbahnen hatten eine Streckenlänge von mehr als 90 km. Außerdem erwarb die A.E.G. von der Stadt Genua die Konzession zum Bau und Betrieb einer elektrischen Licht- und Kraftzentrale, für deren Durchführung eine weitere italienische Aktiengesellschaft, die Officine Elettriche Genovesi, errichtet wurde. Aus dem Kraftwerk wurden auch die elektrischen Straßenbahnen gespeist. Die Zusammenfassung der vier formell selbständigen Gesellschaften unter einer einheitlichen Oberleitung ermöglichte eine mustergültige Gestaltung sowohl der Anlagen als auch der Betriebsführung, wie sie in dieser Vollendung bisher noch in keiner Großstadt erreicht worden war.

Die Deutsche Bank hat bei den Konzessionserwerbungen und Finanztransaktionen sowohl in Spanien als auch in Italien der A.E.G. die wertvollste Hilfe geleistet. Die erzielten großen Erfolge waren nicht zum wenigsten den ausgezeichneten Beziehungen zu danken, die Georg Siemens durch andere wichtige Geschäfte, von denen noch zu sprechen sein wird, mit den maßgebenden Finanzkreisen jener Länder geknüpft hatte, ebenso wie dem hohen Ansehen, das die als Verbündete und gewissermaßen als Bürge der A.E.G. auftretende Deutsche Bank sich damals im Auslande bereits erworben hatte.

Die weitere Entwicklung der Auslandsbetätigung der deutschen Elektrizitätsindustrie — der Ausbau der Stellung in Italien, die Gestaltung der Dinge in Rußland, das Hinübergreifen nach Südamerika und nach anderen fremden Erdteilen — wurde, ebenso wie die weitere Entwicklung in Deutschland selbst, stark beeinflußt von den Veränderungen, die gegen Mitte der neunziger Jahre im Verhältnis zwischen der A.E.G. und der Firma Siemens & Halske sowie in der Struktur der Firma Siemens & Halske selbst eintraten. Ehe jedoch diese Veränderung in ihrem Ursprung und ihren Folgen dargestellt werden kann, ist es notwendig, einiges darüber zu sagen, wie die bisher dargestellte Entwicklung der deutschen Elektrizitätsindustrie finanziell organisiert und durchgeführt worden ist.

Die Finanzierung der Elektrizitäts-Industrie.

Als Georg Siemens im Jahre 1887 sich entschloß, die Umformung der Deutschen Edison-Gesellschaft zu einem neuen aktions- und expansionsfähigen Unternehmen durchzuführen, und als es ihm gelang, die

Deutsche Bank zu dem „Sprung in die Elektrizitätsindustrie" zu bestimmen, da mag auch er sich kaum eine annähernd volle Vorstellung von der gewaltigen Ausdehnung gemacht haben, die der elektrotechnischen Industrie bevorstand, noch auch von den ungeheuren Kapitalien, die für diese Ausdehnung aufzubringen und bereitzustellen sein würden. Sicher ist jedoch, daß für ihn die Rettung und Erneuerung des Rathenauschen Unternehmens nur ein erster Schritt auf einem weiten Weg war und daß ihm die zunächst erforderlichen Gelder für die Kapitalerhöhung der A.E.G. von 5 auf 12 Millionen und für die Vorstreckung der Bau- und Betriebsfonds der Berliner Elektrizitäts-Werke in ungefähr dem gleichen Betrag nur eine erste und bescheidene Abschlagszahlung bedeuteten.

Die in den obigen Ausschnitten gegebene kurze Schilderung der Ausdehnung der Fabrikations-, Bau- und Betriebsunternehmungen auf dem Gebiet der angewandten Elektrizität lassen ermessen, in welchem Maße diese Entwicklung Ansprüche an Kapital und — damit verbunden — an finanzielle Organisation stellte.

Bereits die nächste große Aufgabe der A.E.G., der Ausbau der Berliner Elektrizitäts-Werke, gab einen Begriff davon, mit wie großen Zahlen man zu rechnen haben würde. Mit einem Grundkapital von 3 Millionen Mark war dieses Unternehmen bei seiner Begründung im Jahre 1883 ausgestattet worden. Sein Bauprogramm wurde schon bei der Reorganisation des Jahres 1887 auf 9 Millionen Mark veranschlagt. Ein Jahr später waren bereits 18 Millionen nötig. Im Jahre 1890 waren in dem Unternehmen nahezu 30 Millionen investiert, und ein Ende war noch immer nicht abzusehen. Schließlich hat dieses eine Unternehmen bis zum Kriege für seinen Ausbau die Ausgabe von Aktien und Obligationen im Nennwert von mehr als 120 Millionen Mark nötig gemacht.

Gewiß waren wenige Unternehmungen zu denken, die an das Riesenmaß dieses Berliner Werkes heranreichen würden. Immerhin waren auch in den zahlreichen großen und fortgesetzt wachsenden Städten Deutschlands ähnliche Aufgaben zu erfüllen, und die kaum zu übersehende Zahl der mittleren und kleineren Zentralanlagen gleicher Art schlug in ihrer Gesamtheit ebenfalls mit gewaltigen Zahlen zu Buch. Dazu kam das Gebiet der elektrischen Bahnen und das Gebiet des Kraftstromes für die neue elektrochemische Industrie und für motorische Zwecke aller Art;

schließlich die Betätigung der deutschen Elektrizitätsindustrie im Ausland, die auch im Punkt des Kapitalbedarfs unermeßliche Perspektiven eröffnete.

Der Geldbedarf der A.E.G. selbst, die sich von vornherein von der Kapitalbeschaffung für Betriebsunternehmen aller Art nach Kräften zu entlasten suchte, war gegenüber den uferlosen Bedürfnissen dieser Betriebsunternehmungen verhältnismäßig bescheiden. Immerhin zeigt sich auch hier von Anfang an ein beträchtliches Anschwellen: Der Erhöhung ihres Kapitals von 5 auf 12 Millionen Mark im Jahre 1887, die sie erst einmal flott machen sollte, folgten in den Jahren 1889 und 1890 weitere Erhöhungen um je 4 Millionen Mark. Von 1895 bis 1899 wurde ihr Grundkapital schrittweise weiter erhöht auf 25, 35, 47 und schließlich 60 Millionen Mark. Daneben wurden Obligationen ausgegeben, die am Ende des Jahrhunderts den Betrag von 30 Millionen erreichten.

Dabei war die A.E.G. mit ihrem sich rasch ausdehnenden Kreis von Betriebsunternehmungen nur eine unter den verschiedenen Gruppen der deutschen Elektrizitätsindustrie, wenn auch bald eine der beiden größten. Die Firma Siemens & Halske wurde 1893 in eine Kommanditgesellschaft mit einem Kapital von 24 Millionen Mark, im Jahre 1897 in eine Aktiengesellschaft mit einem Kapital von 35 Millionen Mark — entsprechend demjenigen der damaligen A.E.G. — umgewandelt. Bis 1900 wurde ihr Kapital weiter auf 54,5 erhöht, daneben wurden 30 Millionen Obligationen ausgegeben. Das Schuckert-Unternehmen wurde 1888 in eine Kommanditgesellschaft mit 2 Millionen, 1893 in eine Aktiengesellschaft mit 12 Millionen Mark Grundkapital umgewandelt; deren Kapital wurde 1896 auf 18 Millionen und dann Jahr für Jahr weiter bis auf 42 Millionen Mark im Jahre 1899 erhöht. Dazu kamen 35 Millionen Mark Obligationen. Eine ähnlich sprunghafte Entwicklung, freilich nicht bis zur gleichen Höhe der absoluten Zahlen, nahmen die Kummer-Gesellschaft in Dresden, die Helios-Elektrizitäts-A.-G. in Köln und die Union Elektrizitäts A.G. in Berlin.

Wenn auch die Deutsche Bank nur an den Geschäften der A.E.G. und der Firma Siemens & Halske ein unmittelbares Interesse nahm, so stellten diese beiden Unternehmungen doch für sich allein den größeren

Teil der gesamten deutschen Elektrizitätsindustrie dar. Der andere Teil, der für sie nicht unmittelbar in Betracht kam, hatte immerhin für die Finanzierung der Unternehmungen der A.E.G. und der Siemens-Gruppe insofern eine nicht zu unterschätzende mittelbare Bedeutung, als diese anderen Gruppen konkurrierende Ansprüche an die deutsche Kapitalkraft stellten.

So stark die innere Kraft der Deutschen Bank inzwischen gewachsen war, so sehr ihr Emissionskredit sich gehoben und ihre Effektenkundschaft sich erweitert hatten, so dachte doch Georg Siemens keinen Augenblick daran, die Lasten der von ihm unternommenen Finanzierung der elektrotechnischen Industrie ausschließlich auf die Schultern der Deutschen Bank zu legen. Getreu seinen von Anfang an im Finanzierungsgeschäft verfolgten Grundsätzen suchte er Verbündete, denen er als Ausgleich für ihren Anteil an Leistung und Risiko gerne auch einen weitherzig bemessenen Anteil an den zu erwartenden Gewinnen überließ.

Es ist bezeichnend für die Zweifel und den Kleinmut, der bei der Umformung der Deutschen Edison-Gesellschaft in die A.E.G. in der deutschen Finanzwelt vorwaltete, daß in dem für die Durchführung dieser Umwandlung und die damit verbundene Geldbeschaffung gebildeten Konsortium neben der Deutschen Bank und dem mit dieser eng verbundenen Bankhaus Delbrück, Leo & Co. nur zwei weitere Bankhäuser figurierten, Jakob Landau und Gebr. Sulzbach, die beide schon bei Begründung der Deutschen Edison-Gesellschaft an erster Stelle mitgewirkt hatten und deren geschäftliches und sogar persönliches Ansehen — die Chefs der beiden Häuser waren der Vorsitzende und der stellvertretende Vorsitzende des Aufsichtsrates der Deutschen Edison-Gesellschaft — auf das dringendste einen glimpflichen Ausgang der über die Gesellschaft hereingebrochenen Krisis verlangte. Dabei übernahmen die Deutsche Bank, Delbrück, Leo & Co. und Siemens & Halske von den 7 Millionen Mark auszugebenden Aktien der A.E.G. 5 Millionen Mark, Jakob Landau und Gebr. Sulzbach nur je 1 Million. — Selbstverständlich entlastete sich die Deutsche Bank innerhalb ihres engeren Kreises durch die Abgabe von Unterbeteiligungen.

Aus diesem ersten Konsortium entwickelte sich ein bleibendes Gebilde, das „Konsortium für elektrische Geschäfte". Es brachte die Verwirklichung des von Georg Siemens schon im Jahre 1883 unter dem Namen der „Société d'Etudes" vergeblich propagierten Gedankens.*) Der Kreis dieses Konsortiums erweiterte sich bald nach der Umformung der A.E.G. Es traten ihm die Berliner Handelsgesellschaft und die Nationalbank für Deutschland bei. Die Verteilung der Quoten, die nicht unbedingt festgelegt wurde, war in den meisten Fällen so, daß auf die Deutsche Bank der größte Anteil mit 25% entfiel. Später wurde die A.E.G. selbst mit einer erheblichen Quote in das „Konsortium für elektrische Geschäfte" hineingenommen. Auch Siemens & Halske waren in den ersten Jahren meist an den Geschäften des Konsortiums, wenn auch nur mit einer bescheidenen Quote beteiligt. Gelegentlich ging das Konsortium für elektrische Geschäfte auch mit andern Banken und Firmen zusammen. Die Zweckmäßigkeit und Notwendigkeit einer solchen Erweiterung ergab sich namentlich bei Auslandsgeschäften.

Die Kapitalbeschaffung für die Finanzierung der elektrotechnischen Industrie wurde durch die Bildung und das Zusammenhalten des großen Konsortiums auf eine breite Grundlage gestellt. Nun handelte es sich darum, für die in Aussicht stehenden großen Unternehmungen und Geschäfte eine finanzielle Struktur zu schaffen, die Standfestigkeit, Anpassungsfähigkeit und Ausdehnungsmöglichkeit in sich vereinigte.

Zunächst galt es, die A.E.G. selbst, als den tragenden Pfeiler, nach Möglichkeit stark zu machen.

Dazu gehörte, daß die neugestaltete Gesellschaft von vornherein mit ausreichenden Mitteln ausgestattet wurde. Während Rathenau selbst noch Anfang 1887 seiner Generalversammlung eine Kapitalerhöhung um nur 2 Millionen Mark vorschlagen wollte, brachte das neue Finanzkonsortium als Morgengabe 7 Millionen Mark Kapitalerhöhung für die A.E.G. und die Sicherstellung weiterer Mittel für die Zwecke der Berliner Elektrizitäts-Werke. Als in den folgenden Jahren der Geldbedarf der A.E.G. über Erwarten rasch anschwoll, wurde stets rechtzeitig für die Vermehrung der eignen Mittel der Gesellschaft gesorgt. Georg Siemens hatte bei den ihm anvertrauten geschäftlichen Unternehmungen stets auf eine solche vorwärtsschauende Geldbeschaffung gehalten. Wir wissen, wie er bei der Deutschen Bank selbst in ihren früheren Entwicklungsjahren den Standpunkt vertreten hat, die Kapitalerhöhung müsse der

*) Siehe oben S. 62ff.

Geschäftsentwicklung vorausgehen, das Geschäft müsse sozusagen in das Kapital hineinwachsen*). Die Deutsche Edison-Gesellschaft war, trotz vorzüglicher technischer Leistungen, an dem finanziellen „von der Hand in den Mund leben" beinahe zugrunde gegangen; Rathenau hatte aus dieser Erfahrung eine Lehre fürs Leben gezogen. Die Politik der rechtzeitigen Geldbeschaffung hat bei der A.E.G. nicht immer den ungeteilten Beifall der Beteiligten und der Aktionäre gefunden. Namentlich in der Generalversammlung vom 29. November 1890, die nach den Kapitalserhöhungen der Jahre 1887 und 1889 abermals eine Kapitalerhöhung um 4 Millionen Mark beschließen und die Verwaltung zur Ausgabe von Obligationen in Höhe des Grundkapitals ermächtigen sollte, regten sich Kritik und Opposition, und Georg Siemens mußte als Aufsichtsratsvorsitzender Seite an Seite mit Rathenau die Vorschläge und Forderungen der Geschäftsleitung verteidigen.

Die Politik der rechtzeitigen und ausreichenden Erhöhung des Aktienkapitals wurde ergänzt durch eine Politik vorsichtiger Dividendenausschüttungen und reichlicher Dotierung der offenen und stillen Reserven. Auch in diesem Punkte hatte Rathenau aus der Erfahrung bei der Deutschen Edison-Gesellschaft gelernt. Georg Siemens hatte, wie am Beispiel der Deutschen Jute-Spinnerei und Weberei A.-G. und der Deutschen Bank selbst gezeigt worden ist, hinsichtlich der Dividenden- und Reservenpolitik Grundsätze von größter Strenge und Folgerichtigkeit herausgebildet und angewendet. Diese Grundsätze wurden jetzt auf die A.E.G. übertragen. „Das System der versteckten Reserven", so berichtet Wallich in seinen Aufzeichnungen, „hat Georg Siemens sowohl bei der Deutschen Bank, wie bei allen andern Unternehmungen, bei welchen er mitzusprechen hatte, zum Besten aller Beteiligten energisch durchgeführt. ‚Wir müssen das Ding gut machen,' sagte er, wenn er bei der Bilanzaufstellung seine diesbezüglichen Vorschläge machte. Die A.E.G., deren langjähriger Vorsitzender er war, verdankt nach dieser Richtung ihre Erfolge seinen guten Ratschlägen, und der Generaldirektor Rathenau wird gerecht genug sein, dies anzuerkennen."

---

*) Siehe den Entwurf zu dem Brief an Adalbert Delbrück vom 11. Juli 1876, I. Band, S. 322.

Die Ausbildung einer planmäßigen Dividendenpolitik, die dem Eintagsinteresse des Aktionärs an dem Bezug eines möglichst hohen Gewinnanteils das Dauerinteresse des Unternehmens an der inneren Festigung der Gesellschaft, an ihrer Widerstandsfähigkeit gegen Krisen, an ihrer Leistungsfähigkeit im Erfüllen großer Aufgaben voranstellt, hat überhaupt erst die Aktiengesellschaft aus einem Zweckverband zur Erzielung von Gewinnen zu einem Unternehmen im eigentlichen Sinne des Wortes gemacht. Es sei an die oben*) wiedergegebenen Ausführungen des alten Werner Siemens über Aktiengesellschaften und Familienunternehmen erinnert. Er hielt den Aktiengesellschaften vor, sie könnten fast immer nur reine Erwerbsgesellschaften sein und eigneten sich deshalb nur zur Ausbeutung von bereits vorhandenen und erprobten Arbeitsmethoden, nicht aber zu der mit großen Mühen und großem Risiko verknüpften Eröffnung neuer Wege; die hierfür erforderliche Ansammlung von Kapital und Erfahrungen könne sich nur in lange bestehenden, durch Erbschaft in der Familie bleibenden Geschäftshäusern bilden und erhalten. Das war für die Zeit, aus der heraus Werner Siemens diese Bemerkungen niederschrieb, richtig gesehen. Durch die bewußte und planmäßige Zurückstellung des Dividendeninteresses des Aktionärs hinter den Gesichtspunkt der inneren Kräftigung und der höheren Aufgaben des gesellschaftlichen Unternehmens, eine Politik, die Georg Siemens mehr denn ein anderer ausgebildet und mit der er in erfreulichem Umfang Schule gemacht hat, ist der von Werner Siemens bezeichnete Nachteil der Aktiengesellschaft gegenüber dem Familienunternehmen in der Hauptsache ausgeglichen worden. —

Schon bei der Schaffung der A.E.G. bestand bei den Beteiligten Einigkeit darüber, daß eine einzige Gesellschaft unmöglich das gewaltige Gebiet, dessen Bearbeitung in Aussicht genommen war, würde in Angriff nehmen können. Es handelte sich ja nicht nur um fabrikatorische Aufgaben, ja nicht einmal in erster Reihe um fabrikatorische Aufgaben, sondern vor allem um die Schaffung von Betriebsunternehmungen, zunächst auf dem Gebiet der Beleuchtung, dann auf dem Gebiet der Straßenbahnen, zuletzt auf demjenigen der Erzeugung von elektrischer Kraft für

---

*) Siehe S. 57.

gewerbliche Zwecke. Zwar bestand zwischen den Betriebsunternehmungen, wie sie den Begründern der A.E.G. vorschwebten, und der elektrotechnischen Fabrikation, nicht nur derjenigen der eignen Gesellschaft, sondern auch derjenigen der mit dieser eng verbundenen Firma Siemens & Halske eine enge Beziehung: Die Betriebsunternehmungen sollten den Fabriken Aufträge sowohl für ihre erste Ausstattung, als auch für ihre Instandhaltung und Betriebsführung bringen. Aber die fabrikatorische Tätigkeit und der Bau und Betrieb von Beleuchtungsanlagen, elektrischen Straßenbahnen und Kraftzentralen sind doch ihrer ganzen Art nach so verschieden, daß eine dauernde und völlige Verschmelzung beider Betätigungen in einem und demselben Unternehmen nicht wohl gedacht werden konnte. Abgesehen davon, daß die Verwaltung und Leitung eines Betriebsunternehmens ganz anders geartet ist, ganz andere Anforderungen an die führenden Persönlichkeiten und an die Geschäftsorganisation stellt, mußte sich die Erwägung aufdrängen, daß jede einzelne Betriebsunternehmung wieder ihre Besonderheiten haben und eine eigne Organisation erfordern würde. Die organisatorische Selbständigkeit der Betriebsunternehmungen hatte aber auch die rechtliche und finanzielle Selbständigkeit nahezu notwendig zur Konsequenz; denn eine eigne Geschäftsführung bedingt auch eine eigne rechtliche und finanzielle Verantwortlichkeit. Dazu kam ein Gesichtspunkt rein finanzieller Zweckmäßigkeit: je höher man die Aussichten der Elektrizität auf den verschiedenen Verwendungsgebieten und dementsprechend den Kapitalbedarf für die zu leistende Arbeit einschätzte, desto weniger konnte es möglich erscheinen, die benötigten Mittel im ganzen Umfang durch eine einzige Gesellschaft aufzubringen; desto zweckmäßiger mußte der Weg der Bildung von Einzelgesellschaften erscheinen, die unter ihrem Namen Aktien und Obligationen dem Publikum anbieten konnten. Alle diese Erwägungen mußten auf den Weg der Schaffung besonderer Gesellschaften für die Betriebsunternehmungen hindrängen. Wie die auf diese Weise aus einem einheitlichen Kern, dem Mutterunternehmen, herauswachsende Vielheit in sich zusammengehalten und nach großen Gesichtspunkten einheitlich geleitet werden könne, das war ein organisatorisches Problem erster Ordnung, dessen Lösung auch einem genialen Organisator nicht auf der flachen Hand wachsen, sondern nur in der Erfahrung heranreifen konnte.

Es gab zunächst tastende Versuche in der sich durch die Natur der Dinge aufdrängenden Richtung.

Zu diesen ersten Versuchen gehörten die von den Brüdern Siemens schon in der zweiten Hälfte der sechziger Jahre für den indo-europäischen Telegraphen und in den siebziger Jahren für das transatlantische Kabel gebildeten Gesellschaften. Auf dem gleichen Wege war Rathenau für die erste von ihm erworbene Beleuchtungskonzession mit der Errichtung der Städtischen Elektrizitäts-Werke als besondere Aktiengesellschaft vorgegangen. Er hatte den ihm dabei vorschwebenden Gedanken in dem Geschäftsbericht der Deutschen Edison-Gesellschaft in programmatische Form gekleidet: „Im übrigen liegt es nicht in unserer Absicht, den liquiden Vermögensstand dauernd durch eigne Übernahme großer Zentralstationen zu alterieren. Vielmehr verfolgen wir das System, solche Stationen mit Hilfe unserer Geldmittel zwar einzurichten, dieselben aber spätestens nach erfolgter Inbetriebsetzung selbständigen Gesellschaften zu überlassen, um so unser Kapital immer wieder für neue Unternehmungen flüssig zu machen." Aber dieses an sich den richtigen Kern enthaltende Programm war gerade in dem ersten Fall seiner praktischen Anwendung zunächst offenkundig gescheitert. Die Deutsche Edison-Gesellschaft hatte zwar die Aktien der Städtischen Elektrizitäts-Werke in das Publikum gebracht, und dies sogar zunächst mit Erfolg; aber wir haben gesehen, daß die ersten großen Schwierigkeiten, die für diese Tochtergesellschaft entstanden, die Aktien auf die Muttergesellschaft zurückwarfen*). Die erstrebte finanzielle Entlastung war also in ihr Gegenteil umgeschlagen. Auch die Entlastung von Arbeit und Verantwortlichkeit für die Leitung der Muttergesellschaft wurde in diesem Falle nicht erreicht; bei der Reorganisation des Jahres 1887 griff man zur „Verwaltungsgemeinschaft von Mutter- und Tochtergesellschaft", d. h. die verantwortliche Leitung der Berliner Elektrizitätswerke wurde unmittelbar in die Hände der Direktion der A.E.G. selbst zurückverlegt.

Der Fehler, der diesen Mißerfolg zeitigte, lag nicht im Grundsatz, sondern in der Ausführung. Nur kräftige Mütter können kräftige Kinder gebären, und Kinder, die noch nicht gehen können, darf man nicht auf die Straße schicken. Georg Siemens hatte auf einem anderen Felde ein

*) Siehe oben S. 70.

Schulbeispiel für die richtige Ausführung geliefert. Er hat die von ihm mitbegründete Deutsche Jute-Spinnerei und Weberei A.-G. so lange in der Obhut der Deutschen Bank zurückbehalten, bis das Unternehmen durch die Überwindung der großen Anfangsschwierigkeiten, durch das Sammeln der nötigen Erfahrungen und durch die Bildung ausreichender innerer Reserven stark genug war, um auf eignen Beinen stehen zu können; erst nachdem eine dauernde Rentabilität des Betriebes nach menschlichem Ermessen gesichert war, wurden die Aktien dem Publikum angeboten und an der Börse eingeführt. An diesem Grundsatz, den nicht nur die Gewissenhaftigkeit gegenüber dem Publikum auferlegt, sondern der auch die einzige Gewähr dauernden Erfolges ist, hat Georg Siemens stets festgehalten, wie wir das noch bei andern großen Geschäften sehen werden. Dieser Grundsatz kam jetzt durch ihn auch bei der A.E.G. zur Geltung. Seine Beachtung hat sich glänzend belohnt. Sie hat dazu beigetragen, das Vertrauen zu schaffen, auf dem allein ein so großes und weitverzweigtes System von Betriebsunternehmungen, wie es die A.E.G. im Laufe der Jahre geschaffen hat, sich aufbauen kann. Die Beachtung dieses Grundsatzes hat auch rein finanziell goldene Früchte getragen; denn die Aktien der in Ruhe zu finanzieller Selbständigkeit und guter Rentabilität entwickelten Unternehmungen konnten natürlich zu erheblich günstigeren Kursen abgestoßen werden als die Aktien von neuen noch unentwickelten und unbewährten Gründungen. Die Beachtung dieses Grundsatzes hat schließlich der A.E.G. später in der großen Krisis, die zu Beginn des neuen Jahrhunderts die deutsche Elektrizitätsindustrie einer Feuerprobe unterwarf, vor den schweren Rückschlägen bewahrt, denen weniger vorsichtige Wettbewerber der A.E.G. unterliegen sollten.

Das Heranziehen und Entwickeln von Betriebsunternehmungen bis zum Stadium der Emissionsreife hatte einerseits eine starke eigne Kapitalkraft zur Voraussetzung, andererseits machte es eine weise Beschränkung in der Auswahl der zu schaffenden Betriebsunternehmungen notwendig.

Diese letztere Notwendigkeit hat sich als heilsamer Bremsklotz gegenüber den Versuchungen einer stark übertriebenen Gründungstätigkeit erwiesen, wie sie namentlich in der Periode der rapiden Ausdehnung der Elektrizität in der zweiten Hälfte der neunziger Jahre hervortraten, als jedes Betriebsunternehmen glänzende Aussichten zu bieten schien.

Die Voraussetzung der starken Kapitalkraft wurde nicht nur durch die fortschreitende Erhöhung der eigenen Mittel der A.E.G., sondern mehr noch durch das von Georg Siemens begründete und ausgestaltete Konsortium für elektrische Geschäfte in einer den wachsenden Bedürfnissen sich anpassenden Weise verwirklicht. Bei allen größeren Finanztransaktionen der A.E.G. trat dieses Konsortium vereint mit der A.E.G. in Wirksamkeit, einerlei ob es sich um Gründung neuer oder um den Erwerb bestehender Unternehmungen, ob es sich um die Übernahme von Kapitalerhöhungen oder um die Gewährung von umfangreichen Krediten handelte. Wie bei der Errichtung und Entwicklung inländischer Unternehmungen, so wirkte das Konsortium für elektrische Geschäfte — wie wir bereits gesehen haben — namentlich auch bei den großen, umfangreiche Mittel erfordernden ausländischen Gründungen und Erwerbungen mit, bei der Gründung der Aluminium-Industrie A.G. in Neuhausen und der Kraftübertragungswerke in Rheinfelden ebenso wie bei den Konzessionserwerbungen und den Gründungen, den Ankäufen und Erweiterungen von Betriebsunternehmungen in Spanien, in Italien und in andern Ländern.

Die Mitwirkung des Konsortiums für elektrische Geschäfte an der Gründung und dem Erwerb von Unternehmungen vollzog sich in den seit langer Zeit üblich gewordenen Bahnen. Dagegen war die Mitwirkung des Konsortiums an der Heranzüchtung solcher Unternehmungen zur technischen, administrativen und finanziellen Selbständigkeit eine neue Aufgabe, die sich in ihrer Besonderheit aus der Neuheit der elektrischen Betriebsunternehmungen ergab. Auf die Dauer waren Finanzkonsortien für die Bewältigung dieser Aufgabe nicht geeignet. Ein Konsortium ist eine lose, seiner Natur nach auf kurze Frist berechnete Vereinigung, die ihre Aufgabe dann am besten löst, wenn sie ihre Mitglieder nach möglichst kurzer Zeit unter Verteilung des erzielten Gewinnes aus der Verantwortung, aus der Festlegung von Geld und aus dem Risiko entlassen kann. Gewiß sind frühzeitig Dauerkonsortien entstanden, wie zum Beispiel auf dem Gebiet der Anleihen des Deutschen Reiches und Preußens das sogenannte „Preußenkonsortium". Aber diese Dauerkonsortien sind eigentlich nur Verabredungen der Beteiligten, sich für wiederkehrende Geschäfte gleicher Art von Fall zu Fall unter den alten Bedingungen wieder zu einem

Konsortium zusammenzuschließen; für die einzelnen Geschäfte gilt aber auch hier die möglichst rasche Abwicklung als das erstrebenswerte Ziel; wenn sie erfolgt ist, dann ruht das Konsortium bis zur Aufnahme des nächsten Geschäftes. Die Festlegung von Verantwortungen, von Kapitalien und Risiken auf längere Dauer drängt ihrer Natur nach auf festere Formen hin, als sie die lose Vereinigung des Konsortiums bieten kann. Das Bedürfnis, ein solch neues Instrument zur Entlastung des Konsortiums für elektrische Geschäfte zu schaffen, mußte um so stärker werden, je größer die Zahl, je verschiedenartiger das Wesen, je ausgedehnter die räumliche Verbreitung der zur Selbständigkeit und Emissionsreife zu entwickelnden Unternehmungen wurde.

Es ist verständlich, daß man sich bei dem Bestreben nach einer solchen Entlastung zunächst an bestehende Formen und Einrichtungen hielt, die für diesen Zweck als brauchbar erschienen oder brauchbar gemacht werden konnten.

Für ein wichtiges Teilgebiet war ein brauchbares Organ vorhanden in der Allgemeinen Lokal- und Straßenbahn A.G. Diese Gesellschaft war längst vor der A.E.G. gegründet worden, um eine größere Anzahl von Lokal- und Straßenbahnen mit Pferdebetrieb einheitlich zu verwalten und ihren Betrieb zu überwachen. Der technische Gesichtspunkt des Erfahrungsaustausches und der finanzielle Gesichtspunkt der bei einer einheitlichen Verwaltung zu erzielenden Ersparnis an Generalunkosten waren bei der Schaffung der Gesellschaft ausschlaggebend gewesen. Die Einheitlichkeit der Verwaltung und Überwachung war in der Weise gesichert, daß die Allgemeine Lokal- und Straßenbahn A.G. Besitzerin von namhaften Beteiligungen an den zu verwaltenden und zu überwachenden Einzelgesellschaften war; auf Grund dieser Beteiligung hatte sie in der Generalversammlung, den Aufsichtsräten und Direktionen der Einzelgesellschaften den maßgebenden Einfluß; sie „kontrollierte" — um diesen englisch-amerikanischen Ausdruck zu gebrauchen — die Einzelgesellschaften.

Wie bereits berichtet, erwarb die A.E.G. im Jahre 1890 die Aktienmehrheit dieser Gesellschaft. Der nächste Zweck war, den maßgebenden Einfluß auf die von dieser Gesellschaft kontrollierten Pferdebahnen zu gewinnen und so die Umstellung dieser Bahnen auf den elektrischen Betrieb zu erreichen und für die A.E.G. zu sichern. Daneben blieb die alte Aufgabe der einheitlichen Verwaltung und Beaufsichtigung bestehen.

Das mit der Allgemeinen Lokal- und Straßenbahn A.G. erworbene Organ erschien bald geeignet, vorzugsweise auch an der oben besprochenen Aufgabe der technischen und finanziellen Entwicklung neuer Unternehmungen auf dem Gebiete der elektrischen Straßenbahnen mitzuwirken. Sie wurde aus einem Verwaltungs- und Kontrollunternehmen auch zu einem Finanzierungs- und Entwicklungsunternehmen.

Als ausgesprochenes Finanzierungsunternehmen für das gesamte Gebiet der Elektrizität wurde im Jahre 1894 von einer außerhalb des A.E.G.-Konzerns stehenden Gruppe die Gesellschaft für elektrische Unternehmungen errichtet. Sie sollte in erster Linie der Finanzierung von Unternehmungen der Union Elektrizitäts-Gesellschaft dienen. Dieses Unternehmen war im Jahre 1893 von der Aktiengesellschaft Ludwig Loewe & Co. und der dieser nahestehenden Bankengruppe im Verein mit der amerikanischen Thomson Houston International Electric Company gegründet worden. In dem ersten Geschäftsbericht der Gesellschaft wurde ausgeführt:

„Die Entwicklung, welche die Anwendung der Elektrizität für wirtschaftliche Zwecke in letzter Zeit genommen hat, ist auf einem Punkte angelangt, wo es für die Finanzwelt geboten erscheint, die Durchführung elektrischer Unternehmungen nicht mehr, wie bisher, den elektrischen industriellen Gesellschaften allein zu überlassen, sondern denselben hierbei an die Hand zu gehen und sie durch Zuführung genügender Geldmittel in den Stand zu setzen, sich frei entfalten zu können."

Seine reinste Ausbildung und wichtigste Verkörperung hat jedoch das elektrische Finanzierungs- und Entwicklungsunternehmen in der im August 1895 unter bestimmender Mitwirkung von Georg Siemens in Zürich gegründeten Bank für Elektrische Unternehmungen erhalten.

Den entscheidenden Anstoß zu dieser Gründung hatten die im Jahre 1894 in Angriff genommenen großen Genueser Geschäfte gegeben. Mit den gleichzeitig in Spanien eingeleiteten großen Unternehmungen brachten die neugegründeten oder neuerworbenen Genueser Gesellschaften eine gewaltige Steigerung sowohl der zu leistenden organisatorischen und verwaltenden Arbeit, wie auch der finanztechnischen Anforderungen und des Kapitalbedarfs. Die Steigerung mußte doppelt groß erscheinen, wenn man sich nicht, wie bei der Madrider Elektrizitäts-Gesellschaft, mit einem einmaligen Bau- und Gründungsgewinn begnügen, sondern wenn man, wie es Georg Siemens vorschwebte, die neuen ausländischen Unternehmungen für die Dauer mit der deutschen Wirtschaft verbinden, einen bleibenden Gewinn für die Stellung der deutschen Industrie auf den Märkten des Auslandes erzielen und gleichzeitig durch die Schaffung dauernder Gemeinschaftsinteressen die guten Beziehungen festigen wollte, die uns mit jenen Ländern verbanden.

Es war nicht das erstemal, daß Georg Siemens diesem weitgespannten Ziele durch die Lösung ähnlicher Probleme finanzieller Organisation zu dienen suchte. Im weiteren Verlauf der Darstellung wird gezeigt werden, daß auf dem angesichts der politischen Verhältnisse ungleich schwierigeren Gebiete der orientalischen Eisenbahnunternehmungen sich Aufgaben eingestellt hatten, die nach der grundsätzlichen Seite hin alles einschlossen, was jetzt auf dem Gebiete der Elektrizität akut wurde. Die Lösung hatte Georg Siemens damals gefunden in der Errichtung der Bank für Orientalische Eisenbahnen in Zürich (1890). Nach diesem Muster wurde jetzt die Bank für Elektrische Unternehmungen in Zürich geschaffen.

Das neue Unternehmen (kurz Elektro-Bank genannt) wurde auf eine breite Grundlage gestellt, nicht nur was die Anzahl und Kraft der beteiligten Finanzgruppen anlangt, sondern auch hinsichtlich der internationalen Zusammensetzung des Gründungskonsortiums. Neben dem deutschen Konsortium für elektrische Geschäfte und einer schweizerischen Finanzgruppe unter Führung der Schweizerischen Kreditanstalt in Zürich wurden die Banca Commerciale Italiana in Mailand und der Credito Italiano in Genua, außerdem die Banque de Paris et des Pays Bas in Paris an der Gründung beteiligt. Die Zusammensetzung des Gründungskonsortiums trug dem internationalen Wirkungsfelde, auf dem das neue Unternehmen sich betätigen sollte, Rechnung; sie war gleichzeitig bestimmt, für die Aufbringung der zur Finanzierung der geplanten ausländischen Betriebsunternehmungen über die Grenzen des durch die inneren Bedürfnisse bald reichlich in Anspruch genommenen deutschen Kapitalmarktes hinaus den Kapitalmarkt des Auslandes zu erschließen. Dieselben Gesichtspunkte hatten für die Errichtung der neuen Gesellschaft in der neutralen Schweiz den Ausschlag gegeben. Daß die freiere Aktiengesetzgebung der Schweiz und die geringere Belastung mit Steuern und Stempelkosten die Durchführung der Geschäfte einer solchen Finanzierungsgesellschaft für ausländische Unternehmungen gegenüber der deutschen Gesetzgebung wesentlich erleichterte, wurde als Nebenvorteil gerne in den Kauf genommen.

Das Programm der Elektro-Bank wurde in ihrem Statut wie folgt umschrieben:

„Zweck der Gesellschaft ist die Übernahme und Durchführung von Finanzgeschäften, insoweit dieselben Bezug haben auf die Vorbereitung, den Bau, den Erwerb, den Betrieb, die Umwandlung oder die Veräußerung von Unternehmungen im Gebiet der angewandten Elektrotechnik, insbesondere der Beleuchtung, Kraftübertragung, des Transportwesens und der Elektrochemie. Die Gesellschaft ist befugt, Konzessionen zur gewerblichen Ausnutzung der Elektrizität zu erwerben, sich bei staatlichen, kommunalen oder privaten Unternehmungen mit ähnlichen Zwecken zu beteiligen oder solche zu begründen, zu übernehmen, zu pachten oder zu finanzieren, ihnen Vorschüsse oder Darlehen zu bewilligen, Aktien, Obligationen und sonstige Titel derartiger Unternehmungen wie auch Forderungen derselben aus ihrem Geschäftsbetrieb gegen Dritte zu beleihen, zu erwerben, wieder zu veräußern oder sonst zu verwerten. Die Gesellschaft ist berechtigt, bewegliche und unbewegliche Anlagen, Sachen, Rechte und Konzessionen, welche zur Durchführung elektrischer Unternehmungen dienlich oder förderlich erscheinen, zu erwerben bzw. zu begründen, auszunutzen und zu verwerten, sowie überhaupt alle Maßnahmen zu ergreifen und Geschäfte zu machen, welche zur Erreichung oder Förderung der Zwecke der Gesellschaft angemessen erscheinen."

Das Grundkapital der Gesellschaft wurde auf 30 Millionen Franken (mit zunächst 50% Einzahlung) festgesetzt; außerdem wurde die Ausgabe von Obligationen bis zum gleichen Betrage vorgesehen. Aktien- und Obligationskapital wurden späterhin beträchtlich vermehrt.

Zum Vorsitzenden des Verwaltungsrates wurde Karl Abegg-Arter, der Präsident der Schweizerischen Kreditanstalt bestellt, zum stellvertretenden Vorsitzenden Georg Siemens.

Die Elektro-Bank übernahm zunächst die Mehrheit der Aktien der Genueser Elektrizitätsunternehmungen aus den Händen des Konsortiums für elektrische Geschäfte. Sie übernahm damit gleichzeitig den größten Teil der Arbeit an dem Aufbau der Organisation dieses einheitlichen Komplexes von Betrieben, eine Aufgabe, der sie sich in hervorragender Weise entledigt hat. Sie hielt auch späterhin leitend und kontrollierend ihre Hand über diesen Unternehmungen. Das gleiche gilt von den von der Finanzgruppe der A.E.G. gegründeten oder erworbenen Elektrizitätsunternehmungen in Sevilla, Barcelona und Bilbao.

Von der so geschaffenen Grundlage ausgehend, erstreckte die Elektro-Bank ihre Tätigkeit auf eine Fülle weiterer Unternehmungen im Auslande und schließlich auch in Deutschland selbst. Sie entwickelte das System zu hoher Vollkommenheit, elektrische Unternehmungen aller Art organisatorisch, technisch und finanziell großzuziehen und ihre Mittel für Zwecke dieser Art immer wieder zu erneuern, indem sie die Aktien der emissionsreif gewordenen Unternehmungen mit einem die aufgewandten Mühen, das bereitgestellte Geld und das übernommene Risiko meist reichlich entlohnenden Nutzen auf den Markt brachte, ohne dabei die Verbindung mit dem flügge gewordenen Unternehmen aus der Hand zu geben. Ein wichtiges Mittel zur Erhaltung dieser kontrollierenden Verbindung war die Übernahme neuer Aktien mit nur teilweiser Einzahlung bei der Veräußerung von alten Aktien des betreffenden Unternehmens. Da die neuen, einstweilen nur mit einem Teil des Nennwertes eingezahlten Aktien mit dem gleichen Stimmrecht ausgestattet wurden wie die alten mit voller Einzahlung, ergab sich schon daraus die Möglichkeit, mit verhältnismäßig geringer Kapitalfestlegung einen maßgebenden Einfluß auf große Unternehmungen zu bewahren. Dazu kam die Erfahrung, daß auch eine verhältnismäßig bescheidene Minderheit der Stimmen in den Händen einer solchen „Trustgesellschaft" zur Ausübung einer effektiven Kontrolle genügt; denn solange das aktienbesitzende Publikum die Verwaltung in guten und sicheren Händen weiß und solange die einer solchen Trustgesellschaft nahestehenden Banken sich des

Vertrauens ihrer aktienbesitzenden Kundschaft erfreuen, steht in den Generalversammlungen der größte Teil des Stimmrechtes der in den freien Verkehr gegebenen Aktien der Verwaltung so gut wie bedingungslos zur Verfügung. Besondere Vorkehrungen können allerdings notwendig werden, wenn fremder Wettbewerb um die Kontrolle auftritt oder wenn politische Verhältnisse störend einwirken, Gesichtspunkte, die uns bei andern Anlässen noch beschäftigen werden. —

Das System der Finanzierung, dessen klassischer Typus auf dem Gebiet der Elektrizität die Züricher Elektro-Bank ist, hat später eine ausgedehntere Anwendung und eine weitere Gliederung erfahren. Insbesondere ergab sich auf deutschem Boden eine Arbeitsteilung zwischen Finanzierungsgesellschaften und reinen Betriebsgesellschaften des Charakters, wie ihn ursprünglich die Allgemeine Lokal- und Straßenbahn A.G. gehabt hatte. In die erste Gruppe gehört die im Jahre 1897 von der Deutschen Bank für die Zwecke der Siemens-Gruppe gegründete *Elektrische Licht- und Kraftanlagen-Gesellschaft*; zur letzteren Gruppe zählen die 1896 zunächst als G.m.b.H. gegründete, 1900 in eine Aktiengesellschaft umgewandelte *Siemens Elektrische Betriebe* und die im Jahre 1897 von der A.E.G.-Gruppe errichtete *Elektrizitäts-Lieferungs-Gesellschaft*. Um den Unterschied dieser reinen Betriebsgesellschaften gegenüber den Finanzgesellschaften zu verdeutlichen, sei nachfolgende Stelle aus dem Geschäftsbericht der A.E.G. für 1897 über die Errichtung der letztgenannten Betriebsgesellschaft wiedergegeben:

„Nach dem Muster der Allgemeinen Lokal- und Straßenbahn-Gesellschaft haben wir eine Stromlieferungsgesellschaft unter der Firma ‚Elektrizitäts-Lieferungs-Gesellschaft' gegründet. Wie jene eine Anzahl von elektrischen Bahnen in sich vereinigt und nach einheitlichem Prinzip und mit wirtschaftlichem Erfolge verwaltet, wird diese den Betrieb auch von Elektrizitätswerken übernehmen, die den kostspieligen Apparat einer selbständigen Organisation nicht zu tragen vermögen oder einer längeren Entwicklungszeit bedürfen, bevor sie eine angemessene Rente gewähren."

Das Verdienst, das sich Georg Siemens durch seine richtunggebende und führende Mitwirkung bei der Schaffung dieses großangelegten und feingegliederten Apparates um die Entwicklung der deutschen Elektrizitätsindustrie im Inlande und Auslande erworben hat, kann nicht leicht hoch genug bemessen werden. Ohne die von ihm entwickelten Finanzierungsgrundsätze und die von ihm in Verwirklichung dieser Grundsätze geschaffenen Organisation wäre der gewaltige, das ganze deutsche Wirtschaftsleben ergreifende und mit sich reißende Aufschwung der deutschen Elektrizitätsindustrie wohl in seinen Anfängen steckengeblieben oder ebenso in sich zusammengebrochen, wie das in der Krisis zu Anfang dieses Jahrhunderts mit Teilen der Elektrizitätsindustrie geschah, die zwar die Form jener Organisationen nachzuahmen versuchten, ihrem Geist jedoch ferngeblieben waren.

Und trotzdem hat Georg Siemens das höchste organisatorische Ziel, das ihm vorschwebte, nicht erreicht: Die Krönung des Gebäudes durch ein geregeltes und sich ergänzendes Zusammenarbeiten der zwei großen Unternehmungen, in denen für ihn die Zukunft der Elektrizitätsindustrie umschlossen lag. Schon als er im Jahre 1887 an der Rekonstruktion des Rathenauschen Unternehmens arbeitete, hatte er das Ziel einer solchen geregelten und ergänzenden Zusammenarbeit vor Augen. Ein Jahrzehnt lang arbeitete er mit heißem Bemühen an der Verwirklichung dieses Gedankens. Wie sehr er von dem Gedanken erfüllt war und welche Pläne im Geiste dieser Zusammenarbeit ihm vorschwebten, davon gibt folgende Stelle aus einem Brief vom 31. Mai 1896 an seine Frau Zeugnis:

„Ich verfolge jetzt einen großartigen Gedanken, der mich wegen des nationalökonomischen Nutzens sehr fesselt: Verschmelzung der gesamten Berliner elektrischen Beleuchtung, der Berliner Straßenbahnen, welche elektrisch betrieben sind, der elektrischen Hochbahn und Untergrundbahn in eine einzige große Gesellschaft. Dazu Errichtung eines elektrischen Kraftwerkes von 150000 Pferdekräften, welches seine Kraft an die Berliner Industrie verkauft. Es ist das ein Unternehmen von 250 Millionen. Aber ich fürchte mich vor der Arbeit. Man muß dazu die Berliner Philister und die Berliner Juden unter einen Hut bringen und darf dann nichts weiter tun als dieses. Aber schön wäre es, nützlich wäre es, und viel Geld könnte man außer der Ehre dabei verdienen. Und ein Beispiel für andere Städte wäre es! Aber ich fürchte mich. Was meinst Du? In Berlin bin ich der einzige, der es machen könnte. Soll man?"

Von der A.E.G. zu Siemens & Halske.

Das Gebilde der Bank für elektrische Unternehmungen in Zürich war ein Höhepunkt und in wesentlichen Beziehungen ein Abschluß in der finanziellen Organisation der deutschen Elektrizitätsindustrie. Grundsätzlich Neues von ähnlicher Bedeutung ist später nicht mehr hinzugekommen.

Die Errichtung der Elektro-Bank war gleichzeitig der letzte große Dienst, den Georg Siemens der A.E.G. erwies. Als der Gründungsakt der Elektro-Bank unterzeichnet wurde, war in dem Verhältnis zwischen der A.E.G. und der Firma Siemens & Halske die Änderung bereits eingetreten, die für die persönliche Stellung Georg Siemens' zu den beiden großen Unternehmungen von entscheidender Bedeutung werden sollte.

Der bei der Umformung der Deutschen Edison-Gesellschaft in die A.E.G. zwischen dieser Gesellschaft und der Firma Siemens & Halske im Jahre 1887 abgeschlossene Vertrag sollte zehn Jahre gelten. Er wäre also erst im Jahre 1897 abgelaufen. Die Entwicklung, die von Anfang an die A.E.G. genommen hatte, bewegte sich in Bahnen, die nicht ganz dem Bilde entsprachen, das sich die andere Vertragspartei beim Vertragsabschluß gemacht hatte. Die leitenden Persönlichkeiten der A.E.G. hinwiederum empfanden den Vertrag mit Siemens & Halske, den sie in kritischer Stunde hatten in Kauf nehmen müssen, bald als eine lästige und hemmende Fessel.

Bei Siemens & Halske hatte man sich die A.E.G. als eine Entlastung vor allem im Finanzierungsgeschäft und als einen Zubringer großer Fabrikationsaufträge gedacht. Deshalb hatte man ihr in bezug auf den Bau und Betrieb von Zentralstellen den weitesten Spielraum gelassen und sich selbst vertragsmäßige Beschränkungen auferlegt, die sich aus der Struktur des eignen Unternehmens mehr oder weniger von selbst ergaben; deshalb hatte man die A.E.G. in bezug auf die Fabrikation wenigstens von großen Dynamomaschinen und Kabeln weiter den bisherigen Beschränkungen unterworfen und sie für den Bezug dieser Dinge an Siemens & Halske gebunden. Die A.E.G. hatte sich nun in weit größerem Umfang, als man das angesichts der fortbestehenden Beschränkungen bei Siemens

& Halske erwartet hatte, auch zu einem Fabrikationsunternehmen, und zwar zu einem solchen ersten Ranges, entwickelt. Siemens & Halske empfanden die fabrikatorische Konkurrenz des von ihnen selbst in den Sattel gesetzten Unternehmens bald als eine starke Beeinträchtigung ihrer eigenen Interessen. Dazu begann man bei Siemens & Halske angesichts der großen Erfolge der A.E.G. im Bau und Betrieb von Zentralstationen dieses Arbeitsfeld höher einzuschätzen als bisher. Man mußte sich mehr und mehr davon überzeugen, daß die Vorhand, die man der A.E.G. auf diesem Gebiet gelassen hatte, dem Fabrikationsgeschäft dieses Unternehmens trotz aller Abmachungen die vorwiegenden Vorteile zuführte, nicht nur in Form großer Aufträge in denjenigen Artikeln, in denen die A.E.G. vertragsmäßig frei war, sondern auch vor allem im Wege der Befruchtung des Fabrikationsgeschäftes durch die sich aus dem Bau und Betrieb großer Zentralanlagen ergebenden Erfahrungen und Anregungen. Der größte von der A.E.G. in eigenen Versuchen erzielte technische Fortschritt, die Ausbildung des mehrphasigen Drehstromsystems für die Fernübertragung, ging auf Erfahrungen und Anregungen solchen Ursprungs zurück. Dazu kam die große Position, die sich die A.E.G. in wenigen Jahren errungen hatte und die den alten Glanz der Siemensschen Unternehmungen in Schatten zu stellen drohte. So fing man bei Siemens & Halske an, die Bindung an die A.E.G. im Zentralenbau mit andern Augen zu betrachten und sich nach Wegen umzusehen, auf denen die Struktur der Firma den Erfordernissen einer stärkeren Betätigung auf diesem Gebiete angepaßt werden könnte.

Wo Wünsche, Absichten und Interessen so stark auseinanderstrebten, wie das hier von Anfang an der Fall war, da konnte es an Reibungen und Zusammenstößen nicht fehlen, zumal die vertragsmäßigen Bestimmungen vielfach nicht ganz klar waren und Raum für verschiedenartige Auslegungen ließen. Die Wesensunterschiede der auf beiden Seiten stehenden Persönlichkeiten trugen nicht dazu bei, die Reibungen und Zusammenstöße zu mildern. Wie immer, wenn ein solches Verhältnis gegenseitiger Bindung sich sachlich als unbefriedigend erweist und wenn die leitenden Personen sich einander entfremden und auseinanderstreben, so stellten auch hier in den unteren Regionen sich in verschärftem Maße Rivalitäten, Ärgerlichkeiten, Verstöße und Feindseligkeiten ein.

Um ein Bild von der Auffassung zu geben, wie sie auf seiten der A.E.G. bestand, sei hier dem Biographen Emil Rathenaus das Wort verstattet:*)

„Der Vertrag hemmte an allen Ecken und Enden. Die Bindung, große Maschinen und Kabel von Siemens & Halske zu beziehen, erschwerte die Kalkulation, gestattete keine ökonomischen Projektierungen und verringerte die Wettbewerbsfähigkeit **beider** Vertragsgesellschaften gegenüber der ungebundenen Konkurrenz, die sich auf dem ureignen Gebiet Rathenauscher Initiative die Unfreiheit der beiden stärksten Gesellschaften zunutze machte ... Dabei wurde man sich in der A.E.G. bald darüber klar, daß die Firma Siemens & Halske oder wenigstens manche ihrer Beamten in der Zentralenfrage nicht den guten Willen hatten, den Vertrag seinen Absichten gemäß loyal zu erfüllen. Kamen z. B. eine Gemeinde oder ein Unternehmer zu Siemens, der damals namentlich bei Behörden noch immer als die höchste Autorität in elektrischen Dingen galt, mit der Frage, ob und wie sie ein Elektrizitätswerk bauen könnten, so empfahl ihnen der Altmeister Werner von Siemens zwar in durchaus korrekter Weise, wegen Konzession und Projektierung sich mit der A.E.G. in Verbindung zu setzen. Darüber hinaus kümmerte sich aber der alte Herr um Einzelheiten des Geschäftes nicht mehr wie in den früheren Zeiten seiner industriellen Vollkraft. Er hörte die an ihn Empfohlenen oder ihm Bekannten zwar höflich an, zur Besprechung der Einzelheiten verwies er sie aber an seine Prokuristen, Oberingenieure usw. Und wenn die Fragen in diese Regionen kamen, wehte meist ein ganz anderer Wind. Die „Halbgötter" der Firma Siemens waren eifersüchtig auf den jungen Ruhm, die kräftige Unternehmungslust und die wachsende Bedeutung der Berliner Konkurrenzfirma. ‚Was brauchen Sie dazu die Juden?' fragten sie diejenigen, die mit Projektierungswünschen an sie gewiesen wurden. Sie wollten der A.E.G. weder Konzessionen zuweisen noch selbst welche übernehmen, denn sie hätten sie ja an die A.E.G. vertragsmäßig weitergeben müssen. So empfahlen sie meistens den Anfragern, die Anlagen in eigner Regie zu errichten. Die Kapitalien würden sie ja auch ohne die A.E.G. beschaffen können und den

*) Siehe **Pinner**, a. a. O., S. 179.

Bau, die Maschinenlieferung usw. würden ihnen Siemens & Halske ebensogut direkt liefern als indirekt durch die A.E.G. Derartige Fälle kamen wiederholt zur Kenntnis Rathenaus und seiner Mitdirektoren. Man war empört, beschwerte sich, aber die Tatbestände waren so geschickt verschleiert, daß Vertragsverletzungen nicht nachgewiesen werden konnten. Sogar im eigenen Aufsichtsrat, in dem verschiedene Vertreter des Siemens-Konsortiums saßen, konnte die Direktion mit ihren Beschwerden nicht hinreichend durchdringen. Es fehlte nicht an Intrigen und Kabalen, und es gab Zeiten, in denen an jedem Tag ein A.E.G.-Direktor seine Demission einreichte. Die Situation war in dieser Weise nicht länger haltbar."

Es bedarf keiner Hervorhebung, daß auf der anderen Seite die Klagen und Beschwerden über das Vorgehen der A.E.G., das als dem Geiste nach vertragswidrig empfunden wurde, nicht weniger scharf und bitter waren, zumal man hier Unfreundlichkeiten der A.E.G. stets in Parallele stellte zu dem eignen Verhalten in der kritischen Zeit, in der es für das Rathenausche Unternehmen um Tod und Leben ging.

Georg Siemens, der die Einigung zwischen den beiden Teilen im Jahre 1887 zustande gebracht und damit die neue Grundlage für die A.E.G. geschaffen hatte, suchte nach besten Kräften ein leidliches Verhältnis und ein für beide Teile ersprießliches Zusammenwirken aufrechtzuerhalten. Aber es gelang ihm nur in den seltensten Fällen, die beiden Pferde vor denselben Wagen zu spannen. So scheiterte vor allem der von ihm im Jahre 1890 ausgearbeitete und während einiger Jahre mit großer Zähigkeit verfolgte Plan, die A.E.G. an der russischen Niederlassung der Firma Siemens & Halske und an der von dieser ins Leben gerufenen Petersburger Lichtgesellschaft zu beteiligen, um auf diese Weise eine einheitliche Behandlung des zukunftsreichen, aber umstrittenen russischen Geschäfts zu sichern. Das einheitliche Zusammenwirken, wie im Falle der Akkumulatorenfabrik Hagen, blieb die Ausnahme. Wohl war die Firma Siemens & Halske noch längere Zeit hindurch an den Geschäften der A.E.G. finanziell beteiligt, aber meist nur pro forma und mit einer unbedeutenden Quote. Statt der Georg Siemens ursprünglich vorschwebenden gemeinschaftlichen Aktionen gab es von Anfang an A.E.G.-Geschäfte und Siemens & Halske-Geschäfte.

Schon am 11. August 1888, also fünfviertel Jahr nach der Schaffung der A.E.G. schrieb Georg Siemens an Adalbert Delbrück:

„...Es ist mir nicht ganz behaglich, als Prellkissen zwischen diesen beiden rücksichtslosen und mitleidbaren Gesellen figurieren zu müssen."

Sein Herz gehörte bei diesen Konflikten begreiflicherweise seinen Verwandten. Aber er stellte die Sache über persönliche Neigungen. Stets bemühte er sich, gerecht und unparteiisch zu vermitteln und auszugleichen. Die Erkenntnis, daß Siemens & Halske — schon in Rücksicht auf die sich aus dem Wesen des Familienunternehmens ergebenden Beschränkungen — für sich allein nicht in der Lage sein würden, die deutsche elektrotechnische Industrie in einer ihren inneren Möglichkeiten entsprechenden Weise auszubauen, ließ ihn trotz aller Gefühls- und Gewissenskonflikte an der A.E.G. festhalten. Aber schließlich mußte auch er sich überzeugen, daß sein Einfluß weder auf der einen noch auf der andern Seite ausreichte, um die immer größer werdenden Differenzen zu überbrücken, zumal da auf der Seite der A.E.G. seine Stellung gerade wegen seiner engen persönlichen Beziehungen zu den maßgebenden Persönlichkeiten der Gegenseite gewiß keine ganz einfache und leichte war. Auch sachliche Notwendigkeiten sprachen immer deutlicher für eine reinliche Scheidung: das unerquickliche Verhältnis zwischen beiden Unternehmungen behinderte und schädigte beide Teile und drohte, sie zugunsten der Konkurrenzfirmen ins Hintertreffen zu bringen.

Die Lage wurde gänzlich unhaltbar, als sich im Frühjahr 1894 die Versuche, über verschiedene Differenzpunkte von größerer Bedeutung einen Ausgleich herbeizuführen, zerschlugen. Georg Siemens schrieb darüber am 23. Mai 1894 an seinen Schwager Hermann Görz in Petersburg:

„Damit Du nicht unter einem falschen Eindruck bleibst, halte ich mich für verpflichtet, Dir bei Beantwortung Deines Briefes vom 18. V. mitzuteilen, daß die Verhandlungen zwischen A.E.G. und Siemens & Halske wegen einer zu hohen Forderung von Siemens & Halske abgebrochen worden sind. Siemens & Halske hatten einen Prozeß gegen die A.E.G. wegen verschiedener Vertragsverletzungen angestrengt (welche vermutlich bewiesen werden dürften); die A.E.G. wird unter Aufdeckung der alleräItesten Verhandlungen von Anfang an sich zu verteidigen suchen. Dieser Prozeß wird nunmehr wieder fortgesetzt, und das Resultat wird eine

Aufwühlung alten Schmutzes und eine bittere persönliche Stimmung auf beiden Seiten werden. Schließlich wird man sich vielleicht vergleichen; aber zwei Jahre lang wird man sich bitter gegenseitig schikanieren.

„Persönlich komme ich dabei in einen ziemlich unangenehmen Konflikt, weil meine geschäftlichen Interessen auf der Seite der A.E.G. liegen, während meine Sentiments mich mehr nach der Seite von Siemens & Halske ziehen. Ich werde daher zu einer mir ziemlich peinlichen Neutralität verurteilt sein, wegen welcher mir beide Teile Vorwürfe machen werden. Indessen nous verrons.

„Meine Idee bez. Petersburg, welche nun freilich nicht mehr paßt, war die, daß Eure Petersburger Firma zugleich der Agent der A.E.G. sein sollte. In unserm Bankgeschäft werden sehr oft solche Verbindungen angeknüpft und ehrlich durchgeführt. Es ist richtig, daß in der Industrie Brotneid und Unehrlichkeit größer sind als im Bankgeschäft; aber ich hätte doch geglaubt, daß es möglich wäre, daß ein Geschäft von einem Industriellen eingeleitet und geleitet, von zwei Industriellen aber unter seiner Leitung durchgeführt werden könnte. Da die Gelegenheit wahrscheinlich sich kaum mehr bieten wird, so brauchen wir uns freilich auch den Kopf nicht mehr darüber zu zerbrechen, ob solche Konstruktionen durchführbar sind."

Die Auseinandersetzung wurde erleichtert durch Veränderungen, die von 1890 an in der Firma Siemens & Halske vorgingen.

Im Jahre 1890 schied der damals dreiundsiebzigjährige Werner von Siemens aus der Firma aus. Es waren ihm nur noch zwei Jahre der Ruhe vergönnt; er starb am 6. Dezember 1892. Das Unternehmen wurde bei seinem Ausscheiden in eine Kommanditgesellschaft umgewandelt. Im Jahre 1893 entschloß sich die Gesellschaft, ihre Mittel durch die Aufnahme einer Obligationenanleihe in Höhe von 10 Millionen Mark zu verstärken. Zum erstenmal seit der Begründung der Firma wurde damit fremdes Kapital in das Unternehmen hineingenommen. Die Erkenntnis, daß die Firma ihren Platz in der ins Ungemessene wachsenden Elektrizitätsindustrie nur mit dem Abstreifen der engen Fesseln des Familienunternehmens würde behaupten oder gar ausbauen können, kam zum Durchbruch.

Georg Siemens tat das Seinige, um bei Siemens & Halske der weiteren Erkenntnis zum Siege zu verhelfen, daß die Fesseln des Vertrags mit der A.E.G., mochten sie auch die A.E.G. noch erheblich stärker binden und drücken als das Siemens-Unternehmen, im beiderseitigen Interesse fallen müßten. Ausschließlich seinen Bemühungen war es zu danken, wenn es schließlich nach schwierigen Verhandlungen gelang, die vorzeitige Aufhebung des Vertrages herbeizuführen.

Am 24. Juni 1894 wurde das Abkommen zwischen den beiden großen Unternehmungen vollzogen, das die reinliche Scheidung aussprach. Die A.E.G. wurde gegen eine mäßige Abfindung aus allen ihren Bindungen gegenüber Siemens & Halske befreit; Siemens & Halske gewannen ihre Bewegungsfreiheit im Zentralenbau zurück.

Beide Teile machten sich ihre Freiheit sofort zunutze.

Die A.E.G. nahm in ihren Maschinenfabriken sofort in weitem Umfang den Bau großer Dynamomaschinen auf, für den bereits alles vorbereitet war. Eine neue große Maschinenfabrik wurde auf neuerworbenem, ausgedehnten Gelände im Norden Berlins gebaut. Gleichzeitig wurde an der Oberspree, unmittelbar neben der dort bereits errichteten neuen Kraftstation der Berliner Elektrizitäts-Werke, ein großes Kabelwerk in Angriff genommen.

Siemens & Halske wandten sich mit neuem Eifer dem Zentralenbau zu und versuchten, den hier von der A.E.G. gewonnenen Vorsprung einzuholen.

Auf allen Gebieten der elektrotechnischen Industrie standen sich jetzt die beiden Unternehmungen, und zwar als die größten und stärksten ihres Zeichens, im freien Wettbewerb gleichberechtigt gegenüber.

Die Deutsche Bank hatte bisher beiden Unternehmungen ihre Förderung angedeihen lassen. Angesichts der ursprünglich beabsichtigten und im großen und ganzen auch durchgeführten Arbeitsteilung war ihre Mitwirkung von der A.E.G. in weit stärkerem Maße beansprucht worden als von Siemens & Halske, die ihre in jenen Jahren seltenen Unternehmergeschäfte im wesentlichen mit eignen Mitteln finanziert hatten. Das Verhältnis der Deutschen Bank zu Siemens & Halske änderte sich jedoch von dem Augenblick an, in dem diese Firma Anstalten traf, mit ihrer alten Tradition zu brechen und für die Ausdehnung ihrer Geschäfte fremdes

Geld beizuziehen. Aus den alten geschäftlichen und persönlichen Beziehungen ergab es sich von selbst, daß Siemens & Halske sich für ihre Finanzierungsbedürfnisse in erster Linie an die Deutsche Bank wandten und daß die Deutsche Bank sich bereitwillig zur Verfügung stellte. In dem Konsortium, das im Jahre 1893 die erste Obligationenanleihe der Kommanditgesellschaft Siemens & Halske übernahm, hatte die Deutsche Bank die Führung.

Es war zu erwarten, daß Siemens & Halske auf dem einmal betretenen Wege weiterschreiten würden. Dahin drängte schon die innere Folgerichtigkeit. In der Tat wurde im Sommer 1897 die Kommanditgesellschaft in eine Aktiengesellschaft umgewandelt und damit das letzte Hemmnis beseitigt, das in der Verfassung des Unternehmens einer Ausdehnung nach Art der A.E.G. bisher noch entgegen gestanden hatte.

Für Georg Siemens, der die A.E.G. auf die Höhe ihrer Erfolge hatte führen helfen und der seit dem Jahre 1889 den Vorsitz ihres Aufsichtsrats inne hatte, ergab sich daraus eine wesentliche Erschwerung seiner ohnedies nicht leichten Stellung. Er war entschlossen, den neuerwachten Unternehmungsgeist des Siemens-Unternehmens nach besten Kräften zu fördern. Er war sich aber gleichzeitig darüber klar, daß es trotz der Entlastung, die das Verhältnis zwischen den beiden Unternehmungen durch die Beseitigung der alten Fesseln erfahren hatte, auch seiner Kunst der Menschenbehandlung und der Vereinigung auseinanderstrebender Interessen noch weniger als bisher gelingen werde, Reibungen zu vermeiden und Konflikten vorzubeugen.

Er zog aus dieser Lage schon im Jahre 1896 die Folgerung, indem er den Vorsitz im Aufsichtsrat der A.E.G. niederlegte und aus dem Aufsichtsrate ausschied. Die beherrschende Stellung im Aufsichtsrat der A.E.G. ging damit an Carl Fürstenberg, den Inhaber der Berliner Handelsgesellschaft, über. Fürstenberg war schon 1888 in den Aufsichtsrat der A.E.G. eingetreten. Zwischen ihm und Rathenau hatte sich schon seit längerer Zeit eine weitgehende Ideengemeinschaft herausgebildet. In den letzten Jahren, in denen Georg Siemens durch andere große Geschäfte und Sorgen, von denen weiter unten*) die Rede sein wird, stark in An-

*) Siehe unten im IV. Teil die Kapitel 3 bis 5.

spruch genommen und zeitweise schwer bedrückt wurde, war Fürstenbergs Aktivität in den Geschäften der A.E.G. mehr in den Vordergrund getreten.

Als ein Jahr später die Umwandlung von Siemens & Halske in eine Aktiengesellschaft erfolgte, nahm Georg Siemens davon Abstand, in deren Aufsichtsrat einzutreten; seine Person sollte in keiner Weise irgendwie eine Erschwerung für den Fortbestand enger Beziehungen der Deutschen Bank zur A.E.G. werden.

Trotzdem ließ sich eine Lockerung des Verhältnisses zwischen der Deutschen Bank und der A.E.G. nicht ganz verhüten. Auch für die unpersönliche Aktiengesellschaft war eben auf die Dauer nicht möglich, was Georg Siemens für seine Person auf Grund intimster Kenntnis der Persönlichkeiten und Dinge als unmöglich erachten mußte. Die Deutsche Bank blieb zwar an den Geschäften der A.E.G. nach wie vor mit einer erheblichen Quote beteiligt, behielt auch, wie wir noch sehen werden, in einigen Geschäften von größter Tragweite die formelle und die geistige Führung; aber sie verzichtete auf eine weitere Vertretung im Aufsichtsrat der A.E.G. und trat vielfach in der Leitung von Finanzgeschäften des A.E.G.-Konzerns hinter andern Banken, vor allem hinter der Berliner Handelsgesellschaft, zurück.

Die Bearbeitung der neuen Geschäfte des A.E.G.-Konzerns überließ Georg Siemens von nun an in der Hauptsache seinen jüngeren Mitarbeitern, vor allem dem auf seine Veranlassung im Jahre 1893 in die Direktion der Deutschen Bank berufenen Arthur Gwinner. Er selbst widmete in den wenigen Jahren, die ihm noch beschieden sein sollten, auf dem Gebiet der Elektrizität seine Arbeitskraft und seine Erfahrung so gut wie ausschließlich den Unternehmungen der Siemens & Halske A.-G.

Georg Siemens und die Elektrizitäts-Industrie in der letzten Hälfte der neunziger Jahre.

Die endgültige Lösung des Verhältnisses zur A.E.G. war zwar auch für Siemens & Halske, soweit die künftige Arbeit in Betracht kam, die Befreiung von einer Fessel, aber für die unmittelbare Gegenwart beraubte sie die Firma aller der Zubringereinrichtungen, die bisher — wenn auch in immer mehr beschränktem und bestrittenem Umfang — die Betriebsunternehmungen der A.E.G. für sie gewesen waren. Die A.E.G., bisher schon eine Kombination größten Stiles von Fabrikations- und Finanzierungsunternehmen, brauchte im wesentlichen nur ihre Maschinenfabriken auf die Herstellung großer Dynamomaschinen auszudehnen und die Kabelfabrikation aufzunehmen. Für Siemens & Halske dagegen ergab sich die ungleich schwerere Aufgabe, für die weggefallene Zubringerorganisation Ersatz zu schaffen, also selbst den Weg einzuschlagen, den die A.E.G. von Anfang an betreten und auf dem sie einen so großen Vorsprung gewonnen hatte. Da fast alle anderen bedeutenden elektrotechnischen Unternehmungen, die inzwischen in Deutschland groß geworden waren, nach dem Beispiel der A.E.G. sich eine eigne Finanzierungsorganisation geschaffen hatten, und da die von Staaten, Kommunen und selbständigen Privatunternehmungen zu erwartenden Aufträge keine ausreichende Alimentierung der großen Fabriken versprachen, blieb für Siemens & Halske in der Tat keine andere Wahl, als auch im Fabrikationsgeschäft zu verkümmern oder selbst eine Art A.E.G. zu werden.

Georg Siemens stand bei der Erfüllung dieser schweren Aufgabe dem von seinem Vetter Werner gegründeten und groß gemachten Unternehmen mit Rat und Tat treulich zur Seite, wenn er auch aus den oben angedeuteten Gründen davon Abstand nahm, formell in den Aufsichtsrat von Siemens & Halske einzutreten.

In kurzer Zeit wurde eine gewaltige Organisationsarbeit geleistet.

Wie bei der A.E.G. so mußte auch hier zunächst das Zentralunternehmen, die Firma Siemens & Halske, stark und tragfähig gemacht werden. Die Umwandlung des Familienunternehmens in eine Kommanditgesellschaft (1890) war für diesen Zweck nicht ausreichend. Unter Georg Siemens' und der Deutschen Bank maßgebender Mitwirkung wurde im Jahre 1897 der weitere Schritt zur ausdehnungs- und anpassungsfähigen Aktiengesellschaft getan; dabei wurde der Charakter des alten Familienunternehmens nicht nur durch das Festhalten der Aktienmehrheit im Familienbesitz, sondern auch durch die Stellung der Söhne Werner Siemens', — Arnold, Wilhelm und später Carl Friedrich — in der Leitung des Unternehmens gewahrt, und zwar auch nachdem das Aktienkapital von seiner ursprünglichen Höhe — 35 Millionen Mark — bis zum Jahre 1900 Schritt für Schritt auf 54,5 Millionen Mark erhöht worden war.

Ebenso wie das Berliner Haus wurden auch die Unternehmungen der Brüder Siemens in Rußland und England ausgebaut. Im Jahre 1898 wurde die Petersburger Siemens-Firma unter Mitwirkung der Deutschen Bank, der Petersburger Internationalen Handelsbank und der bisherigen Inhaber in eine Aktiengesellschaft mit einem Kapital von 4 Millionen Rubel, die Russischen Elektrotechnischen Werke A.-G. Siemens & Halske, umgewandelt. Im folgenden Jahre zeigte es sich bereits notwendig, das Kapital der neuen Aktiengesellschaft auf 7 Millionen Rubel zu bringen. Gleichzeitig wurde das Aktienkapital der Siemens Brothers & Co. Ltd. in London von 425000 auf 600000 £ erhöht. Die Kapitalerhöhung wurde durchgeführt durch ein Konsortium, an dem neben der Deutschen Bank J. P. Morgan & Co., Speyer Brothers, Wernher Beit & Co. und andere beteiligt waren.

Den drei in Berlin, Petersburg und London seit Jahrzehnten bestehenden Firmen wurden gleichzeitig mit dieser Umwandlung und Verstärkung die durch die geschilderte Entwicklung notwendig gewordenen Hilfsorganisationen angegliedert. Erwähnt wurde bereits die im Jahre 1896 für die einheitliche Verwaltung elektrischer Betriebsunternehmungen geschaffene Siemens Elektrische Betriebe G. m. b. H. und die ein Jahr später als Finanzierungsgeschäft ins Leben gerufene Elektrische Licht- und Kraftanlagen-Gesellschaft. Außerdem wurde eine enge Verbindung mit der Aktiengesellschaft für Gas- und Elektrizität in Köln hergestellt, die in sich die Verwaltung zahlreicher wichtiger Beleuchtungsunternehmungen konzentrierte. Als Untergesellschaft speziell für die Finanzierung und Verwaltung von elektrischen Straßenbahnen im westlichen Industriegebiet wurde im Jahre 1898 unter Mitwirkung der Deutschen Bank und der Elektrischen Licht- und Kraftanlagen-Gesellschaft die Rheinisch-Westfälische Bahngesellschaft gegründet. Daneben wurde im Jahre 1896 — als Gegenstück zu der Züricher Elektro-Bank — in Basel die Schweizerische Gesellschaft für Elektrische Industrie als Finanzierungs- und Verwaltungsorganisation für die vorhandenen oder noch zu schaffenden Auslandsunternehmungen der Siemens-Gruppe ins Leben gerufen.

Gleichzeitig mit der Schaffung dieser neuen Organisation entfalteten Siemens & Halske auf allen Gebieten der Anwendung der Elektrizität eine neue Aktivität.

Im Straßenbahnbau hatten Siemens & Halske die erste Bahn nach dem von ihnen entwickelten Bügelsystem*) im Jahre 1893 in Hannover gebaut. Es folgten Dresden, Bochum, Gelsenkirchen und andere Städte. Später kamen hinzu elektrische Bahnen in Hagen i. W., in Kassel, in Weimar, im oberschlesischen Industriegebiet. Außerdem bauten Siemens & Halske in Berlin im Jahre 1895 die Bahn Gesundbrunnen-Pankow, im folgenden Jahre die Bahn Behrenstraße-Treptow und im Jahre 1899 die Bahn Mittelstraße-Gesundbrunnen. Die Linien wurden 1899 auf die für diesen Zweck gegründete Berliner Elektrische Straßenbahngesellschaft übertragen.

Die größte in jener Zeit von Siemens & Halske in gemeinschaftlicher Arbeit mit der Deutschen Bank vollbrachte Leistung ist jedoch die Schaffung der Berliner Hoch- und Untergrundbahn. An dem Zustandekommen und dem Aufbau dieses Unternehmens hat Georg Siemens in erster Linie das Verdienst, an dem Auf- und Ausbau, den Siemens nicht mehr erleben sollte, Max Steinthal.

Schon frühzeitig war es ein Lieblingsplan Werner Siemens' gewesen, das Berliner Straßenbahnnetz durch eine Hoch- und Untergrundbahn zu ergänzen und zu entlasten. Die Zunahme des Verkehrs in den Hauptstraßen und den öffentlichen Plätzen der Millionenstädte legte überall den Gedanken nahe, einen Teil des Verkehrs über oder unter die Straßen zu verlegen, auf neu zu schaffende Verkehrswege, die neben dem Vorteil der Entlastung des Straßenverkehrs vor allem den weiteren großen Vorteil bringen sollten, daß auf ihnen mit größerer Geschwindigkeit gefahren werden kann. Die dadurch gegebene Zeitersparnis eröffnete neue große Möglichkeiten für eine Gesundung des gesamten Aufbaus

*) Der Erfinder war der in den Diensten von Siemens & Halske stehende Ingenieur Hahn, jetzt Direktor der argentinischen Betriebe der aus der Deutsch-Übersee-Elektrizitäts-Gesellschaft hervorgegangenen spanisch-amerikanischen Elektrizitäts-Gesellschaft (siehe unten S. 135, 136).

unserer Großstädte, für eine Hinausſiedlung eines großen Teils der im Zentrum der Millionenstädte arbeitenden Bevölkerung an die Peripherie, für eine unabsehbare Verbesserung der Wohnungsverhältnisse, für die Wiederannäherung des Großstadtmenschen an die Natur.

Werner Siemens hatte schon Anfang der achtziger Jahre ein großes Projekt für eine Hoch- und Untergrundbahn ausgearbeitet und den Behörden eingereicht. Die nachgesuchte Genehmigung für die Ausführung war jedoch nicht erteilt worden. Die Berliner Stadtverwaltung bewies auch späterhin in dieser wichtigen Frage ebenso wie in der Elektrisierung der Straßenbahnen ein starkes Maß von Kurzsichtigkeit. Auch die Aufsichtsbehörden machten allerlei Schwierigkeiten. Die Folge war eine endlose Verzögerung.

Auch die A.E.G. vermochte, als sie zu Beginn der neunziger Jahre das Projekt in Angriff nahm, die entgegenstehenden Schwierigkeiten nicht zu überwinden. Sie gründete damals im Verein mit Siemens & Halske, der Deutschen Bank und dem Konsortium für elektrische Geschäfte sowie mit der der Deutschen Bank nahestehenden Frankfurter Baufirma Philipp Holzmann & Co. eine Gesellschaft mit beschränkter Haftung für den Bau von Untergrundbahnen (1894). Die Gesellschaft begnügte sich nicht mit genauen Projektierungsarbeiten, sondern unternahm auch zur Gewinnung von Erfahrungen mit einem Aufwand von 2 Millionen Mark den Bau eines Probetunnels unter der Spree zwischen Stralau und Treptow, der später für die Straßenbahn Schlesischer Bahnhof—Treptow—Niederschönweide—Köpenick Verwendung fand. Die Behörden verweigerten jedoch auch dieses Mal die Konzessionserteilung.

Nach der Lösung des Verhältnisses zwischen der A.E.G. und Siemens & Halske nahm Georg Siemens den großen Plan von neuem auf; dieses Mal in ausschließlicher Verbindung mit Siemens & Halske. Im Jahre 1897 gelang es endlich, die letzten Schwierigkeiten und Hemmnisse, die der Konzessionserteilung entgegenstanden, zu überwinden. Zur Ausführung der Konzession wurde eine Aktiengesellschaft, die Gesellschaft für Elektrische Hoch- und Untergrundbahnen, gegründet und hinter diese — angesichts des gewaltigen Geldbedarfs für Bau und Einrichtung — ein mächtiges Finanzkonsortium gestellt. An der Spitze standen die Deutsche Bank und die Siemens & Halske A.-G.; es folgten unter anderen der Schlesische Bankverein und die Bergisch-Märkische Bank, die sich damals mit der Deutschen Bank zu einer allgemeinen Interessenvereinigung zusammenschlossen; ferner die Berliner Handelsgesellschaft, die Nationalbank für Deutschland, Mendelsohn & Co., Jakob Landau, Jacob S. H. Stern, Gebr. Sulzbach, die Bank für Elektrische Unternehmungen in Zürich, die Basler Handelsbank und schließlich befreundete österreichische und russische Banken, mit denen die Deutsche Bank und Siemens & Halske in elektrischen Unternehmungen ihrer eignen Länder zusammengingen.

Der Ausbau der Hoch- und Untergrundbahn wurde trotz aller technischen Schwierigkeiten programmgemäß und in mustergültiger Weise durchgeführt. Die einzelnen Strecken konnten vor Ablauf der für die Fertigstellung in den Verträgen vorgesehenen Fristen dem öffentlichen Verkehr übergeben werden.

Es verdient Erwähnung, daß damals nahezu gleichzeitig in Berlin, London und Paris die ersten, je etwa 10 km langen Untergrundbahn-Strecken gebaut und in Betrieb genommen worden sind. Nach dem Urteil der Fachleute war die Berliner Untergrundbahn technisch die beste, obgleich der Berliner Gesellschaft die niedrigsten Tarife auferlegt worden waren (15 Pfennig gegen 2 d und 30 Cts.).

Hinter den Straßenbahnen und Hoch- und Untergrundbahnen liegt ein weites Feld, das in Deutschland bis heute noch nicht in irgend erheblichem Umfang praktisch in Angriff genommen ist: Die Einführung des elektrischen Betriebs auf den Vollbahnen. Auch dieses Gebiet wurde schon in jenen Jahren mit großem Eifer bearbeitet. Hier gelang es sogar, wieder einmal ein Zusammengehen der beiden großen Elektrizitätsunternehmen zu erreichen. Die Deutsche Bank bildete mit Siemens & Halske und der A.E.G., einigen befreundeten Banken, Philipp Holzmann & Co., der Firma Friedr. Krupp A.-G., der Firma Borsig und der Wagenbau-Anstalt van der Zypen & Charlier in Köln die Studien-Gesellschaft für Elektrische Schnellbahnen G. m. b. H. Sie sollte den Bau solcher Bahnen vorbereiten, die in erster Linie zur Verbindung großer Städte mit bedeutendem gegenseitigen Verkehr dienen sollten, wie zum Beispiel der Verbindung Berlin—Hamburg. Der Gesellschaft wurde für ihre Versuche die Militärbahn Berlin—Zossen zur Verfügung gestellt. Sowohl mit den von Siemens & Halske wie auch mit den von der A.E.G. gebauten Wagen gelang es, Geschwindigkeiten von mehr als 200 km in der Stunde zu erzielen. Trotzdem ist bis heute die Einführung des elektrischen Betriebes sowohl an militärischen wie an betriebstechnischen Bedenken gescheitert. Der Staat entschloß sich weder selbst zum Bau elektrischer Vollbahnen, noch gestattete er ihn privaten Unternehmungen.

Auch im ausländischen Geschäft holten Siemens & Halske gegenüber dem von der A.E.G. gewonnenen Vorsprung mächtig auf.

Im Jahre 1895 baute die Firma in der Schweiz ein großes Elektrizitätswerk, das — analog dem Rheinfeldener Kraftwerk der A.E.G. — die Wasserkraft der Aar bei Wynau in elektrische Kraft umsetzte. Im gleichen Jahre folgte die Firma der A.E.G. nach Italien; sie gründete die Società Elettrica Alta Italia und baute für die Gesellschaft ein Kraftwerk, das die vorhandenen bedeutenden Wasserkräfte für die Beleuchtung und für den elektrischen Betrieb der Straßenbahnen von Turin sowie für die Abgabe von Kraft zu industriellen Zwecken nutzbar machte. Um dieselbe Zeit errichtete sie mit der Amsterdamschen Bank, der Deutschen Bank und der Licht und Kraft A.G. die Niederländisch-Indische Elektrizitäts-Gesellschaft zum Zweck des Baues und Betriebes eines Elektrizitätswerkes in Batavia; außerdem in Verbindung mit der Deutschen Bank und Adolf Görz & Co. die Rand Central Electric Works, das erste große Elektrizitätswerk zur Versorgung der Goldminen am Witwatersrand mit Licht und Kraft.

Dafür hatten die Siemensschen Unternehmungen in Rußland mit wachsender Konkurrenz zu kämpfen. Von deutscher Seite waren es sowohl der Helios-Konzern und die Union-Gruppe wie auch die A.E.G., die hier zum Angriff gegen die alte und starke Siemenssche Position übergingen. Die Helios-Gesellschaft war mit einem Konkurrenzwerk gegen die Siemenssche Gesellschaft für Elektrische Beleuchtung in Petersburg selbst vorangegangen. Die von der A.E.G. Anfang der neunziger Jahre in Petersburg und in andern russischen Großstädten errichteten ständigen Vertretungen vermochten zwar zunächst gegen Siemens & Halske nicht aufzukommen; Mitte 1896 gelang jedoch der A.E.G. die Errichtung der Warschauer Elektrizitäts-Gesellschaft, die mit dem Bau einer Karbidfabrik begann und gleichzeitig die Vertretung der A.E.G.

für Polen zur Herstellung elektrischer Anlagen übernahm. Zwei Jahre später gründete die A.E.G. die Aktien-Gesellschaft St. Petersburg mit dem Hauptsitz in Berlin und Abteilungen in Petersburg, Moskau und Kiew, die die Siemensschen Werke mit verschärfter Konkurrenz bedrohten. Die Siemens-Gruppe, die kurz zuvor mit Hilfe der Deutschen Bank durch den Erwerb der Kontrolle der Moskauer Straßenbahnen einen Erfolg erzielt hatte, zog es vor, auf dem heißumstrittenen russischen Boden zu einer Verständigung mit der A.E.G. zu kommen. Als ihre Petersburger Gesellschaft im Jahre 1899 anregte, die Versorgung des Naphtagebietes von Baku mit elektrischer Kraft in Angriff zu nehmen, fand sich die Siemens-Gruppe bereit, die sich hieraus ergebenden Geschäfte gemeinsam mit der A.E.G. zu behandeln. Aus den darüber angeknüpften Verhandlungen erwuchs, ganz im Sinne von Georg Siemens, eine Verständigung auf breitester Grundlage, an der auch die deutsche Gruppe der Union, außerdem russische und französische Banken, die an den Petroleumvorkommen von Baku interessiert waren, vor allem das Haus Rothschild Frères, teilnahmen. Auf dieser Grundlage wurde das Große Syndikat für russische elektrische Geschäfte mit einem Kapital von 20 Millionen Rubel begründet. Das Syndikat begann seine Arbeit mit der Errichtung einer elektrischen Zentralanlage zur Versorgung des Naphtagebietes mit Licht und Kraft. Die Durchführung dieses Unternehmens hatte allerdings erheblich unter neu auftretender Uneinigkeit zwischen den beiden großen deutschen Elektrizitätsfirmen zu leiden.

Ein Geschäft von gewaltigen Dimensionen, dem Georg Siemens in den letzten Jahren seiner Wirksamkeit einen guten Teil seiner Arbeitskraft widmete, wurde im Jahre 1898 auf österreichischem Boden eingeleitet: Der Erwerb, die Elektrisierung und der Betrieb der 160 km langen Straßenbahnen der Stadt Wien. Zu diesem Zweck wurde von Siemens & Halske und einem unter Führung der Deutschen Bank stehenden großen Finanzkonsortium eine Bau- und Betriebsgesellschaft mit einem Aktienkapital von 50 Millionen Kronen und dem Recht der Obligationenausgabe bis zum gleichen Betrag errichtet. Die Verträge konnten erst nach außerordentlich langwierigen und mühsamen Verhandlungen mit der Stadt Wien und den staatlichen Behörden zustande gebracht werden.

Selbst die Verhandlungskunst und die Geduld eines Georg Siemens drohten mehr als einmal zu versagen. Aber sein in kritischen Lagen nie versagender Humor und seine unerschöpfliche Freude an der Überwindung unbesiegbar erscheinender Schwierigkeiten halfen ihm über alle Widerwärtigkeiten hinweg. Im Februar 1898 schrieb er aus Wien an seine Frau:

„Ich bin nur noch Tramway und bin mehr im Geschirr als jemals in Berlin; aber es hat doch, so verzweifelt die Sache auch liegt, einen großen Einfluß auf meine Stimmung und Arbeitskraft, daß ich nur eine einzige Sache zu betreiben habe. In Berlin ging ich daran zugrund, daß ich stets zehn bis zwölf Sachen zugleich im Kopf haben mußte und mich deswegen sorgte. Morgen muß ich nun zum Minister und zum Statthalter, um Bundesgenossen gegen die Gemeinde Wien zu werben. Das Unangenehme ist, daß infolge unseres zu starken Wachstums als Bank die Zahl unserer Neider sich erheblich vermehrt hat. Man wird auch über dieses Stadium hinauskommen, aber augenblicklich sind die daraus sich ergebenden Unannehmlichkeiten recht empfindlich."

Am 6. Oktober 1898 schrieb er aus Wien an seinen Kollegen Gwinner:

„Ich kann mich nunmehr nicht weiter um die Tramway bekümmern; ich gehe von Konstantinopel nach Smyrna (wegen Smyrna—Aidin), sodann nach Athen (wegen Piräus—Larissa, wegen dessen mich unser Athener Vertreter in der Finanzkommission dringend angeredet hat) und dann auf Urlaub für ein Jahr. Ich hätte gerne gewünscht, die Sache vorher noch fertigzumachen. Aber nachdem Sie mit Dernburg die Sache in die Hand genommen haben, denke ich, daß Sie es auch beendigen wollen, und überlasse Ihnen die Fortführung der Sache . . .

„Eben kommt Schwieger.*) Er hat einiges erreicht. Die Kaution fällt! Der Tarif ist festgesetzt und nicht ungünstig. Die Abgabe auf die Untergrundbahn wird verbessert. Schwieger hält dieselbe nach seiner technischen Überzeugung nicht für so bedenklich, als man es in Berlin annahm . . . Kurz, Schwieger ist vergnügt und glaubt, daß er Erfolge erzielt hat. Er hält somit den Vertrag für annehmbar. Ich fühle mich weniger

*) Leitender Ingenieur und Vorstandsmitglied von Siemens & Halske; siehe oben S. 65, Anmerkung.

sicher, sage aber, besser „ein Ende mit Schrecken als ein Schrecken ohne Ende". So glaube ich, daß Sie unterschreiben werden und wünsche Ihnen, daß Sie nicht mit zu vielem Jammer an dieses — mein letztes — Geschäft denken werden. Schließlich habe ich der Deutschen Bank auf andern Gebieten so viel Nutzen stiften helfen, daß Sie mit mir wegen dieses leichtsinnigen Streiches nicht allzu streng ins Gericht zu gehen brauchen."

Auch nach Abschluß der Verträge nahmen die Schwierigkeiten und Widerwärtigkeiten kein Ende. Es ist nur ein schwacher und erstaunlich höflicher Niederschlag der auf seiten der deutschen Geldgeber und Organisatoren dieses großen Unternehmens ausgelösten Gefühle, wenn im Geschäftsbericht der Deutschen Bank für das Jahr 1899 bemerkt wurde, daß „den Vertretern der Aktionäre seitens der österreichischen Behörden nicht immer dasjenige Wohlwollen zuteil wurde, welches einer billigen Auslegung der getroffenen Abmachungen entsprochen haben würde." Auch im folgenden Jahre hatte die Gesellschaft gegen fortgesetzte Widerwärtigkeiten und törichte Anfeindungen, namentlich auch gegen solche politischen Ursprungs zu kämpfen. Die Hetze ging so weit, daß Georg Siemens für einen Juden, der eigentlich Simonsohn heiße, erklärt wurde. Aber abgesehen von solchen scherzhaften Zwischenfällen wurde durch die feindselige Propaganda das an sich aussichtsvolle Unternehmen in seiner Entwicklung geradezu in Frage gestellt. Vor allem aber wurde den Urhebern und Betreibern des Unternehmens die Freude an der Arbeit derartig vergällt, daß die Deutsche Bank bald nach Georg Siemens' Tode sich entschloß, die Überführung des Unternehmens in den Besitz der Stadt Wien einzuleiten. Auch diese Transaktion erforderte unglaubliche Mühen und schwere Opfer. Die Deutsche Bank mußte ihr Zustandekommen schließlich mit der Übernahme einer 4%igen städtischen Anleihe im Betrag von 285 Millionen Kronen zu ungünstigen Bedingungen erkaufen. Die ganze Angelegenheit hat Georg Siemens in seinen letzten Lebensjahren wohl mehr Verdruß gemacht als irgendein anderes der damals noch von ihm bearbeiteten Geschäfte.

An der Ausdehnung der deutschen Elektrizitätsindustrie auf die weiten und zukunftsreichen Gebiete von Südamerika — Argentinien, Brasilien, Chile, Uruguay — und die Zusammenfassung der hier entstehenden großen Unternehmungen in der Deutsch-Überseeischen

Elektrizitäts-Gesellschaft, die schließlich mit einem Aktienkapital von 150 Millionen Mark und einem Obligationenkapital von 100 Millionen Mark neben den türkischen Eisenbahnen das gewaltigste deutsche Auslandsunternehmen werden sollte, hat Siemens nur noch in den ersten Anfängen mitarbeiten können. Seine Mitarbeiter und Nachfolger in der Deutschen Bank haben dieses große Kulturwerk, in dem sich schließlich nahezu die ganze deutsche elektrische Großindustrie und Finanzwelt zusammenfand, in seinem Geiste aufgebaut und geleitet, bis der unglückliche Ausgang des Weltkrieges auch dieses Unternehmen der deutschen Hand entwand.

Krisis und Konzentration.

Die vorstehende Darstellung macht keinen Anspruch darauf, eine vollständige Geschichte der elektrotechnischen Industrie zu sein. Es kam dem Verfasser nur darauf an, in großen Linien eine Entwicklung zu zeichnen, an der Georg Siemens in der Vollkraft seines Schaffens mitgewirkt hat, und deutlich zu machen, wie seine Führerkraft dieser Entwicklung die Wege gewiesen und ihr in wesentlichen Zügen das Gepräge seiner Persönlichkeit aufgedrückt hat.

Diese Entwicklung der elektrotechnischen Industrie war nicht nur in sich beispiellos an Intensivität und Extensivität — in der Fülle der sich auswirkenden geistigen Kräfte, in der Steigerung der Herrschaft des Menschen über die Natur, wie in ihrer gewaltigen Entfaltung und Ausdehnung — sie hat über ihre eignen Grenzen hinaus auch die deutsche Gesamtindustrie erfaßt und der ganzen deutschen Wirtschaftsentwicklung den Zug ins Große gegeben, der um die Mitte der neunziger Jahre des vorigen Jahrhunderts zum Durchbruch kam und trotz mancher Rückschläge bis zum Ausbruch des Weltkrieges mit wachsender Kraft sich auswirkte.

Trotz mancher Rückschläge! —

Der schwerste dieser Rückschläge sollte am Ende der Periode kommen, die uns im letzten Abschnitt beschäftigt hat.

Die junge Kraft der deutschen Elektrizitätsindustrie hatte ohne nennenswerte Beeinträchtigung die von andern Gebieten ausgehenden wirtschaftlichen Erschütterungen überstanden, die in den Jahren 1890 und 1893 die Welt durchzitterten und auch Deutschland in Mitleidenschaft zogen. Nur das Tempo ihrer Entwicklung war in jenen Jahren zurückgehalten worden. Die Krisis jedoch, die bald nach der Jahrhundertwende über das deutsche Wirtschaftsleben hereinbrach, hatte ihren Ursprung gerade in der Elektrizitätsindustrie,*) und sie hat auf dem Gebiet der Elektrizitätsindustrie die schwersten Opfer gefordert.

Der gewaltige Aufschwung der deutschen Elektrizitätsindustrie in der zweiten Hälfte der neunziger Jahre vollzog sich, wie wir gesehen haben, unter Entfesselung und immer schärferer Zuspitzung des Wettbewerbes nicht nur im Fabrikationsgeschäft, sondern fast mehr noch im Unternehmergeschäft. Die Entfesselung und Zuspitzung des Wettbewerbes in der elektrischen Industrie wurde durch nichts mehr gefördert, als durch die Lösung des Verhältnisses zwischen Siemens & Halske und der A.E.G. und die damit dem erstgenannten Hause aufgezwungenen Anstrengungen, sich zu seiner Selbsterhaltung in möglichst kurzer Zeit ein eignes Unternehmergeschäft auf möglichst breiter Grundlage aufzubauen. Schon vorher gab es zwischen beiden Unternehmungen auf den weiten Gebieten, die durch die bestehenden Verträge freigelassen waren, scharfen Wettbewerb. Aber immerhin hatten die Verträge eine dämpfende Wirkung ausgeübt. Mit den Verträgen fiel die letzte Schranke.

In kluger Voraussicht hatte Georg Siemens von Anfang an sich dahin bemüht, zwischen den Kräften, die er als die weitaus stärksten auf dem Felde der deutschen Elektrizitätsindustrie erkannte, ein Verhältnis herzustellen und aufrecht zu erhalten, in dem die Konkurrenz durch eine gegenseitige Ergänzung abgemildert wäre. Er sah darin nicht nur den Vorteil der beiden unmittelbar berührten Unternehmungen, sondern auch einen Rückhalt für die gesamte werdende Elektrizitätsindustrie gegenüber der bei einer rasch wachsenden Industrie besonders großen Gefahr der Überstürzung und Übereilung. Er wußte, daß es auch auf dem Gebiet der Wirtschaft nicht genügt, Kräfte zu entfesseln, sondern daß starke

*) Im Geschätsbericht der A.E.G. für 1901/1902 heißt es zutreffend: „Wie der wirtschaftliche Aufschwung des letzten Jahrzehntes sich um die aufblühende elektrotechnische Industrie konzentrierte, so steht diese in der gegenwärtigen Periode im Mittelpunkt des allgemeinen Niederganges. Ja, es darf heute kaum mehr geleugnet werden, daß die elektrische Krisis eher eine der Ursachen als eine Folge der wirtschaftlichen Gesamterkrankung darstellt."

Kräfte doppelt der Führung bedürfen. Aber in diesem Punkte hatte er seine bessere Erkenntnis nicht durchzusetzen vermocht.

Die Folgen der Überspannung des Wettbewerbes und der Kräfte begannen bereits um die Jahrhundertwende sich anzukündigen. Das scharfe Auge Georg Siemens' erkannte die ersten Anzeichen der herannahenden Krisis zu einer Zeit, als die meisten andern immer noch einen wolkenlosen Himmel sahen. Die Sorge um die Zukunft der elektrischen Industrie veranlaßte ihn, nach Mitteln zu suchen, um dem Unheil vorzubeugen oder es wenigstens abzuschwächen. Er sah den einzigen Weg zu diesem Ziel in der Wiederaufnahme und Durchführung seiner alten Bestrebungen, eine wirkliche und lebensvolle Interessengemeinschaft zwischen den beiden größten deutschen Elektrizitätskonzernen, Siemens & Halske und der A.E.G., herbeizuführen, die allen Eventualitäten gegenüber stark genug wäre, um eine Aufnahmestellung für die gesamte deutsche Elektrizitätsindustrie zu bilden. So wenig Freude er in der Vergangenheit an der Mittlerstellung zwischen den beiden „rücksichtslosen und mitleidbaren Gesellen"*) erlebt hatte, so rang er sich angesichts der ihm vor Augen schwebenden großen Gefahr doch zu dem Entschluß durch, erneut seine Person als Bindeglied zur Verfügung zu stellen. Um die formalen Voraussetzungen für ein Wirken im Sinne der materiellen Annäherung der beiden Gruppen zu schaffen, fand er sich bereit, im Falle des vollen Einverständnisses der maßgebenden Persönlichkeiten des Siemens-Konzerns wieder in den Aufsichtsrat der A.E.G. einzutreten. Emil Rathenau begrüßte diesen Entschluß, aber auf der Siemensschen Seite saß die Verbitterung gegen die A.E.G. damals noch zu tief. Georg Siemens verzichtete infolgedessen auf die Durchführung seines Planes.

Wie richtig er die kommende Entwicklung beurteilte und wie bitter er den Mangel an Verständnis für seine Absichten und Pläne empfand, zeigt nachstehende Stelle aus einem Brief vom 6. Oktober 1900 an seinen Schwager Hermann Görz, der damals in Petersburg bei der dortigen Firma Siemens & Halske tätig war:

„Nun steht die Elektrizität vor einem Rückgang, der alle Befürchtungen übertreffen wird. Ich erwarte in den nächsten drei Jahren eine

*) Siehe oben S. 122.

ganz kolossale Pleite und befürchte das Schlimmste für Helios, Kummer, Lahmeyer e tutti quanti. Da habe ich mir gedacht, mich für diese Eventualität mit dem tüchtigsten elektrischen Geschäftsmann (Rathenau) zusammenzutun, der auch finanziell am besten situiert ist. Es handelt sich darum, die Vorbereitungen zu treffen, wie man die große elektrische Liquidation am besten für das deutsche Vaterland einrichtet, wie man es einrichtet, daß die bei dieser Liquidation gefährdeten Fabriken und Unternehmungen Aufnahme finden, damit nicht allgemeine Mutlosigkeit und allgemeiner Ruin eintritt. Ich hatte gehofft, daß Siemens & Halske das ohne weiteres begreifen würden. Nun ist das Gegenteil eingetreten. Ich erhielt von Karl Siemens und von Dir Briefe, welche ganz vernünftig wären, wenn wir vor einer normalen Zukunft ständen, welche aber beweisen, daß Ihr gar nicht wißt, um was es sich handelt. Aber ich habe mir schließlich die Sache überlegt. Ich bin über 60 Jahre alt und habe keine Verpflichtung, Leute gegen ihren Willen glücklich zu machen. Ich war ein Narr, als ich aus der A.E.G. austrat, um Siemens & Halske aus ihrer damaligen Lage herauszuhelfen. Ich würde zum zweitenmal ein Narr werden, wenn ich wieder einträte, um die Brücke zu schaffen, welche Siemens & Halske die Möglichkeit gegeben haben würde, an der demnächstigen Reinigung des elektrischen Marktes sich zu beteiligen. Deshalb habe ich Rathenau erklärt, daß ich mein Versprechen zurückziehe. Die Unterhaltung wird wahrscheinlich eine gesunde Feindschaft erwecken, aber das kann uns gleichgültig sein. Die Ernten in Ahlsdorf und Umgegend werden nicht darunter leiden. Wenn es also Karl tröstet, daß ich nicht wieder zur A.E.G. gehe, so kannst Du ihm diesen Trost gewähren.

„Ich wiederhole, daß ich zu alt bin, um Leute gegen ihren Willen glücklich zu machen. Ich hatte es gut gemeint; aber es trifft mich auch in diesem Falle mein altes Pech, daß ich Sachen, welche mit Notwendigkeit eintreffen müssen, zwei bis drei Jahre zu früh sehe und von allen Leuten für einen Narren gehalten werde, wenn ich die notwendigen Vorbereitungen treffe ... Also sage Karl, daß ich es aufgebe, Prophet in meinem Vaterlande zu spielen."

Georg Siemens hatte richtig gesehen. Über die deutsche Elektrizitätsindustrie brach in den Jahren 1901 und 1902 eine schwere Krisis herein, die auch die größten Unternehmungen nicht unberührt ließ. Die A.E.G. zeigte, wie Georg Siemens richtig erkannt hatte, noch die stärkste Widerstandsfähigkeit; aber auch sie mußte ihre Dividende auf 6% herabsetzen. Siemens & Halske mußten ihre Dividende sogar auf 4% ermäßigen. Immerhin blieben diese beiden Unternehmungen in ihrem Kerne gesund, während fast alle Unternehmungen zweiten Ranges in ihrer Lebensfähigkeit getroffen wurden. Die Kummer-Gesellschaft in Dresden mußte den Konkurs über sich eröffnen lassen; die Helios-Gesellschaft in Köln sah sich gezwungen, in Liquidation zu treten; Schuckert suchte Anschluß an Siemens & Halske, die Union an die A.E.G. Nur Lahmeyer konnte bis 1910, Bergmann auch über diese Zeit hinaus seine Selbständigkeit erhalten. Aber auch Lahmeyer ging 1910 im A.E.G.-Konzern auf, und Bergmann fand 1912 Anlehnung an den Siemens-Konzern.

Wie auf den übrigen Gebieten der Großindustrie, so führten die Erfahrungen auch auf dem Gebiet der elektrotechnischen Industrie zur Konzentration. Sie gewann in der Montanindustrie Gestalt in der Festigung und dem Ausbau der großen Kartelle und Syndikate. In der elektrotechnischen Industrie vollzog sie sich in Form einer Fusionsbewegung, die eine Vielheit nahezu gleichgroßer und jedenfalls Gleichwertigkeit beanspruchender Unternehmungen zu zwei ganz großen Unternehmungsgruppen zusammenschmolz und die schließlich auch zwischen diesen beiden Gruppen so etwas wie einen modus vivendi zur Folge hatte. Die Erkenntnis der Notwendigkeit eines solchen modus vivendi kam jetzt zum Durchbruch. Im Geschäftsbericht der A.E.G. für 1902/1903 findet sich der Satz:

„Daß die materiellen Voraussetzungen für lohnende Geschäfte auf dem Gebiet der Verständigung liegen, ist nicht zweifelhaft."

Schon vorher hatte die Verwaltung der Siemens & Halske A.-G. für 1900/1901 ausgesprochen:

„Nicht erst heute, angesichts dieser Erscheinungen, sondern schon seit langer Zeit haben wir uns bemüht, durch freundschaftliche Fühlung und auf dem Wege liberaler Verständigung die gemeinsamen Interessen der Gesamtindustrie zu befestigen."

Auf dieser Grundlage konnte die deutsche Elektrizitätsindustrie, die bis zur Schwelle des zwanzigsten Jahrhunderts rasch gewonnenen Erfolge nach Überwindung der Krisis konsolidieren und, solange uns der Frieden erhalten blieb, mehren und ausbauen.

Georg Siemens war es nicht mehr beschieden, diese Entwicklung, die sein Werk vollenden sollte, zu erleben.

Fünftes Kapitel.

Auf dem Weg zur „Industrie-Bank".

Die Gründung der Mannesmannröhren-Werke.

Die führende Mitarbeit an dem finanziell-konstruktiven Aufbau der deutschen Elektrizitätsindustrie ist das gewaltige und überragende Verdienst Georg Siemens' auf dem Gebiet der Industriefinanzierung. Aber seine Tätigkeit auf diesem Gebiet blieb, auch nachdem er die große Aufgabe der Finanzierung der Elektrizitätsindustrie aufgenommen hatte, nicht auf diese Industrie beschränkt, sie weitete sich vielmehr im Gleichschritt mit der Ausdehnung der Elektrizitätsindustrie auf das Gebiet der Gesamtindustrie aus.

Der Anfang der neunziger Jahre war im allgemeinen für die Weiterentwicklung der deutschen Industrie nicht besonders günstig. Der scharfprotektionistische Mac Kinley-Tarif (1890) drückte auf zahlreiche Zweige der deutschen Ausfuhrindustrie. Eine von Argentinien ausgehende Krisis wirkte stark auf die am Welthandel beteiligten Länder über. Im Jahre 1893 wurde das Wirtschaftsleben der Welt durch eine neue schwere, von den Vereinigten Staaten ausgehende Krisis erschüttert. Die deutsche Industrie litt in jenen Jahren noch besonders durch die Kämpfe um die Neueinstellung der Handelspolitik (Übergang vom autonomen Zolltarif zu langfristigen Handelsverträgen, Herabsetzung der Agrar- und Industriezölle in Kompensation gegen Zollherabsetzungen der Vertragsstaaten). Die Wirkung der Ungewißheit und der Kämpfe im Innern wurde verschärft durch den schweren Zollkrieg mit Rußland.

Erst nachdem alle diese Schwierigkeiten überwunden waren, kam auf einer breiten und durch die neuen Handelsverträge gesicherten Grundlage die glänzende Entwicklung der deutschen Industrie in Fluß, die Deutschland um die Jahrhundertwende neben England und den Vereinigten Staaten in die vorderste Reihe der Industrieländer brachte.

Die Deutsche Bank zeigte in der ersten Hälfte der neunziger Jahre gegenüber industriellen Finanzierungsgeschäften abseits der Elektrizitätsindustrie Zurückhaltung. Abgesehen von der Mitwirkung an Finanzgeschäften von Versicherungsgesellschaften (1890 Gründung der Allianz-Versicherungs-A.-G. in Berlin, 1892/93 Übernahme und Einführung von neuen Aktien der Nordstern-Unfallversicherungs-Gesellschaft an der Berliner Börse), der Begebung einer Obligationenanleihe der Deutschen Dampfschiffahrts-Gesellschaft Hansa in Bremen (1893), der Anknüpfung von Beziehungen zur Bergwerksgesellschaft Hibernia (18%) und der oben (S. 32) bereits erwähnten Geschäfte mit der zum Sauer-Konzern gehörenden Kaligewerkschaft Wilhelmshall (1893), ist aus jener Zeit bemerkenswert ein Geschäft, das Georg Siemens und der Deutschen Bank viel Verdruß und Arbeit, schließlich aber einen großen Erfolg, den Siemens allerdings nicht mehr erleben sollte, gebracht hat: Die Gründung der Deutsch-Österreichischen Mannesmannröhren-Werke.

Die Brüder Mannesmann hatten die wichtige Erfindung der Herstellung nahtloser Röhren im sog. Schrägwalzverfahren gemacht und sich patentieren lassen (1886). Sie hatten für die praktische Ausbeutung ihres Verfahrens Fabriken in Remscheid, in Komotau (Böhmen) und in Bous an der Saar errichtet.

Das Verfahren erregte in der technischen und industriellen Welt das größte Aufsehen. Insbesondere begeisterte sich Geheimrat Reuleaux, eine der ersten technisch-wissenschaftlichen Autoritäten, für die Erfindung und verhieß ihr die größte Zukunft. Durch Reuleaux wurde der mit diesem befreundete Werner Siemens schon im Frühjahr 1887 mit dem Mannesmann-Verfahren bekannt gemacht; er ließ sich gleichfalls von der Genialität der Erfindung gefangen nehmen. „Es ist eine wahre Revolution des Walzwesens, und das Fabrikat ist wunderbar, die ganze Schmiedeeisen- und ein Teil der Gußeisenfabrikation kann nicht fortbestehen dem neuen Fabrikat gegenüber,“ so schrieb Werner damals an seine Brüder. Durch Werner wurden die großen englischen Stahlwerke der Brüder Siemens in London, die damals von Friedrich Siemens geleitet wurden, mit den Brüdern Mannesmann in Verbindung gebracht; es wurden Verträge abgeschlossen, die dem Siemensschen Stahlwerke das Mannesmann-Verfahren sicherten und auf deren Grundlage das Stahlwerk für das Mannesmann-Verfahren eingerichtet wurde.

Durch Werner wurde auch Georg Siemens auf das Mannesmann-Verfahren aufmerksam gemacht und für dessen Finanzierung in großem Stil gewonnen. Angesichts der vorbehaltlos glänzenden Urteile der ersten Fachleute über die neue Erfindung und angesichts der Tatsache, daß Werner Siemens und seine Brüder sich selbst bereits mit großen Summen beteiligt hatten, glaubte es Georg Siemens verantworten zu können, die Deutsche Bank für das geplante Unternehmen zu interessieren, zunächst durch die Gewährung von Vorschüssen, für die Werner Siemens und andere die Bürgschaft übernahmen.

Im Jahre 1890 wurde unter Führung der Deutschen Bank die Deutsch-Österreichische Mannesmannröhren-Werke A.-G. (die heutige Firma ist „Mannesmannröhren-Werke") mit dem für die damalige Zeit sehr ansehnlichen Kapital von 35 Millionen Mark gegründet. Dabei wurden die Patente der Brüder Mannesmann mit dem Betrage von 16 Millionen Mark eingebracht. Georg Siemens beteiligte sich, wie früher in ähnlichen Fällen, wenn es galt, die letzten Zweifel bei seinen Kollegen zu beseitigen und der Sache den entscheidenden Ruck nach vorwärts zu geben, mit einem für seine Vermögensverhältnisse recht erheblichen Betrage an der Errichtung der neuen Gesellschaft.

Das Unternehmen brachte jedoch zunächst die schwersten Enttäuschungen. Schon das erste Geschäftsjahr zeigte, daß das Verfahren der Brüder Mannesmann noch keineswegs fabrikationsreif war. Es stellte sich heraus, daß das Schrägwalzverfahren allein nicht geeignet war, marktfähige Röhren zu erzeugen; die Wände blieben dick und ungleichmäßig, und es bedurfte eines weiteren Walzprozesses, des noch ganz unausgebildeten „Pilgerverfahrens", um die Mängel soweit zu beseitigen, daß die Röhren verwendbar und verkäuflich wurden. Sodann war das Verfahren damals nur für Röhren von bestimmten Abmessungen anwendbar; damit war der Fabrikation und dem Absatz von vornherein eine enge Grenze gezogen. Außerdem war die kaufmännische Leitung des Unternehmens ihrer Aufgabe nicht gewachsen. Schon das erste Geschäftsjahr zeigte eine erhebliche Unterbilanz, die in den folgenden Jahren bis zu dem Betrage von 20 Millionen Mark anstieg.

Die Tatsache, daß die Voraussetzungen für die Gesellschaftsgründung und vor allem für die Bewertung der eingebrachten Patente sich als nicht vorhanden herausstellten, führte zu Streitigkeiten und zu langwierigen Prozessen mit den Gebrüdern Mannesmann. Dazu kam die Gegnerschaft der übrigen im Röhrensyndikat zusammengeschlossenen Röhrenwerke, die so weit ging, daß den Abnehmern von Mannesmann-Röhren die Lieferung anderer Röhren, insbesondere stumpfgeschweißter Gasröhren, die nach dem Mannesmann-Verfahren nicht hergestellt werden konnten, vorenthalten wurde.

Auch in dieser schweren Lage zeigte Georg Siemens die ganze Zähigkeit, mit der er allen widrigen Umständen zum Trotz an einer von ihm als richtig erkannten Sache festzuhalten und sie schließlich zum Erfolg zu führen wußte.

Der Gedanke lag nahe, das ganze Unternehmen als verfehlt zu verwerfen und sich, wenn auch mit Verlusten, aus ihm zurückzuziehen. Sogar der alte Werner Siemens, der die Anregung zu der Gründung gegeben hatte, war geneigt, die Flinte ins Korn zu werfen, durch Verkauf seiner Aktienbeteiligung aus den Deutsch-Österreichischen Mannesmannröhren-Werken auszuscheiden und sich auf die Mitwirkung bei der Sanierung des englischen Mannesmann-Unternehmens zu beschränken. Georg Siemens riet ihm auf das dringendste von einem solchen Schritte ab: „Man würde Dir daraus einen schweren Vorwurf machen", schrieb er ihm am 21. August 1891. Er selbst war entschlossen, die an sich gute Sache durchzuhalten, und es gelang ihm, auch Werner Siemens zu seiner Auffassung zu bekehren.

Dabei bedeutete für Georg Siemens angesichts seiner starken persönlichen Beteiligung an dem Unternehmen der Mißerfolg einen schweren Schlag und der Entschluß, den einmal betretenen Weg weiter zu gehen, ein großes Risiko. In dem erwähnten Brief an Werner Siemens schrieb er:

„... Ich habe nicht erwartet, daß meine Aktien nach einem Jahr eine Nonvaleur würden, und im Zusammenhang mit den argentinischen Verlusten und den Opfern, welche mir die Defraudation in der Deutschen Bank auferlegt, trifft mich der Schlag außerordentlich hart."

Die argentinischen Verluste, von denen hier die Rede ist, standen im Zusammenhang mit den weiter unten zu behandelnden argentinischen Geschäften der Deutschen Bank, die sich damals infolge der im Jahre 1890 in Argentinien ausgebrochenen Wirtschaftskrisis schwierig gestalteten. Welche Bewandtnis es mit der Defraudation in der Deutschen Bank hatte, ergibt sich aus folgenden Briefstellen.

Georg Siemens schrieb über diese Angelegenheit am 31. Juli 1891 an seine Frau:

„Bald nach Abgang meines gestrigen Briefes wurde bei uns eine große Betrügerei entdeckt, welche eine ziemlich starke Bewegung in unserm Geschäft hervorrief. Denn es mußte in einer halben Stunde eine recht große Anzahl von Millionen angeschafft werden. Unser Verlust dabei ist nicht unbedeutend: er beträgt nach meiner Schätzung etwa $1\frac{1}{2}$ Millionen Mark. Die Sache wirbelt viel Staub auf und macht uns großen Verdruß. ... Meine friedliche Stimmung von gestern vormittag ist natürlich gründlich zerstört. Ich habe vorgeschlagen, daß die Direktion den Verlust ex proprio ersetzt und mich erboten, meinen Teil zu tragen, obgleich ich mit den betreffenden Dingen niemals auch nur das geringste zu tun hatte. Es ist dies eine ziemlich harte Nuß. Das Publikum und die Börse haben uns heute über Verdienst glimpflich behandelt. Indessen wird der hinkende Bote wohl noch nachkommen."

Am 8. August 1891 schrieb er über dieselbe Sache an Dr. Kilian Steiner:

„Was die Aufsichtsratssitzung anlangt, so glaube ich nicht, daß Ihre Gegenwart nötig ist. Viel zu vermelden ist in der Sache nicht mehr. Das einzige Unangenehme ist, daß wir unser Zirkular an den Aufsichtsrat in einem Augenblick losließen, wo es aussah, als ob unser Verlust sehr klein sein würde. Sechs Stunden später waren unsere Hoffnungen gründlich beseitigt: er ist sehr groß. Ich denke mir, daß der Aufsichtsrat bezüglich seines Verzichtes auf die Jahrestantieme keine großen Schwierigkeiten machen wird. Sollte er dies wider Erwarten tun, so wird es auch nicht viel bedeuten. Denn diese 300000 Mark stehen zu der von der Direktion zu übernehmenden Gesamtsumme in einem so winzigen Verhältnis, daß dieses plus oder minus auch nicht mehr viel ausmachen würde. Was mich interessiert hat, war der esprit de corps in der Direktion, deren

Mitglieder bereitwillig auf meine Vorschläge eingingen, obwohl die meisten mit der ganzen Sache überhaupt nichts zu tun hatten und doch bei der Mäßigkeit der Gehälter auf die Tantiemen zur Bestreitung ihres Lebensunterhaltes angewiesen sind. Ich denke mir, daß die Art, wie die Sache abgewickelt wird, uns helfen muß, einen Teil des Prestiges wieder zu gewinnen, den wir durch den Vorfall selbst verloren haben."

In der Mannesmann-Angelegenheit führte Georg Siemens' Beharrlichkeit schließlich zu einem vollen Erfolg. Gemeinsam mit seinem Kollegen Steinthal setzte er in Verhandlungen schwierigster Art die notwendige Rekonstruktion des Unternehmens durch. Die Brüder Mannesmann schieden im Jahre 1893 aus der eigentlichen Verwaltung des Unternehmens aus. Die neue Direktion, an deren Spitze Julius Franken gestellt wurde, sorgte, gedeckt durch die Deutsche Bank, für einen sachgemäßen Betrieb und entwickelte in planmäßiger Arbeit das Verfahren zu praktischer Brauchbarkeit. Der Widerstand der syndizierten Röhrenwerke wurde gebrochen durch die Errichtung eines eignen Werkes, das neben dem bereits ausgebauten großen, nach dem Schrägwalz- und Pilgerverfahren arbeitenden Werke in Rath erstellt wurde und das stumpfgeschweißte Röhren nach dem allgemein üblichen Walz- und Ziehverfahren herstellte. Die finanzielle Reorganisation wurde durch einen Vergleich mit den Gebrüdern Mannesmann vollendet, der endlich im Jahre 1900 zustande kam und bei dem die Gesellschaft einen Teil der für die Patente gewährten Aktien franco valuta zurückerhielt und einen weiteren, größeren Teil zu einem Preis, über den man sich schließlich einigte, zurückkaufte. Georg Siemens schrieb am 8. Juni 1899, zu einer Zeit, als der Abschluß der Verhandlungen gesichert erschien, an seine Frau:

„Hier verhandle ich täglich mit Steinthal über Mannesmann. Ich denke, daß die Sache morgen in Ordnung kommt. Rock und Weste werden uns zwar ausgezogen, aber man behält hoffentlich noch das Hemd. Wenn ich jünger wäre, könnte ich aus dieser Sache etwas lernen, aber ich fürchte, daß es nunmehr zu spät ist."

Georg Siemens selbst hat in der Tat den vollen Erfolg seiner Arbeit an diesem großen Unternehmen nicht mehr erlebt. Wenn auch vom Jahre 1896 an die bisherigen Verluste durch steigende Überschüsse abgelöst wurden und wenn auch der Vergleich mit den Brüdern Mannesmann vom Jahre 1900 die Existenz und die Zukunft des Unternehmens endgültig sicherte, so wurde doch in Befolgung der soliden Siemensschen Finanzierungsgrundsätze zunächst noch auf Jahre hinaus der ganze Reinertrag zur inneren Stärkung der Gesellschaft verwendet. Das geschah zu einem großen Teil in der Weise, daß Rückkäufe von Aktien zu weit unter Pari liegenden Kursen vorgenommen wurden. Nur durch die freiwilligen Verlustverkäufe von Aktionären ist das Aktienkapital reduziert worden, eine zwangsweise Herabsetzung fand nicht statt. Eine Dividende wurde zum erstenmal für das Geschäftsjahr 1905/06 verteilt. Erst im Jahre 1907 wurden die Aktien des Unternehmens an der Berliner Börse eingeführt.

Die Gebrüder Mannesmann selbst haben, trotz aller Meinungsverschiedenheiten und Kämpfe, stets bereitwillig das große Verdienst Georg Siemens' und der Deutschen Bank um das Unternehmen anerkannt; das große Verdienst, das darin bestand, daß die Deutsche Bank trotz der schweren Fehlschläge des Anfangs sich in dem Vertrauen in die Zukunft des Verfahrens nicht irre machen ließ, daß sie der Gesellschaft die ruhige Arbeit an der Entwicklung des Verfahrens ermöglichte und daß sie schließlich die völlige Gesundung des Unternehmens herbeiführte, ohne den Aktionären unfreiwillige Opfer aufzuerlegen.

Heute gehören die Mannesmannröhren-Werke mit einem Grundkapital in Höhe von mehr als 100 Millionen Mark und einem Obligationenkapital in Höhe von 30 Millionen Mark — dank insbesondere der erfolgreichen Tätigkeit des auf Franken folgenden Generaldirektors Nicolaus Eich — zu den ersten Werken der deutschen Montanindustrie. Die zielbewußte und beharrliche Arbeit an der Entwicklung des Unternehmens hat nicht nur den Aktionären der Mannesmannröhren-Werke große Vorteile gebracht, sondern auch der deutschen Gesamtindustrie, nicht zum wenigsten aber der Deutschen Bank selbst, deren Ansehen innerhalb der Eisenindustrie durch diese Arbeit beträchtlich gehoben wurde.

Die Interessengemeinschaft mit der Bergisch-Märkischen Bank und dem Schlesischen Bankverein.

Der entscheidende Schritt der Deutschen Bank in die auf Eisen und Kohle sich aufbauende Großindustrie geschah jedoch nicht durch die Mitwirkung an der Gründung oder Entwicklung des einen oder anderen bedeutenden Unternehmens, sondern durch die Herstellung einer engen Verbindung mit zwei der bedeutendsten Provinzbanken, von denen die eine in der rheinisch-westfälischen Industrie, die andere in der schlesischen Industrie seit langen Jahren eine festbegründete und angesehene Stellung inne hatte.

Die Entwicklung der deutschen Industrie trat um die Mitte der neunziger Jahre in ein neues Stadium. Nicht nur begann jetzt jene gewaltige Ausdehnung der Produktionsstätten, der Gütererzeugung, des inländischen und ausländischen Absatzes; auch in der inneren Struktur der deutschen Industrie vollzog sich von jener Zeit an die entscheidende Wandlung. Der mit dem Umschwung der Handelspolitik Ende der siebziger Jahre eingetretene industrielle Aufschwung, so bedeutend er an sich war, stellte im Vergleich mit der um die Mitte der neunziger Jahre einsetzenden Entwicklung eine Vorbereitung dar mit allen Merkmalen des Unsicheren und Unfertigen, der tastenden Versuche und der ungeregelten Kräfteentfaltung. Die Planmäßigkeit und die Leitung nach großen einheitlichen Gesichtspunkten, die weitblickende Männer wie Georg Siemens von Anfang an erstrebten, reifte erst langsam als Frucht bitterer Erfahrungen, die sich aus Stockungen und Rückschlägen ergaben. Namentlich die Krisen in der ersten Hälfte der neunziger Jahre waren es, die der deutschen Industrie den Weg vom Tasten zur Zielsicherheit, von der Zersplitterung zur einheitlichen Zusammenfassung erschlossen. Die Vereinigung von Kohlenzechen und Hüttenwerken zu „gemischten Betrieben" und die Zusammenfassung wichtiger Industriezweige in Syndikaten und Kartellen hat in jener Zeit begonnen; es sei hier nur auf die Gründung des Rheinisch-Westfälischen Kohlensyndikats im Jahre 1893 und auf die vier Jahre später erfolgte Errichtung des Rheinisch-Westfälischen Roheisenverbandes und des Siegerländischen Roheisensyndikates hingewiesen.

Die starke Erweiterung der Dimensionen und die großen organisatorischen Neubildungen der deutschen Industrie stellten naturgemäß neue Anforderungen an die deutschen Banken, denen diese in ihrer bisherigen Verfassung nicht voll genügen konnten. Die Banken des Industriegebietes, die bisher mit ihren Mitteln und ihren Einrichtungen sich den Bedürfnissen der industriellen Entwicklung gewachsen gezeigt hatten, verspürten gegenüber den sich ankündigenden Anforderungen der neuen Zeit die Notwendigkeit nicht nur einer Verstärkung ihrer Kapitalkraft, sondern auch einer Erweiterung ihrer Organisation. Von Bedeutung war dabei, daß die wachsende Konzentration des deutschen Wirtschaftslebens der Hauptstadt des Deutschen Reiches eine sich rasch steigernde Bedeutung auch für die deutschen Industriegebiete gab und für die Banken dieser Gebiete engere Beziehungen mit Berlin als unerläßlich erscheinen ließen. Diese engeren Beziehungen waren auf dem Wege der Errichtung eigner Niederlassungen der Industriebanken in Berlin kaum zu erreichen; denn die stark und mächtig gewordenen Berliner Großbanken beherrschten das Geschäft der Hauptstadt in einem Maße, daß für Niederlassungen von Provinzbanken kein ausreichender Spielraum mehr vorhanden war. Auf der anderen Seite waren die größeren Banken des Industriegebietes innerhalb ihres Wirkungskreises so fest verwurzelt — nicht nur rein geschäftlich, sondern auch in dem Selbständigkeitsgefühl der Industriegebiete —, daß es auch für die größten Berliner Institute nicht möglich gewesen wäre, die Industriebanken einfach aufzusaugen oder in Konkurrenz mit diesen ihre Wirksamkeit mit Aussicht auf Erfolg auf die Industriegebiete auszudehnen.

Aus dieser Sachlage ist der Gedanke der „Interessengemeinschaft“ entstanden, wie er zwischen der Deutschen Bank einerseits, der Bergisch-Märkischen Bank und dem Schlesischen Bankverein andererseits im Jahre 1897 durchgeführt wurde.

Der Gedanke dieser Interessengemeinschaft war keineswegs eine plötzliche Eingebung, er war vielmehr aus der Entwicklung sowohl der Deutschen Bank wie auch der deutschen Wirtschaft langsam und allmählich, aber mit innerer Notwendigkeit herausgewachsen.

Die Deutsche Bank hatte ihre Organisation zunächst auf die Besonderheit ihrer ursprünglichen Aufgabe der bankmäßigen Vermittlung des überseeischen Verkehrs zugeschnitten. Ihre Zweigniederlassungen in Bremen, Hamburg und London verdankten dieser Aufgabe ihre Entstehung. Auch nachdem Georg Siemens mit seiner aus den ersten Erfahrungen gewonnenen Erkenntnis durchgedrungen war, daß die erfolgreiche Pflege des überseeischen Geschäftes nur möglich sei auf der Grundlage eines starken inländischen Geschäftes, beschränkte sich die Deutsche

Bank noch viele Jahre lang auf jene in erster Linie den Bedürfnissen des überseeischen Verkehrs dienenden Filialen. Die für die Entwicklung der Bank so bedeutungsvolle Aufnahme des Berliner Bankvereins und der Berliner Union-Bank hatten in diesem Punkte nichts geändert, sondern lediglich die Basis des Berliner Geschäftes verbreitert.

Erst um die Mitte der achtziger Jahre stellte sich mit der Ausdehnung des inländischen Geschäftes und mit der wachsenden Verflechtung der einzelnen deutschen Bankplätze das Bedürfnis nach einer eignen Vertretung auch in anderen Städten des deutschen Binnenlandes ein.

Auch hier war Georg Siemens die treibende Kraft.

Der erste Schritt war die Errichtung einer Filiale in Frankfurt a. M., dem neben Berlin wichtigsten deutschen Bankplatze.

Da angesichts des entwickelten Frankfurter Bankwesens die Aussichten für eine neben den bestehenden Banken neu zu gründende Niederlassung sehr ungünstig gewesen wären, erschien die Anknüpfung an ein bereits vorhandenes und eingebürgertes Institut als die gegebene Lösung. Georg Siemens knüpfte zusammen mit Dr. Steiner von der Württembergischen Vereinsbank im Jahre 1885 Verhandlungen mit den maßgebenden Persönlichkeiten des Frankfurter Bankvereins an, der seit langem mit der Deutschen Bank enge Beziehungen unterhalten hatte. Als er bei diesen günstigen Boden fand, gewann er den Vorsitzenden des Aufsichtsrats der Deutschen Bank, bei dem er zunächst Schwierigkeiten befürchtet hatte, für den Gedanken der Übernahme des Frankfurter Instituts und seine Umwandlung in eine Filiale der Deutschen Bank. Er schrieb darüber am 3. November 1885 an Dr. Steiner:

„Delbrück hat sich zur Frage der Frankfurter Filiale sehr sympathisch geäußert, kurz, die Angelegenheit merkwürdig sachlich behandelt. Personelle Schwierigkeiten wird er augenscheinlich nicht machen, ja sogar das Seinige zur Beseitigung derselben tun. Ich werde mir deshalb erlauben, Sie in der nächsten Woche zu besuchen. Der Stellung meiner Kollegen in der Sache bin ich versichert."

Die Verhandlungen erstreckten sich bis in das Jahr 1886 hinein. Das Ergebnis war, daß die Deutsche Bank die Aktiven und Passiven des Frankfurter Bankvereins gegen Zahlung des inneren Wertes an die Aktionäre übernahm und sich zur Fortführung der Geschäfte des Bankvereins durch eine von ihr in Frankfurt a. M. zu errichtende Filiale verpflichtete. Auf der Grundlage dieser Vereinbarung wurde am 30. Juni 1886 der Beschluß der Liquidation des Frankfurter Bankvereins gefaßt. Die neue Filiale der Deutschen Bank eröffnete am 11. Oktober 1886 ihren Geschäftsbetrieb.

Diesem ersten Schritt innerdeutscher Expansion folgte im Jahre 1889 die Errichtung einer Depositenkasse in Dresden, im Jahre 1892 die Errichtung einer Filiale in München.

Schon in jener Zeit schenkte Georg Siemens seine Aufmerksamkeit der Frage, wie von Berlin die Brücken zu den Industriegebieten geschlagen werden könnten. Da aus den bereits angedeuteten Gründen hier die Errichtung eigner Niederlassungen nicht wohl in Betracht kommen konnte, suchte er die Lösung in der Herstellung freundschaftlicher Beziehungen zu wichtigen Industriebanken. Bezeichnend für seine Gedankenrichtung ist ein Briefwechsel mit dem Vorstandsmitglied der Bergisch-Märkischen Bank Dr. Hans Jordan aus dem Anfang des Jahres 1889. Dr. Jordan schrieb damals an Siemens:

„Sie haben mir gerade im Verlauf des vergangenen Jahres so viel Beweise freundschaftlicher Gesinnung gegeben, haben mich so bereitwillig mit Ihrem erfahrenen Rat unterstützt — eine Erkenntnis, die einem hier auf einsamem Posten doppelt kräftig aufgeht — daß es mir ein Bedürfnis ist, Ihnen dafür herzlichst zu danken. Ich habe leider nicht zu hoffen, daß Sie auch meiner einmal bedürfen werden. Sollte es aber doch der Fall sein, so bitte ich Sie, sich dessen zu erinnern, daß Sie sich in Elberfeld einen treuen Anhänger geschaffen haben."

Georg Siemens antwortet:

„. . . Es soll mich herzlich freuen, wenn wir uns gegenseitig helfen können. Meines Erachtens sind wir in Berlin viel mehr auf die Hilfe der Freunde in der Provinz angewiesen als unsere Freunde auf die unsrige. Wir sind die Vermittler, die andern draußen aber die wirklichen Abnehmer. Je mehr und je besser wir zusammen arbeiten, um so besser für uns beide. Das Geheimnis des Fortschrittes in unserer Zeit ist die Teilung der Arbeit. Wie gut wäre es für das deutsche Geschäft, wieviel unnötige Plackerei würde erspart, wenn wir alle diesen Satz nicht nur bekennen, sondern auch befolgen wollten!"

Die Entwicklung der deutschen Industrie von der Mitte der neunziger Jahre an nötigte dazu, der Arbeitsteilung auf Grund loser freundschaftlicher Beziehungen eine festere Gestalt zu geben. Diese Notwendigkeit wurde verschärft durch einige andere Umstände. Vor allem durch die deutsche Börsengesetzgebung, die mit dem Börsengesetz des Jahres 1896 der Konzentration im Bankgewerbe den stärksten Vorschub leistete. Georg Siemens schrieb darüber im Geschäftsbericht der Deutschen Bank für das Jahr 1895:

„Zwar wird selbstverständlich keine der Wirkungen eintreten, welche viele Befürworter des Gesetzes von demselben erwarten: International verbreitete Zustände lassen sich nicht durch nationale, auf ein verhältnismäßig kleines Gebiet beschränkte Gesetze regeln. Weder wird die Spekulationslust des Publikums dadurch vermindert, daß man die Zahl der Spekulationsobjekte beschränkt oder die Form verändert, in welcher die Spekulationslust sich betätigt, noch wird durch die mit dem Verbot des Termingeschäftes verbundene Verringerung der Händlerzahl ein gleichmäßigeres Preisniveau für die Produkte gesichert, noch wird die Qualität der zum Angebot gelangenden Schuldverschreibungen oder Aktien dadurch verändert, daß man deren Emission auf deutschem Gebiet erschwert oder gar verhindert. Durch derartige Maßregeln würde höchstens die Bewegungsfreiheit der Industrie und des Handels im Innern sowie der politische Einfluß Deutschlands im Auslande geschwächt werden. Aber unausbleiblich wird eine Einwirkung auf die innere Gestaltung der Börse eintreten, nämlich die, daß nur sehr kapitalkräftige Häuser den neu herantretenden Ansprüchen gewachsen sein werden, die schwächeren aber allmählich zurücktreten."

In einer von Georg Siemens stammenden Notiz aus dem Jahre 1897 über die Notwendigkeit der Interessengemeinschaft mit den beiden Industriebanken heißt es:

„Es ist unzweifelhaft, daß der Rückgang des Börsengeschäftes die großen Firmen in die Notwendigkeit versetzt, neue Wege neben der Börse für die Abwicklung der von ihnen eingeleiteten Unternehmungen aufzusuchen. Je größer die betreffenden Firmen werden, je zahlreicher die Fühlfäden sind, mit welchen sie direkt an das Publikum herangehen, um so größer wird ihre Abwicklungskraft. Dies treibt zur Konzentration.

Diese Frage ist auch für unsere Industrie ziemlich wichtig, weil in Deutschland die Aktiengesellschaft, d. h. der Gemeinbesitz des Publikums an einer industriellen Unternehmung, eine größere Rolle spielt, als der Privatbesitz. Man mag diese Entwicklung beklagen, aber man muß mit ihr rechnen."

Zu der konzentrationsfördernden Wirkung des Börsengesetzes kam als weiteres Moment die Besorgnis, die man in jener Zeit für die Zukunft der Reichsbank glaubte hegen zu müssen. Das Privileg der Reichsbank lief nach dem Bankgesetz mit dem Jahre 1899 ab, falls es nicht vorher durch einen gesetzlichen Akt verlängert wurde Schon zehn Jahre zuvor war von agrarischer Seite der Versuch gemacht worden, die Verstaatlichung der Reichsbank durchzusetzen. Damals war der Versuch gescheitert. Man mußte jetzt mit seiner erfolgreichen Wiederholung rechnen, zumal da die Stellungnahme der Sozialdemokratie in der Verstaatlichungsfrage keineswegs klar war. Im Falle der Verstaatlichung befürchtete man, daß einseitig agrarische Einflüsse in der Geschäftsführung der Reichsbank maßgebend werden und damit den Rückhalt, den dieses Institut dem deutschen Handel und der deutschen Industrie gewährte, stark beeinträchtigen könnten. In der soeben erwähnten Siemensschen Notiz wird über diesen Punkt folgendes ausgeführt:

„Wenn die Reichsbank, anstatt leicht verwertbare, auf Konsumartikeln beruhende Wechsel in ihr Portefeuille zu legen, schwer beweglichen Gutsbesitzerwechseln den Vorzug gibt, so müssen die industriellen und handeltreibenden Kreise Vorbereitungen treffen, um sich selbst zu helfen: und diese Vorbereitungen können nur bestehen in der allmählichen Organisation eines Banksystems, welches in sich selbst stark genug ist, um die eintretende Lücke auszufüllen. Die Kombination der drei Banken hat hauptsächlich diesen Zweck. Sämtliche drei Institute pflegen, und zwar ein jedes mit Erfolg, auf ihrem Gebiete das Kontokorrentgeschäft. Das vom Auslande kommende Rohprodukt wird von dem einen bevorschußt, der dasselbe verarbeitende Fabrikant nimmt seinen Kredit von einem anderen, und der Verkauf der gefertigten Ware sowohl im Inlande als namentlich nach dem Auslande wird wiederum durch eines derselben finanziert. Auf diese Weise wird die gesamte Güterbewegung einzelner Landesteile in demselben Kreise finanziert. Wenn keine dieser Banken bisher gezwungen gewesen ist, die Unterstützung der Reichsbank in einem wesentlichen Maße in Anspruch zu nehmen, so wird das in Zukunft noch viel weniger der Fall sein. Auf diese Weise wird den industriellen Kreisen ganzer Provinzen in Zukunft die Sicherheit gegeben sein, daß sie trotz einer agrarischen Verwaltung der Reichsbank nach wie vor ihre Kreditbedürfnisse in einem ausreichenden Maße zu billigen Sätzen werden befriedigen können. Vor einigen Jahren soll Herr Germain, der leitende Direktor des Crédit Lyonnais, den Satz ausgesprochen haben, er wünsche den Crédit Lyonnais zum Bon Marché des Bankgeschäftes zu machen. Die gegenwärtige Kombination ist ein praktischer Versuch zur Anstrebung des gleichen Zieles in Deutschland. Der Umstand, daß jede von den Banken ihre eigne selbständige Verwaltung behält, während zugleich die drei Verwaltungen nach einem einheitlichen System arbeiten werden, eröffnet die Aussicht, daß dieser Versuch praktisch wirksamer werden wird als der französische."

Die neuen Bedürfnisse der deutschen Industrie, die Erschwerungen des Börsengesetzes und die Befürchtungen vor einer agrarischen Beeinträchtigung des bisher in der Reichsbank für Handel und Industrie bestehenden Rückhaltes hatten also zusammmengewirkt, um eine Kombination von bisher unerhörter Weite zu zeitigen.

Die Deutsche Bank war hinreichend erstarkt, um den Mittelpunkt dieser Kombination zu bilden. Sie hatte in der Ausdehnung ihrer Geschäfte alle anderen deutschen Banken, auch die Disconto-Gesellschaft, überflügelt. Ihre eignen Mittel, Grundkapital und Reserven, hatte sie im Einklang mit dieser Entwicklung verstärkt. Nachdem zu Anfang des Jahres 1876 die Reduktionsbestrebungen abgeschlagen worden waren,*) hatte sie bis zu Anfang der achtziger Jahre mit ihrem Kapital von 45 Millionen Mark auskommen können. Die Erweiterung der Geschäfte veranlaßte in den Jahren 1881/82 eine Erhöhung auf 60 Millionen Mark. Ende der achtziger Jahre nahm sie, hauptsächlich auf Grund des Eintrittes in die Finanzierung der Elektrizitätsindustrie, eine weitere Erhöhung auf 75 Millionen Mark vor. Die nächste Kapitalerhöhung auf 100 Millionen Mark (1895) erfolgte in Voraussicht der Wirkungen des

---

*) Siehe Band I, S. 295.

Börsengesetzes. In noch stärkerem Maße als das Grundkapital wurden die offenen und stillen Reserven der Bank erhöht. Die offenen Rücklagen betrugen im Jahre 1881, unmittelbar vor der Erhöhung des Grundkapitals von 45 auf 60 Millionen Mark, rund 9,4 Millionen Mark, also nicht viel mehr als ein Fünftel des Grundkapitals. Im Jahre 1896, nach der Kapitalerhöhung von 75 auf 100 Millionen Mark, stellten sich die offenen Rücklagen auf rund 40 Millionen Mark, also auf volle zwei Fünftel des Grundkapitals. Wie an Geschäftsumfang, so hatte die Deutsche Bank auch an Stärke der eignen Mittel damals (1897) alle anderen privaten Bankinstitute Deutschlands überholt. Ihre Dividende zeigte seit langer Zeit nur geringfügige Schwankungen; sie betrug in den achtzehn Jahren von 1879 bis 1896 achtmal 9%, sechsmal 10%, einmal 10½% und zweimal — in den kritischen Jahren 1892 und 1893 — 8%.

Auf dieser starken Grundlage gelang es, das größere System, das Georg Siemens vorschwebte, zu verwirklichen. Die angestrebte „Interessengemeinschaft" mit der Bergisch-Märkischen Bank und dem Schlesischen Bankverein wurde in der Weise durchgeführt und auf die Dauer gesichert, daß die Deutsche Bank im Wege des Umtausches gegen ihre eignen Aktien den weitaus größten Teil der Aktien der beiden anderen Institute erwarb und diese ihren „dauernden Beteiligungen" einverleibte. Die Verwaltungen der beiden Provinzbanken bestanden unverändert weiter. In ihre Aufsichtsräte traten Mitglieder der Direktion der Deutschen Bank ein, während umgekehrt die beiden Provinzbanken maßgebende Mitglieder ihrer Vorstände in den Aufsichtsrat der Deutschen Bank abordneten.

Die Bergisch-Märkische Bank besaß zur Zeit des Abschlusses der Interessengemeinschaft ein Grundkapital von 40 Millionen Mark und offene Rücklagen in Höhe von 10 Millionen Mark. Der Schlesische Bankverein verfügte über ein Grundkapital in Höhe von 27 Millionen Mark und offene Rücklagen in Höhe von rund 5 Millionen Mark. Zusammen mit den 140 Millionen Mark Grundkapital und Reservefonds der Deutschen Bank betrugen also die eignen Mittel der drei Banken beim Abschluß der neuen Kombination mehr als 220 Millionen Mark. Die Dividende der Bergisch-Märkischen Bank hatte in den letzten drei Jahren unverändert 7½%, diejenige des Schlesischen Bankvereins 7% betragen.

Der Aktienumtausch erfolgte in der Weise, daß den Aktionären der Bergisch-Märkischen Bank für je 6000 Mark ihrer Aktien 4800 Mark neu auszugebender Aktien der Deutschen Bank, den Aktionären des Schlesischen Bankvereins für je 3600 Mark ihrer Aktien 2400 Mark neue Deutsche Bank-Aktien zuzüglich einer Barvergütung von 5% auf den Nennwert ihrer Aktien angeboten wurde. Zugleich wurde denjenigen Aktionären der beiden Banken, die den Umtausch vornahmen, die für das Jahr 1897 in der bisherigen Höhe garantierte Dividende im voraus bar ausbezahlt. Durch diese günstigen Bedingungen war der Erfolg der Umtauschoperation von vornherein gesichert. Die Deutsche Bank selbst erhöhte für den Zweck des Umtausches und zur weiteren Verstärkung ihrer Betriebsmittel ihr Grundkapital von 100 auf 150 Millionen Mark.

Vor der für den 20. August 1897 zur Genehmigung dieser gewaltigen Transaktion einberufenen Generalversammlung der Deutschen Bank begründete Georg Siemens die Vorschläge der Verwaltung. Er führte dabei aus:

Bestimmend für die Schaffung der Interessengemeinschaft mit den beiden Provinzialbanken und für die damit in Verbindung stehende Kapitalerhöhung der Deutschen Bank selbst sei in erster Linie die wirtschaftliche Entwicklung Deutschlands: die gewaltige Ausdehnung der Unternehmungen und das Bestreben, Unternehmungen in großen Vereinigungen zusammenzufassen. Dadurch müßten die Anforderungen an die Banken immer größer werden. In zweiter Linie bestimmend sei die politische Entwicklung: die neuere Gesetzgebung, namentlich das Börsengesetz habe durch die Beschränkung des Termingeschäftes den Kapitalbedarf außerordentlich gesteigert. Endlich sei bestimmend der Wunsch, Vorkehrungen für die Zukunft zu treffen, vor allem für die Möglichkeit einer Verstaatlichung der Reichsbank. Die gesamte Entwicklung mache sich fühlbarer in der Provinz als in Berlin; die Provinzbanken seien gezwungen, entweder ihr Kapital stark zu erhöhen und sich in Berlin anzusiedeln, oder auf einen großen Teil der Geschäfte zu verzichten; das gelte auch für die Bergisch-Märkische Bank und für den Schlesischen Bankverein. Als der gegebene Weg sei nach reiflicher Erwägung die Schaffung der Interessengemeinschaft unter Beibehaltung der beiden Provinzbanken erschienen. Die beiden Banken blieben auf diese Weise in ununterbrochener und ungestörter Verbindung mit ihrer bisherigen Kundschaft in Industrie und Handel. Der Umstand, daß sie durch die Vereinigung mit der Deutschen Bank eine spesen- und provisionsfreie Bankverbindung in Berlin erlangten, werde zu einer Ausdehnung des Kundenkreises und zu einer Stärkung der Banken führen. Außerdem ließen sich bei einem selbständigen Fortbestehen der beiden Banken die Geschäfte besser bewältigen und übersehen als bei einer Fusion.

Die Generalversammlung genehmigte das vorgeschlagene Programm. Das Angebot des Aktientausches wurde von mehr als drei Vierteln der Aktionäre der beiden Provinzbanken angenommen. Die Deutsche Bank hatte damit die tatsächliche Verfügung über die beiden Banken erlangt. Die beiden großen Industriebanken waren so zu Gliedern eines großen, von der Deutschen Bank beherrschten und geleiteten Gesamtorganismus geworden.

Dieser Gesamtorganismus wurde in den folgenden Jahren durch die Schaffung ähnlich konstruierter Interessengemeinschaften mit anderen Banken weiter ausgedehnt. Schon nach dem Abschluß mit der Bergisch-Märkischen Bank und dem Schlesischen Bankverein war aber das neugeschaffene Bankensystem die weitaus größte Kapitalvereinigung, die Deutschland bisher gesehen hatte.

Der Deutschen Bank wuchsen durch diesen Abschluß mit einem Schlage die wichtigen und ausgedehnten industriellen Beziehungen der beiden Provinzbanken in Rheinland-Westfalen und in Schlesien zu. Die Deutsche Bank, dis bis dahin — trotz ihrer einzigartigen Tätigkeit auf dem Gebiete der Elektrizitätsindustrie — überwiegend eine Handelsbank gewesen war, wurde mit einem Schlage zur Industriebank größten Stils.

Georg Siemens war auch bei dieser Erweiterung des Arbeitsfeldes der Deutschen Bank, deren Auswirkung er nur noch in den ersten Anfängen erleben sollte, der treibende und führende Geist gewesen. „Seine Persönlichkeit, deren Bedeutung von den Leitern der beiden andern Banken willig anerkannt wurde, gab," wie Steinthal in seiner Gedächtnisrede ausgesprochen hat, „den Ausschlag." Er hat für diese von ihm als notwendig erkannte Erweiterung seine ganze Persönlichkeit eingesetzt, obwohl er selbst in jener Zeit mitunter von dem Gefühl ergriffen wurde, daß für die Bewältigung der neuen Aufgaben seine eigne Kraft nicht mehr ausreichen werde. Schon im Mai 1896 hatte er an seine Frau geschrieben:

„Mir wird die Deutsche Bank jetzt zu groß ... ich wäre ein ganz guter Kurfürst von Brandenburg geworden, aber Reichskanzler von Europa würde auch mir eine zu schwere Arbeit geworden sein."

Am 26. August 1897, in der Woche nach der Genehmigung der Interessengemeinschaft, schloß er einen Brief an Dr. Steiner mit den Worten:

„Wir sitzen wie gewöhnlich in der Arbeit. Wenn wir auf finanziellem Gebiet mit der politischen Entwicklung Schritt halten wollen, dürfen wir die Hände nicht in den Schoß legen. Aber der Berliner hat recht, wenn er die Redensart gebraucht: Schön ist anders!"

Aber trotz solcher gelegentlicher Äußerungen des Zweifels und des Unmutes konnte er nicht gegen seine Natur, die ihn zu immer neuem und immer größerem Schaffen antrieb, bis Krankheit und Tod seinem Wirken ein Ziel setzten.

Vierter Teil.

Die Finanzierung der deutschen Außenwirtschaft.

Vorbemerkung.

Von ihrem ursprünglichen Geschäft der bankgeschäftlichen Vermittlung des deutschen Außenhandels hatte Georg Siemens die Deutsche Bank zur Schaffung eines ausgedehnten und weitverzweigten Inlandsgeschäfts geführt. Die Erkenntnis, daß nach außen nur wirken könne, was starke Wurzeln im Heimatboden hat, war der Leitstern auf diesem Wege gewesen. Auf diesem Wege war die Deutsche Bank zum ersten deutschen Finanzinstitut geworden.

Aber bei dieser auf den Ausbau des inländischen Geschäfts und die Entwicklung der heimischen Volkswirtschaft gerichteten Arbeit verlor Georg Siemens die Aufgaben, die der Deutschen Bank bei ihrer Begründung gesetzt worden waren, niemals aus den Augen. Der organische Zusammenhang, der vom überseeischen Bankgeschäft zur Pflege des Inlandsgeschäfts hinübergeleitet hatte, wurde aufrechterhalten; die Ausgestaltung des Inlandsgeschäfts der Deutschen Bank wirkte fördernd auf das Auslandsgeschäft zurück, befruchtete dieses mit neuen Gedanken und stellte ihm neue große Aufgaben, die weit über das ursprüngliche Programm der Finanzierung von Einfuhr und Ausfuhr hinausgingen. Es sei nur an die im vorigen Kapitel mitbehandelten gewaltigen Aufgaben erinnert, die sich aus der Finanzierung der Auslandsunternehmungen der Deutschen Elektrizitäts-Industrie ergaben.

Erstes Kapitel.

Das ausländische Bankgeschäft.

Die Zeit der Zurückhaltung.

Allein schon innerhalb des bei der Gründung der Bank ins Auge gefaßten engeren Wirkungskreises mußten infolge der Entwicklung der deutschen Volkswirtschaft, wie sie mit dem Jahre 1879 einsetzte, die Aufgaben beträchtlich wachsen. Mit dem Aufschwung der deutschen Industrie stieg der Einfuhrbedarf an Rohstoffen, Halbfabrikaten und Nahrungsmitteln, ebenso die Notwendigkeit des auswärtigen Absatzes an Industrieerzeugnissen. Damit wuchs gleichzeitig das Bedürfnis nach bankmäßiger Förderung und Vermittlung des Einfuhr- und Ausfuhrgeschäfts. Während die Deutsche Bank bei ihrer Begründung wegen ihres Programms der bankgeschäftlichen Vermittlung des Überseehandels vielfach auf Zweifel und Bedenken, sogar auf Hohn und Spott gestoßen war, begann in den achtziger Jahren die Erkenntnis der ihrem Programm zugrunde liegenden Notwendigkeiten in einem solchen Maße Gemeingut der wirtschaftlichen Kreise zu werden, daß der Gedanke eines mit Reichsunterstützung zu errichtenden und unter Reichskontolle arbeitenden Bankinstituts für den Überseeverkehr, also einer Art Übersee-Reichsbank, auftauchte und zahlreiche Befürworter fand.

Die Deutsche Bank hatte, wenn sie auch ihre Niederlassungen in China und Japan hatte zurückziehen und die Deutsch-Belgische La-Plata-Bank hatte liquidieren müssen*), in ihren Niederlassungen in Hamburg, Bremen und London starke Stützpunkte für das Überseegeschäft geschaffen. Diesen Niederlassungen floß der ansehnlichste Teil des sich entwickelnden deutschen Überseegeschäftes zu. Sie waren für den deutschen Außenhandel um so wichtiger, als die Deutsche Bank lange Zeit hindurch das einzige in Berlin ansässige Bankinstitut war, das über solche Stützpunkte verfügte. Erst im Jahre 1892 errichtete die Dresdner Bank eine Niederlassung in Hamburg, 1895 in Bremen. Die Disconto-Gesellschaft ging erst im Jahre 1895 nach Hamburg, indem sie die dort alteingesessene Norddeutsche Bank mit sich vereinigte. Die London-Agency der Deutschen Bank fand erst im Jahre 1900 durch die Disconto-Gesellschaft, im Jahre 1901 durch die Dresdner Bank Nachahmung.

Der Zuwachs an Geschäft und Ansehen, den die Deutsche Bank in jenen Jahren durch die Entwicklung ihres überseeischen Verkehrs erfuhr, war sehr bedeutend und bis in die zweite Hälfte der achtziger Jahre hinein in erster Reihe ausschlaggebend für die Gesamtentwicklung des Instituts. Die Zunahme des überseeischen Geschäfts äußerte sich vor

---

*) Siehe Band I, S. 272 ff.

allem in der starken Zunahme des Akzeptkontos, eine Erscheinung, die damals zu mancherlei Kritik Veranlassung gab. Siemens schrieb darüber in dem Geschäftsbericht der Deutschen Bank für das Jahr 1884:

„Der Hauptzuwachs unserer geschäftlichen Entwicklung hat gerade auf dem überseeischen Gebiet stattgefunden, wie die starke Zunahme unseres Akzeptkontos ergibt. Wenngleich diese Vermehrung manche Tadler unter denjenigen findet, welche mit den Gewohnheiten des internationalen Warengeschäfts ungenügend vertraut und nicht gewohnt sind, die Qualität der Wechsel nach dem Geschäft zu beurteilen, aus welchem der Wechselzug entsprungen ist, so können wir uns dazu nur Glück wünschen."

Die erfreuliche Entwicklung der Filialen in den Hansastädten und in London auf der einen Seite, die schmerzlichen Erfahrungen mit den Niederlassungen in Ostasien und in Südamerika andererseits lassen es begreiflich erscheinen, wenn die leitenden Männer der Deutschen Bank bis weit in die achtziger Jahre hinein die Zukunft des Übersee-Geschäfts in dem Ausbau der Stützpunkte in Hamburg, Bremen und London erblickten und wenig Neigung zeigten, den Versuch der Errichtung neuer Zweigstellen oder Tochterinstitute in den überseeischen Gebieten selbst wieder aufzunehmen. An Anregungen und Vorschlägen nach dieser Richtung hin hat es nicht gefehlt. Wie Georg Siemens in der ersten Hälfte der achtziger Jahre sich zu solchen Projekten stellte, zeigt die folgende Briefstelle. Der mit ihm persönlich bekannte deutsche Konsul in Messina, Herr Schneegans, hatte ihm vorgeschlagen, ein von Deutschen gegründetes und betriebenes angesehenes Bank- und Handelshaus in Messina zu übernehmen und als Filiale der Deutschen Bank weiterzuführen. Georg Siemens antwortete am 1. Dezember 1883:

„... Es handelt sich für uns um die Frage, ob wir von einem Prinzip abgehen sollen, welches wir auf Grund ziemlich harter Erfahrungen aufgestellt haben. Wir haben Schanghai, Yokohama, New York und Wien*) aufgelöst, teils im Interesse der Übersichtlichkeit und Einheitlichkeit des Geschäfts, teils weil wir mit der täglich wachsenden Ausdehnung des Geschäfts im Inlande unser Geld hier gut und leicht realisierbar

*) In New York und in Wien bestanden bis zum Anfang der achtziger Jahre Kommanditen der Deutschen Bank. Siehe Band I, S. 275.

anlegen können. — Wir sind zu dem Resultat gekommen, daß wir auch in diesem Falle von unserem Grundsatz nicht abgehen dürfen, so sehr es uns auch interessieren würde, das deutsche Element in Italien zu stärken. Denn Sie haben unrecht, wenn Sie glauben, daß dies für uns nebensächliche Gesichtspunkte seien. Man verdient nur dann mit Sicherheit und auf die Dauer viel Geld, wenn man die großen nationalen und idealen Gesichtspunkte zu den seinigen macht und seine Interessen mit den allgemeinen identifiziert. Unsere großen Kaufleute müssen gerade so gut Politik treiben wie die Diplomaten und Soldaten, und unser Land würde sehr viel mächtiger dastehen, wenn die Regierung es verstünde, die große Summe von Kraft, welche auf diesem Gebiet unnötig verzettelt wird, sich dienstbar zu machen."

Auch noch zu Anfang des Jahres 1886, als Herr von Bauer von der **Banque de Paris et des Pays-Bas** die Errichtung einer Niederlassung der Deutschen Bank in Antwerpen anregte, antwortete Siemens unter Hinweis auf die „in der Verwaltung der Deutschen Bank herrschenden grundsätzlichen Anschauungen, die der Errichtung von Zweigniederlassungen oder Kommanditen im Auslande ausgesprochenermaßen entgegenstehen."

Wenige Monate später wurde ein ähnlicher Vorschlag in bezug auf Madrid mit ähnlicher Begründung abgelehnt.

Aber auf die Dauer ließ sich dieser ablehnende Standpunkt nicht aufrechterhalten. So erfreulich die Entwicklung der Zweigstellen in Hamburg, Bremen und London war, so großen Vorteil sie dem deutschen Überseehandel brachte, so wurde doch der Mangel überseeischer Stützpunkte mit dem Hineinwachsen der deutschen Volkswirtschaft in die Weltwirtschaft allmählich stärker fühlbar. Es stellte sich heraus, daß alle die Gründe, die Georg Siemens in den ersten Jahren der Deutschen Bank veranlaßt hatten, sich für die Errichtung von überseeischen Niederlassungen einzusetzen, dadurch an innerer Berechtigung nichts verloren hatten, daß die Ausführung des Gedankens an dem Fehlen von geschultem Personal, an dem Mangel an Erfahrungen und an widrigen Verhältnissen besonderer Art gescheitert war; ja alle diese Gründe erhielten durch die Entwicklung der wirtschaftlichen Verhältnisse Deutschlands ein verstärktes Gewicht, sie hatten um die Mitte der achtziger Jahre weit mehr Berechtigung, als ihnen schon zu Anfang der siebziger Jahre innegewohnt hatte.

Den Gedanken einer allgemeinen deutschen Überseebank, zumal einer mit Reichsunterstützung und unter Reichskontrolle arbeitenden, lehnte Georg Siemens ab. Er wußte, daß die freie Entwicklung privater Initiative, privaten Unternehmungsgeistes und privaten Wagemutes eine unerläßliche Voraussetzung für den geschäftlichen Erfolg gerade auf ausländischem und überseeischen Boden war. Er wußte, daß eine staatliche Beteiligung an Kapital und Geschäftsführung einem Unternehmen, das im Ausland eine politisch vielfach beargwöhnte Arbeit leisten sollte, keine Förderung, sondern nur Hemmnisse und Erschwerungen bringen konnte. Er war ferner mit Wallich von der Überzeugung durchdrungen, daß die Zentralisation des überseeischen Bankgeschäfts in einem einheitlichen Unternehmen sich als ein Fehlschlag erweisen würde; die Verschiedenheit der Verhältnisse in den einzelnen für das Überseegeschäft in Betracht kommenden Gebieten — man denke nur an Ostasien und Süd-Amerika! — machte eine Spezialisierung und Dezentralisation notwendig.

Die Deutsche Überseeische Bank.

Der Weg, den die Deutsche Bank mit der Übernahme der Deutsch-Belgischen La-Plata-Bank betreten hatte, erschien also auch jetzt noch als der gegebene.

Auch das Geschäftsgebiet der La-Plata-Bank, die südamerikanischen Republiken, kamen für die weitere Ausgestaltung des überseeischen Bankgeschäfts in erster Reihe in Betracht.

Insbesondere Argentinien machte damals Riesenschritte in seiner wirtschaftlichen Entwicklung. Der Eisenbahnbau wurde in einem Maße gefördert, daß um die Mitte der achtziger Jahre Argentiniens Eisenbahnnetz dasjenige aller anderen südamerikanischen Staaten erheblich übertraf. Auf je 132 qkm Bodenfläche kam 1 km Eisenbahn, gegen 187 qkm in Chile, 252 in Uruguay, 327 in Mexiko, 1363 in Brasilien. Mit den Eisenbahnen entwickelte sich, gefördert durch eine starke Einwanderung, die Besiedelung des Landes. Bereits war der Übergang von der Viehzucht zum Ackerbau eingeleitet, und zu der Ausfuhr von Wolle, Häuten und Fellen, Fleisch und Fleischextrakt kam ein rasch wachsender Export von Weizen und Mais. Der Wohlstand der Bevölkerung und mit ihm die Kaufkraft des Landes nahmen rasch zu; der Einfuhrhandel zeigte von Jahr zu Jahr einen stark wachsenden Umsatz. Die politischen Verhältnisse schienen sich konsolidiert zu haben und für geschäftliche Unternehmungen größeren Umfangs einen festeren Untergrund zu bieten als in der Vergangenheit.

In den anderen südamerikanischen Republiken lagen die Dinge ähnlich günstig.

Es ist begreiflich, daß unter diesen Umständen die durch ein besonderes Mißgeschick veranlaßte Liquidation der La-Plata-Bank für Georg Siemens und seine Mitarbeiter nicht das letzte Wort über Süd-Amerika sein konnte. Im Gegenteil! Die durch die La-Plata-Bank vermittelte genaue Kenntnis der Verhältnisse und Aussichten gaben um die Mitte der achtziger Jahre Georg Siemens Veranlassung, sich für Argentinien in besonderem Maße und weit über die Finanzierung des Ein- und Ausfuhrhandels hinaus zu interessieren. Davon wird weiter unten noch die Rede sein*).

Um für die Beteiligung der Deutschen Bank in Süd-Amerika einen neuen und starken Stützpunkt zu schaffen, wurde im Oktober 1886 die Deutsche Übersee-Bank gegründet. Berlin wurde zum Hauptsitze der Bank bestimmt, eine erste Zweigniederlassung wurde unter der Firma Banco Aleman Transatlantico in Buenos Aires errichtet. Das Kapital der Bank wurde auf 10 Millionen Mark mit zunächst 25%iger Einzahlung festgesetzt; die sämtlichen Aktien, bis auf einige den Direktoren und Aufsichtsratsmitgliedern überlassene Kautionsstücke, wurden von der Deutschen Bank übernommen und dauernd in Besitz gehalten.

Die Bank, für die in Argentinien und Uruguay der Boden durch die La-Plata-Bank gut vorbereitet war, faßte rasch Wurzel und versprach gute Ergebnisse.

Die günstige Entwicklung wurde jedoch bald unterbrochen. Die mit dem allzu raschen Aufschwung des Landes verbundenen Übertreibungen führten im Jahre 1889 zu einer Krisis, die unter den in Argentinien

---

*) Siehe unten im IV. Teil Kapitel 3, S. 197ff.

arbeitenden Unternehmungen zahlreiche Opfer forderte. Sogar das in argentinische Staatsgeschäfte stark engagierte große Londoner Bankhaus **Baring Brothers** geriet damals in ernstliche Schwierigkeiten.

Die Deutsche Übersee-Bank wurde dadurch besonders schwer in Mitleidenschaft gezogen, daß sie zu Beginn des Jahres 1888, um das Recht der Ausgabe von Banknoten zu erwerben, 1 Million Pesos in argentinischer Goldanleihe gekauft und als Sicherheit beim staatlichen Aufsichtsamte hinterlegt hatte. Der durch den Rückgang der argentinischen Werte auf diesen Fonds entstehende Verlust zehrte den größten Teil der Reserven der Bank auf und zwang sie, in den Jahren 1890 und 1891 auf die Ausschüttung einer Dividende zu verzichten, nachdem für die ersten beiden Jahre ihres Bestehens 6% verteilt worden waren.

Der Schaden wurde jedoch durch die Besserung der allgemeinen Verhältnisse und die Wiederbelebung der Geschäfte, insbesondere durch die vorzügliche Getreideernte des Jahres 1892, bald wieder ausgeglichen. Schon für 1892 konnten wieder 5%, für 1893 6% Dividende ausgeschüttet werden.

Die Zunahme der Umsätze machte im Jahre 1893 eine Erhöhung des Aktienkapitals nötig. Nach dem deutschen Gesetz war jedoch eine Kapitalerhöhung erst nach Vollzahlung des damals nur mit 60% eingezahlten alten Aktienkapitals möglich. Die Vollzahlung wollte man vermeiden, da man es für richtig hielt, einerseits zwar ein hohes Nominalkapital als Garantiefonds zu haben, andererseits aber das eingezahlte Kapital nach dem effektiven Bedarf an Betriebsmitteln zu bemessen, eine Praxis, die bei den englischen Banken die übliche war. Man griff deshalb zu dem Ausweg, die Deutsche Übersee-Bank formell zu liquidieren und sie durch eine ad hoc gegründete neue Gesellschaft, die **Deutsche Überseeische Bank** zu ersetzen; auf das Aktienkapital von 20 Millionen Mark wurden zunächst 40% eingezahlt.

Die Bank dehnte, nachdem es ihr gelungen war, ihre Stellung am La Plata zu befestigen, ihre Wirksamkeit auch auf Chile und andere südamerikanische Staaten aus. Auch nachdem die Disconto-Gesellschaft und die Dresdener Bank dem Vorbilde der Deutschen Bank gefolgt waren und Überseebanken errichtet hatten — die Disconto-Gesellschaft gründete 1887 die Brasilianische Bank für Deutschland, die Dresdner Bank die

Deutsch-Südamerikanische Bank — behauptete die Deutsche Überseeische Bank unter den deutschen Instituten ihrer Art ihren hervorragenden Platz. Sie hat die Katastrophe des Weltkrieges überdauert und ist heute eine der wichtigsten der uns gebliebenen Auslandsunternehmungen überhaupt und einer der stärksten Pfeiler für den Wiederaufbau unseres Handels mit den Gebieten der Übersee.

Weitere ausländische Bankbeziehungen.

Auch der erste Schauplatz der überseeischen Beteiligung der Deutschen Bank, Ostasien, gewann angesichts der Entwicklung Chinas und Japans in den achtziger Jahren für die deutsche Wirtschaft erhöhte Bedeutung. Der Wunsch der am ostasiatischen Handel beteiligten deutschen Wirtschaftskreise, in diesen wichtigen Gebieten durch ein deutsches Bankinstitut vertreten zu sein, fand bei der Reichsregierung verständnisvolle Förderung. Das Ergebnis war die Errichtung der Deutsch-Asiatischen Bank (1889). Die Deutsche Bank war bei dieser Gründung mit an erster Stelle beteiligt, überließ jedoch die Führung der Disconto-Gesellschaft, die an der Spitze des Konsortiums für chinesische Geschäfte stand.

Im Zusammenhang mit den ausländischen Elektrizitätsgeschäften faßte die Deutsche Bank Ende der achtziger Jahre in Spanien Fuß. Im Jahre 1889 gründete sie in Gemeinschaft mit dem Bankhaus Arthur Gwinner & Co. u. a. den Banco Hispano-Aleman in Madrid (Aktienkapital 10 Millionen Peseten). Im Jahre der Errichtung der Elektrizitätsgesellschaft in Barcelona und Sevilla (1894) wurde die Bank in die Kommanditgesellschaft Guillermo Vogel & Co. umgewandelt. Im Jahre 1906 ging sie in der Deutschen Überseeischen Bank auf und wurde als Zweigniederlassung dieses Instituts weitergeführt.

In Italien wirkte die Deutsche Bank im Jahre 1894 an der Gründung der Banca Commerciale Italiana in Mailand in maßgebender Weise mit. Die näheren Umstände sollen weiter unten bei der Besprechung der italienischen Finanzgeschäfte behandelt werden.

Abgesehen von der Gründung neuer Auslandsbanken oder der Beteiligung an solchen Gründungen suchte Georg Siemens der Deutschen Bank wertvolle Verbindungen im Auslande zu sichern durch die Herstellung enger und dauernder Beziehungen zu alteingesessenen und angesehenen Bankinstituten. Die große Bedeutung des von Siemens geschaffenen Freundschaftsverhältnisses zur Schweizerischen Kredit-Anstalt in Zürich ist bei der Darstellung der elektrischen Auslandsgeschäfte bereits in Erscheinung getreten; sie wird bei der Schilderung der orientalischen Unternehmungen eine weitere Beleuchtung erfahren. Freundschaftliche Beziehungen ähnlicher Art, die ihren Ausdruck sowohl in der gegenseitigen Ergänzung im laufenden Geschäft als auch gelegentlich im Zusammenwirken bei großen Finanztransaktionen fanden, bildeten sich im Laufe der Zeit namentlich zu russischen, skandinavischen und holländischen Banken heraus.

Österreichische Bankprojekte.

Von besonderer Wichtigkeit war von Anfang an das Verhältnis der Deutschen Bank zu der österreichischen Bankwelt, namentlich zum Wiener Bankverein.

Die enge wirtschaftliche Verflechtung Österreichs mit Deutschland, die trotz aller politischen und handelspolitischen Trennung fortbestand, mußte der Deutschen Bank gute Beziehungen zu der Wiener Bankwelt von Anfang an als wünschenswert erscheinen lassen. Dazu kam, daß die österreichisch-ungarische Monarchie die natürliche Brücke zu den Balkanländern und dem näheren Orient bildete. Außerdem hatte die Wiener Finanzwelt, namentlich infolge der französischen Beteiligung an österreichischen Unternehmungen, vor allem an Eisenbahnen und Banken, einen stärkeren internationalen Einschlag als Berlin; es ließen sich deshalb über Wien mancherlei Fäden spinnen, die unmittelbar von Berlin aus kaum hätten angeknüpft werden können.

Die Gelegenheit zu einer Anknüpfung mit Wien ergab sich, als infolge der Krisis von 1873 der nicht lange vorher gegründete Wiener Bankverein in Schwierigkeiten geriet. Zu der Gruppe des Wiener Bankvereins gehörte die Württembergische Vereinsbank in Stuttgart, deren Leiter, Dr. Kilian Steiner, seinen Freund Georg Siemens für die Reorganisation des Wiener Institutes zu interessieren wußte.

Aus der Mitwirkung der Deutschen Bank an dieser Arbeit ergaben sich dauernde Beziehungen. Daß Georg Siemens, als er sich zur Mitwirkung an der Reorganisation des Bankvereins entschloß, bereits Ziele im Auge hatte, die über ein Fußfassen in Österreich selbst hinausgingen, daß ihm vor allem daran lag, über Wien in Fühlung mit der französischen Haute Finance zu kommen, ergibt sich aus einem Schreiben Steiners an Siemens vom 25. November 1875. Es heißt dort:

„Mit Schenk war ich einen vollen Tag beisammen und habe vielerlei Interessantes erfahren und besprochen. Insbesondere auch die engere Verbindung der Deutschen Bank mit Paris auf der Grundlage Ihrer Ideen. Auf diese ist nicht nur Schenk bereitwilligst eingegangen, sondern er glaubt auch, in Paris das Geeignete besorgen zu können."

Georg Siemens ging bei diesem Bestreben, Verbindung mit Paris zu gewinnen, von der Auffassung aus, daß Deutschland und Frankreich sich in großen Finanzgeschäften wirksam und mit Nutzen für beide Teile ergänzen könnten. Frankreich hatte eine große und gesicherte Position im internationalen Finanzgeschäft, während Deutschland auf diesem Boden vielfach erst Anknüpfungspunkte gewinnen mußte. Frankreich hatte Überfluß an Kapitalien, die nach Beschäftigung drängten, während Deutschland gerade erst anfing, zu Wohlstand zu kommen. Dagegen stand Frankreich an Unternehmungsgeist und Initiative damals schon hinter dem vorwärtsdrängenden Deutschland offenkundig zurück. Einem unmittelbaren Zusammenwirken standen in Frankreich die politischen Abneigungen entgegen, die aus dem verlorenen Krieg von 1870/71 erwachsen waren. Siemens hoffte aber, daß ein an sich vernünftiges Zusammengehen in einzelnen wichtigen Unternehmungen sich über eine neutrale Mittelstelle werde ermöglichen lassen. In der Tat sind die Wiener Beziehungen späterhin für die Verbindung der Deutschen Bank mit französischen Finanzgruppen von großer Bedeutung geworden, wenn auch bis zum Ausbruch des Weltkrieges politische Einflüsse die von Georg Siemens erstrebte Zusammenarbeit niemals zur vollen und reibungslosen Auswirkung haben kommen lassen. Solche störenden Einflüsse sind späterhin namentlich in den orientalischen Unternehmungen der Deutschen Bank zutage getreten.

Schon in einem frühen Zeitpunkte gelang es Georg Siemens, durch die Verbindung mit dem Wiener Bankverein im großen Finanzgeschäft einen ansehnlichen und vielbeachteten Erfolg zu erzielen. Im Wettbewerb mit der bisher in österreichischen Staatsgeschäften allmächtigen, in Wien durch die K.K. Kreditanstalt vertretenen Rothschildgruppe erhielt ein Konsortium den Zuschlag, dessen Träger in Österreich der Wiener Bankverein und die K. K. Bodenkreditanstalt waren und dem auf deutscher Seite der Konzern der Deutschen Bank und der Württembergischen Vereinsbank angehörten. Auf beiden Seiten waren französische Banken beteiligt, ohne deren Mitwirkung damals die Unterbringung österreichischer und ungarischer Staatsanleihen als unmöglich galt. Auf der Seite der Rothschildgruppe stand das diesem Konzern von Anfang an zugehörige Comptoir d'Escompte, auf seiten der Gegengruppe die Banque de Paris et des Pays-Bas, mit der der Wiener Bankverein in nahen Beziehungen stand. Die Beteiligung der deutschen Banken stieß bei den Franzosen anfänglich auf Schwierigkeiten, sie mußte ihnen durch die österreichische Regierung auferlegt werden. Steiner schrieb darüber am 14. März 1876 an Siemens:

„In Wien wird der Finanzminister veranlaßt werden, die Beiziehung der deutschen Gruppe zu verlangen. Dieser Weg ist geboten, weil die Franzosen gegen eine freiwillige Vereinigung mit einer deutschen Gruppe ihre politischen Bedenken haben."

Trotz des beachtlichen Anfangserfolges fand Georg Siemens in der Verbindung mit dem Wiener Bankverein kein Genüge. Der Bankverein stand an Ansehen und Geschäftskreis erheblich hinter den älteren Kreditinstituten, vor allem der K. K. Kreditanstalt, der K. K. Bodenkreditanstalt und der K. K. Länderbank, die mit kaiserlichen Privilegien ausgestattet waren, zurück. Die Bodenkreditanstalt war zwar im Jahre 1876 gegen die Rothschildgruppe mit dem Wiener Bankverein zusammengegangen, zeigte sich aber im übrigen gegenüber diesem sehr zurückhaltend; mit der Deutschen Bank unterhielt sie freundschaftliche Beziehungen, bekundete jedoch keine Neigung, sich irgendwie für die Dauer an die Deutsche Bank zu binden. Die Deutsche Bank sah sich, nachdem die Rothschildgruppe infolge der Schlappe von 1876 sich wieder zu energischem Handeln aufgerafft hatte, vor der Gefahr, in Wien gegenüber den an der Rothschildgruppe beteiligten deutschen Konkurrenzinstituten dauernd und unwiderruflich ins Hintertreffen zu kommen.

Solche Erwägungen veranlaßten Georg Siemens, sich eingehender mit der Lage des österreichischen Bankwesens zu beschäftigen und nach Mitteln zu suchen, die Position der Deutschen Bank im österreichischen Bankwesen neu zu fundieren. Er mußte sich durch die Einblicke in die inneren Verhältnisse der österreichischen Bankverfassung, die er als Mitglied des Verwaltungsrates des Wiener Bankvereins gewann, im Laufe der Jahre überzeugen, daß er das ihm vorschwebende Ziel nur durch ein aktives Eingreifen und eine Änderung der Struktur des österreichischen Bankwesens werde erreichen können.

Er erkannte als eines der stärksten Hindernisse, das einer befriedigenden Entwicklung des verbündeten Bankvereins entgegenstand, die Zersplitterung. „Ich habe immer die Ansicht vertreten, daß ein Platz nicht zahlreiche, sondern, daß er große Banken braucht, und wenn ein Ding keine große Bank werden kann, so muß es wieder verschwinden", schrieb Siemens gelegentlich (1. Oktober 1887) an den Direktor Bauer vom Wiener Bankverein. Aus dieser Auffassung heraus erschien ihm die Schaffung einer großen Kombination der nicht zur Rothschildgruppe und zur Bodenkreditanstalt gravitierenden österreichischen Banken als die erstrebenswerte Lösung.

Aber es ging für ihn nicht nur darum, für die Deutsche Bank im österreichischen Geschäft eine breitere Grundlage zu schaffen; darüber hinaus schwebte ihm das Ziel vor, das österreichische Bankwesen von nichtdeutschen und antideutschen Einflüssen nach Möglichkeit zu reinigen. Er empfand es angesichts des engen politischen Verhältnisses zwischen Deutschland und Österreich-Ungarn als einen unwürdigen und unhaltbaren Zustand, daß in angesehenen österreichischen Banken, vor allem in der Länderbank, das französische Kapital durch einen starken und kompakten Aktienbesitz eine Vorherrschaft ausübte. Geradezu ein Verhängnis für die finanziellen und wirtschaftlichen Verhältnisse der Donaumornarchie sah er in dem der Korruption zugänglichen und die Korruption verbreitenden polnischen Element, das sich — gestützt durch den politischen Einfluß des Polentums und gefördert durch die Franzosen — in der Leitung wichtiger Kreditinstitute breitmachte. Das politische Ziel der Kräftigung des deutschen Einflusses ging hier Hand in Hand mit dem Wunsche einer moralischen Säuberung, die allein ein dauernd ersprießliches Zusammenarbeiten ermöglichen konnte.

Aus solchen Erwägungen heraus entstanden um die Mitte der achtziger Jahre große Pläne, an denen nicht nur die nächsten Bundesgenossen der Deutschen Bank, die Württembergische Vereinsbank in Stuttgart und die Deutsche Vereinsbank in Frankfurt a. M., sondern auch die mit dem Wiener Bankverein gleichfalls in nahen Beziehungen stehende Dresdner Bank mitwirkten. Siemens, dem es auf die Sache und nicht auf Prestigefragen ankam, überließ in den weitschichtigen Operationen, die zur Durchführung des ihm vorschwebenden Zieles eingeleitet wurden, der Dresdner Bank vielfach die Vorhand.

Zunächst wurde an eine Fusion der Länderbank mit dem Wiener Bankverein gedacht. Die Aktion wurde im Jahre 1884 vorbereitet durch die Bildung eines Konsortiums zum Ankauf eines großen Postens von Aktien der Länderbank, dessen Besitz der deutschen Gruppe den maßgebenden Einfluß in der Generalversammlung der Länderbank geben sollte. Der Wiener Bankverein wurde an dieser vorbereitenden Aktion beteiligt.

Ende 1884, als der Ankauf der in Aussicht genommenen Aktienzahl nahezu erreicht war, drängte Siemens auf ein entschlossenes Vorgehen. Am 17. Dezember 1884 schrieb er an Dr. Steiner:

„Nachdem das Konsortium 67000 Stück der beabsichtigten 75000 Stück zusammenhat, scheint mir der Moment gekommen, die Sache zur Entscheidung zu bringen, und zwar sowohl im Bankverein, als auch in der Länderbank. Im Bankverein muß man wissen, was man konsolidieren will; in der Länderbank muß man erfahren, was wir vorhaben. Und zwar muß man zuerst die Sache im Bankverein klarstellen, ehe man die Länderbankleute befühlt. . . . . . Ein Zögern macht uns nicht stärker, setzt aber eventuell vorhandene Gegner in die Lage, sich Material und Bundesgenossen zur Verteidigung zu beschaffen."

Siemens drang jedoch nicht durch. Innerhalb des Konsortiums selbst gingen die Meinungen über die einzuschlagenden Wege zu sehr auseinander. Infolgedessen hatten es die dem Fusionsplane widerstrebenden Elemente leicht, ihre Einflüsse geltend zu machen. In der Verwaltung des Bankvereins selbst machte sich ein passiver Widerstand geltend, als man dort erkannte, daß Siemens sich mit der Übernahme der Länderbank durch den Wiener Bankverein nicht begnügen wollte, sondern eine gründliche Reorganisation des Bankvereins selbst erstrebte. Dr. Steiner gegenüber sprach sich Siemens in einem Briefe vom 22. Februar 1886 folgendermaßen aus:

„Der Bankverein hat mich heute zum 27. Februar eingeladen, und Schenk hat meine Meinung über die Statutenänderung erfragt. Ich habe es für richtig gehalten, ihm zu schreiben, daß ich ganz und gar nicht damit einverstanden sei, daß der Administrationsrat sich die Oberleitung, d. h. die Verantwortlichkeit vorbehalte und die Direktion arbeiten lasse. Unser Bestreben muß sein, die alten Knacker auf den Altenteil zu setzen. Ich denke dadurch noch einige Konzessionen zu erzwingen, welche der Gesellschaft einen etwas mehr deutschen Charakter geben und den faulen Zauber des Geldnehmens ohne Arbeit und des Kommandierens ohne Kenntnis der Verhältnisse beseitigen oder doch wenigstens abschwächen. Ich hoffe, daß Schenk sich ordentlich über mich bei Ihnen beklagen wird. Er hat sich das Statut der Deutschen Bank zum Muster genommen, ohne zu bedenken, daß dieselbe kraft ihres Statuts vollständigsten Anspruch auf einen schimpflichen Bankerott gehabt hätte, wenn nicht ein halbes Dutzend Glücksfälle, resp. Unglücksfälle bei Leuten, welche noch dümmer waren, das verhindert hätte."

In einem späteren Schreiben (vom 7. Oktober 1886) präzisierte Siemens den Unterschied seiner und der österreichischen Auffassung von den Aufgaben eines Bankleiters in folgenden bezeichnenden Worten:

„Zwischen X. und mir besteht eine prinzipielle Verschiedenheit der Auffassungen. Ich verlange eine Bank, oder, wie X. sagt, ein ‚Gerudere'; X. will ein reicher Mann auf Aktien sein. Für mich hat die Länderbank-Affäre nur eine Bedeutung, wenn ich weiß, was nachher aus dem Chaos herauskommt; für ihn ist die Beseitigung des Konkurrenten und der Geldgewinn die Hauptsache."

Schwer beunruhigt und bedroht fühlten sich natürlich die bisherigen Machthaber der Länderbank. Persönliche Selbstverteidigung verband sich mit polnischen und französischen Einflüssen, um den Plan der Einverleibung der Länderbank in den Bankverein zu durchkreuzen. Auch die österreichische Regierung gab zu erkennen, daß ihr ein Verschwinden der Länderbank nicht genehm sein würde. Dazu kam, daß in Deutschland selbst sich Widerstände geltend machten, da eine Berliner Großbank, die bisher mit der Länderbank in engen Beziehungen gestanden und mit dieser namentlich in serbischen und rumänischen Geschäften verbündet war, eine Beeinträchtigung ihrer Interessen von der geplanten Aktion befürchten mußte.

Die verschiedenartigsten Widerstände führten zu einer wesentlichen Änderung des ursprünglichen Planes. Statt die Länderbank im Bankverein aufgehen zu lassen, entschloß man sich zu dem umgekehrten Verfahren: zur Erhaltung und Reorganisation der Länderbank und zur Verschmelzung des Bankvereins mit diesem Institut. Der Widerstand der österreichischen Regierung und der französischen Aktionäre der Länderbank gegen eine Liquidation dieses Instituts konnte auf diese Weise mit einiger Aussicht auf Erfolg umgangen werden; auch fiel für diese Lösung ins Gewicht, daß die Privilegien der Länderbank erhalten blieben. Auf der anderen Seite mußte man mit der Gefahr rechnen, daß die in der Länderbank maßgebenden Elemente den Versuch machen würden, die von der deutschen Seite verfolgten Absichten umzubiegen und sich in dem durch die Aufnahme des Bankvereins erweiterten Institut an der Macht zu halten. Auf den Kampf um die Macht mußte sich schließlich alles zuspitzen.

Ehe dieser Kampf eingeleitet wurde, erfuhr das Konsolidationsprojekt eine beträchtliche Erweiterung durch die Einbeziehung der Anglo-Österreichischen Bank. Die Deutsche Bank mit ihrem Anhang, die Dresdner Bank und die Länderbank bildeten ein Konsortium zum Ankauf von Aktien dieses Instituts, um auch hier den ausschlaggebenden Einfluß zu gewinnen.

Nicht ohne Schwierigkeit gelang es, die Leitung des Wiener Bankvereins, der aus der Rolle des aufnehmenden in die Rolle des einzuverleibenden Instituts herabgedrückt werden sollte, für die neue Lösung zu gewinnen. Dr. Steiner, der in engster Fühlung mit Siemens die Angelegenheit in Wien betrieb, berichtete an letzteren am 28. Mai 1886:

„... Im übrigen hat Schenk mir die bündigste Zusicherung erteilt — und wird sie halten —, unser jetziges Programm, Aufgehen des Bankvereins in einer reorganisierten Länderbank, zu unterstützen und an dessen Durchführung mitzuarbeiten. Ich muß es für absolut ausgeschlossen erachten, daß er wieder schwach wird und eine neue Auflage der Auseinanderſetzungen erleben will, welche ich letztes Mal in Wien mit ihm hatte. Ich erfahre auch durch Bauer, daß Schenk nunmehr entſprechend tätig iſt."

Die größeren Schwierigkeiten lagen aber in der Länderbank ſelbſt. Zunächſt in den franzöſiſchen Beziehungen dieſes Inſtituts, dann in den in der Länderbank maßgebenden Perſönlichkeiten.

Für Siemens hatte die ganze Aktion nur einen Zweck, wenn die Länderbank von beiden Einflüſſen befreit wurde. In ſeinen Briefen an Steiner legte er ſtets den ſchärfſten Nachdruck auf dieſen Punkt. „Unſer Beſtreben in Berlin geht dahin," ſo ſchrieb er am 9. Juni 1886, „daß Berlin an die Stelle von Paris treten, die Geſchäfte direkt machen und Unterbeteiligungen an Paris abgeben ſoll. Dieſe Verhaltungslinie iſt klar, und ich werde dieſelbe nicht unnötig verrücken." Am 14. Auguſt 1886 ſchrieb er: „Sie wiſſen, daß mein Ideal ſich von dem Ihrigen auch etwas unterſcheidet. Angenommen, daß die Länderbank beſtehen bleibt (was ihrer ſtatutariſchen Rechte wegen nützlich ſein mag), ſo darf ſie doch nur ſo beſtehen bleiben, daß unſere Gruppe die abſolute Herrſchaft hat. Das kann H. (Direktor der Länderbank) nicht zugeben, und bei dieſer Frage muß es zum Krach kommen, ſobald Perſonalien und nicht mehr Programme erörtert werden. Dann kommt der Moment, um Gewalt zu brauchen. Und es koſtet zuviel Zeit für mich, wenn ich mich in den vorhergehenden Verhandlungen ſo erſchöpfen ſoll, daß ich ein gutes und billiges Recht auf demnächſtigen Gebrauch der Gewalt vor meinem eigenen Gewiſſen erwerbe. Wie wollen Sie das Programm gegenüber dem Bankverein, und eventuell auch ſchließlich der Anglobank gegenüber rechtfertigen, wenn Sie nicht ſelbſt Länderbank ſind?"

Die Überzeugung, daß nicht nur in organiſatoriſcher, ſondern auch in perſoneller Hinſicht eine Reorganiſation der Länderbank unvermeidlich ſei, wurde in Siemens um ſo ſtärker, je mehr er ſich mit den inneren Verhältniſſen dieſes Inſtituts befaßte. Am 24. Oktober 1886 ſchrieb er an Dr. Steiner:

„Nachdem ich die erſte Schleuſe der Länderbank geöffnet, fließen die Mitteilungen auch aus anderen Schleuſen häufiger, und ich komme immer mehr zu der Überzeugung, daß die Länderbank durch die Polen ſyſtematiſch ausgeraubt wird, und daß es mehr als Leichtſinn wäre, dieſelben an der Kaſſe zu belaſſen."

In späteren Briefen unterstrich Siemens sein ungünstiges Urteil über die in der Länderbank maßgebenden Persönlichkeiten. Einzelne Fälle, die ihm bekannt geworden seien, ließen es ihm unmöglich erscheinen, daß in einen Verwaltungsrat, in dem diese Leute eine Rolle spielten, der Deutschen Bank angehörige Personen eintreten könnten. „Warum wollen Sie sich mit diesen Leuten auf dieselbe Bank setzen? Sie haben es doch nicht nötig!" (Aus einem Brief an Steiner, datiert Wien, Sonntag 1886.)

Aber nicht nur die Beseitigung der alten, auch das Gewinnen neuer Persönlichkeiten machte Schwierigkeiten. „Ohne Direktoren sind Bankaktien nur unbrauchbare Möbel und Liquidationsobjekte." (Brief vom 27. Januar 1887.)

Es gelang Siemens nicht, die Voraussetzungen zu verwirklichen, die allein für ihn die Durchführung der eingeleiteten Kombination nützlich und rätlich erscheinen ließen. Die Widerstände waren in diesem Falle stärker als sein Wille. Er selbst rechtfertigte die Kapitulation vor diesen Widerständen Dr. Steiner gegenüber und wohl auch vor sich selbst damit, daß er in jener Zeit mit so wichtigen Geschäften anderer Art in Anspruch genommen war — es sei nur an die in jene Jahre fallende Aufnahme der Elektrizitätsgeschäfte erinnert —, daß ihm die Möglichkeit fehlte, der österreichischen Angelegenheit seine volle Kraft zu widmen. Diese resignierte Erkenntnis klang schon aus dem oben angeführten Briefe vom 14. August 1886. Noch deutlicher war, was er am 10. September 1886 an Dr. Steiner schrieb:

„Als Direktor der Deutschen Bank bin ich eben nicht so leicht abkömmlich, wie Sie sich das vorstellen. Wir haben so vielerlei Eisen im Feuer, daß ein Geschäft, wie das österreichische, soviel Geld auch darin angelegt sein mag, nicht als das wichtigste und dringendste anzusehen ist, so daß ich dessentwegen auf eine Einflußnahme hinsichtlich der übrigen Geschäftsführung verzichten dürfte."

Auf erneute Rekriminationen Dr. Steiners antwortete er am 25. März 1887:

„Sie haben in Ihrer Stellung das Recht, Theoretiker zu sein, und jede Frage in einer gewissen Loslösung von den übrigen Geschäftsfakten zu behandeln. Ich muß gerade entgegengesetzt verfahren, weil jede

Einzelkombination im Rahmen des Gesamtgeschäfts gehalten werden muß."

Mit dem Scheitern des großen, den eingeleiteten Aktionen zugrunde liegenden Gedankens verlor die ganze Angelegenheit für Siemens ihr eigentliches Interesse. Er trat nunmehr für eine vorsichtige Abwicklung der Konsortien ein, die auf erheblichen Beständen an Aktien der in Frage kommenden österreichischen Banken festsaßen. „Die allgemeine Stimmung innerhalb des Konsortiums ist," so schrieb er am 1. Oktober 1887 an Steiner, „nach und nach die einer allgemeinen Fahnenflucht geworden. Das freundschaftliche Verhältnis zwischen Länderbank und Bankverein hält man für keine vollständige Lösung, wenigstens für keine solche, welche einen starken Aktienbesitz an diesen Banken rechtfertigen könnte."

Wie ein Seufzer der Erleichterung klingt die in einem Briefe vom 22. Dezember 1887 ausgesprochene Hoffnung, daß man „die Allianz mit den polnischen und anderen Juden loswerde, welche Konsortien als Assekuranzen für Erleichterung des Betruges betrachten." Und noch in den letzten Wochen seines Lebens, am 16. September 1901, als er todkrank in Karlsbad daniederlag, ließ er in einem Briefe an den Direktor Bauer vom Wiener Bankverein seinen Unmut über das „System im Betriebe des Bankgeschäfts sowohl in Wien als in Pest" die Zügel schießen: „Beide Plätze würden als Plätze ganz anders aussehen, wenn nicht auf beiden die elende galizische Schule die dominierende wäre."

Über einen Vorschlag der Länderbank, das Konsortium für die Anglobank-Aktien auch nach dem Ausscheiden der Dresdner Bank fortzusetzen, schrieb Siemens an Dr. Steiner am 24. Dezember 1887: „Die Frage ist für uns ziemlich gleichgültig. Da mit dem Besitz der Anglobank-Aktien vorläufig kein Zweck verbunden ist, hat das Zusammenhalten der Aktien auch kein anderes Interesse als ein Börseninteresse ... Wir werden uns unsererseits indessen den Wünschen der Majorität fügen."

Sein Schlußwort zu der ganzen Aktion schrieb er in einem Briefe an Dr. Steiner vom 14. März 1888:

„Da wir alle kein ewiges Leben haben, sondern mit der Endlichkeit rechnen müssen, so müssen auch unsere Pläne dementsprechend eingerichtet werden. Das an sich Zweckmäßige kann im Raum und in der Zeit unzweckmäßig werden."

Die Konsortien wurden allmählich ohne finanzielle Einbuße für die Deutsche Bank abgewickelt. Aber ein großer Aufwand an Zeit und Kraft war umsonst vertan. In der Öffentlichkeit wurden die Transaktionen von Leuten, die keinen Einblick in die eigentlichen Beweggründe und Ziele hatten, als reine Börsenspekulation gewagtesten Charakters scharf kritisiert*). Eine ungünstige Rückwirkung übten sie auch auf das bisher freundschaftliche Verhältnis zwischen der Deutschen Bank und der K. K. Österreichischen Bodenkreditanstalt aus: die Bodenkreditanstalt schloß sich Ende 1886 ostentativ der Rothschildgruppe an, ging also in das gegnerische Lager über.

Trotz des schließlichen Mißlingens schien mir eine Darstellung dieser Aktion für die Zwecke der Lebensbeschreibung Georg Siemens' von Wichtigkeit zu sein. Denn Wesen und Charakter einer handelnden Persönlichkeit treten oft deutlicher zutage in dem, was sie gewollt und nicht erreicht hat, als in den glänzendsten Erfolgen. Ich wüßte kaum ein von Georg Siemens durchgeführtes Unternehmen, in dem das Wesen seiner Ziele und die Strenge seiner Geschäftsauffassung besser und klarer sich kundgetan hätte, als in seinen schließlich gescheiterten Bestrebungen, das österreichische Bankwesen auf Grundlage des deutschen Einflusses und einer reinlichen Geschäftsmoral zu erneuern.

Zweites Kapitel.

Das ausländische Finanzgeschäft.

Die Stellung des ausländischen Finanzierungsgeschäfts im Geschäftskreise der Deutschen Bank.

Der Ausbau der Organisation für die bankgeschäftliche Abwicklung des deutschen Außenhandels war für Georg Siemens nur ein Teil der großen Aufgabe, deren Lösung ihm auf dem Gebiete der „Weltwirtschaft" vorschwebte. Genau wie er bei der Ausgestaltung des inländischen Geschäftes der Deutschen Bank die engen Schranken des eigentlichen

*) Auch in die Fachliteratur ist diese falsche Auffassung übergegangen. Siehe Model-Loeb, Die Berliner Effektenbanken, 1895.

Kreditgeschäfts durchbrochen und dem von ihm geführten Unternehmen das weite Feld des Finanzierungsgeschäfts erschlossen hatte, genau so drängte er auch in der Entwicklung der auswärtigen Geschäfte der Deutschen Bank über die bankmäßige Erledigung von Transaktionen des Ein- und Ausfuhrhandels hinaus zu der seinem schöpferischen Geist einen freieren Spielraum lassenden Finanzierungstätigkeit.

Beim Ausbau des inländischen Geschäfts war unter Georg Siemens' Initiative die Deutsche Bank dazu übergegangen, durch eine planmäßige Industrieförderung die Auslandsgeschäfte in Einfuhr und Ausfuhr entstehen zu lassen und zu vermehren, zu deren Abwicklung sie ursprünglich ins Leben gerufen worden war. Das ausländische Finanzierungsgeschäft war die notwendige Ergänzung: neben den der bankgeschäftlichen Abwicklung des deutschen Außenhandels dienenden Filialen, Tochterbanken und Bankbeziehungen galt es, den deutschen Außenhandel selbst in den auswärtigen Wirtschaftsgebieten durch Geschäfte und Unternehmungen zu fördern, die geeignet waren, wirtschaftliche Beziehungen zu schaffen oder enger zu gestalten, der deutschen Industrie Absatzmärkte und Bezugsquellen zu erschließen.

Zunächst kam auf dem Gebiete der auswärtigen Finanzgeschäfte in Betracht die Übernahme und Unterbringung von Anleihen auswärtiger Staaten und sonstiger öffentlicher Körperschaften, ein Geschäftszweig, der von den älteren deutschen Banken und Bankhäusern schon seit langer Zeit mit Erfolg, wenn auch nicht in allzu großem Umfange gepflegt worden war. Schon die Wahrnehmung, daß bei Geschäften dieser Art im allgemeinen mehr zu verdienen war als mit inländischen Staats- und Kommunalanleihen, hatte stets eine besondere Anziehungskraft ausgeübt, zumal da das den größeren Gewinnaussichten entsprechende Risiko meistens zu Lasten des diese Werte aufnehmenden Publikums ging. Dazu kam, daß gerade die ausländischen Staatsgeschäfte in besonderem Maße als Gradmesser des Ansehens der Bankinstitute galten. Die sorgfältige Behandlung des mit diesen Geschäften verbundenen Risikos, wie sie nach manchen bitteren Erfahrungen schon zur Schonung des eigenen „Emissionskredits" sich als notwendig herausstellte, ist späteren Datums; ebenso die Handhabung auswärtiger Anleihen als Mittel zum Zweck der Förderung wirtschaftlicher oder gar politischer

Beziehungen. In beiden Punkten ist Georg Siemens, wie die nachstehende Darstellung ergeben wird, in Deutschland bahnbrechend gewesen.

Noch mehr gilt das von der zweiten Kategorie der ausländischen Finanzgeschäfte: von der Schaffung großer Unternehmungen, insbesondere auf dem Gebiete der Industrie und des Verkehrswesens. Des jungen Georg Siemens erste geschäftliche Betätigung, die Arbeit in London und Persien für das große Unternehmen des indo-europäischen Telegraphen, hatte einer Aufgabe dieser Art gegolten. In welcher Weise er in der Vollkraft seines Wirkens auf diesem Felde dem deutschen Unternehmungsgeiste, der deutschen technischen und wirtschaftlichen Intelligenz und der deutschen Arbeit draußen in der Welt den Boden bereitet hat, ist für ein wichtiges Spezialgebiet bei der Schilderung seiner Tätigkeit für die weltumspannende Ausdehnung der deutschen Elektrizitätsindustrie bereits in Erscheinung getreten.

Das ausländische Finanzierungsgeschäft im Rahmen der Entwicklung der deutschen Volkswirtschaft.

So sehr gerade die Betätigung auf diesem weiten Gebiete Georg Siemens reizte, so übereilte er doch nichts. Er ging auch auf diesem Gebiete mit derselben zielsicheren Vorsicht zu Wege, wie auf dem Gebiete der inländischen Industrie-Finanzierung. Die innere Festigung der Deutschen Bank und die innere Kräftigung der deutschen Volkswirtschaft waren ihm die unerläßlichen Voraussetzungen für ein erfolgreiches Wirken in dem großen Auslandsgeschäft.

Beide Voraussetzungen waren in der ersten Hälfte der achtziger Jahre erfüllt. Die Deutsche Bank hatte dank einer vorsichtigen und weitausschauenden Geschäftspolitik Mark in den Knochen, und die deutsche Wirtschaft fing an, nach den Jahren der Konsolidierung über den eigenen Kapitalbedarf hinaus Überschüsse zu produzieren, die für eine Anlage in ausländischen Werten und Unternehmungen verfügbar wurden. Die eigene industrielle Entwicklung Deutschlands bewegte sich, etwa vom Jahre 1883 an, in einem mäßigen Tempo; ihre Ansprüche an Investierung neuen Kapitals blieben hinter der Neuproduktion an Kapital zeitweise nicht unerheblich zurück, während draußen in der Welt geradezu ein Hunger nach Kapital für die Erschließung und Nutzbarmachung neuer Gebiete entstand. Ihren unmittelbaren Ausdruck fanden diese Verhältnisse in dem Unterschied zwischen dem niedrigen Stande des Zinssatzes in den Zentren der europäischen Wirtschaft und den hohen Zins- und Gewinnsätzen, die das ausländische Geschäft in Aussicht stellte. Dieser Unterschied schuf die Disposition für die großen Kapitalbewegungen, die sich vom Beginn der achtziger Jahre an in verstärktem Maße von den europäischen Wirtschaftszentren nach den Außengebieten vollzogen.

Die Tendenz zur auswärtigen Kapitalanlage wurde in Deutschland noch besonders verschärft durch die Wirkungen der Eisenbahnverstaatlichung, die dem Publikum an Stelle der relativ hochverzinslichen Eisenbahnaktien niedrig verzinsliche Staatspapiere gab; ferner durch die im Laufe der achtziger Jahre einsetzenden Konversionen der Staats- und Kommunalanleihen, Pfandbriefe usw.; schließlich durch die Aktien- und Börsengesetzgebung, die der Schaffung und Unterbringung deutscher börsengängiger Industriewerte gewisse Hemmnisse entgegensetzte, an die sich Banken und Publikum erst gewöhnen mußten.

In den Geschäftsberichten der Deutschen Bank hat Georg Siemens wiederholt auf diese Gestaltung der Verhältnisse hingewiesen.

So heißt es im Geschäftsbericht für das Jahr 1883:

„. . . Unter diesen Umständen ergab sich für uns keine Veranlassung zu Beteiligungen bei neuen Unternehmungen. Da die meisten anderen großen im Markte leitenden Bankhäuser eine ähnliche Politik verfolgen, so haben sich viele frei werdende Ersparnisse angesammelt, die der Verwendung harren und inzwischen auf den Zinsfuß drücken. Derselbe wird voraussichtlich niedrig bleiben, solange sich nicht entweder ein Wiedererwachen des Unternehmungsgeistes oder aber eine vermehrte Neigung für dauernde Anlagen im Auslande, d. h. also eine Auswanderung des inländischen Kapitals eintritt."

Der Bericht für 1885 bemerkt:

„Infolge der Vermehrung der Kommunikationsmittel werden in fremden Weltteilen immer neue Produktionsgebiete eröffnet und in die wirtschaftliche Konkurrenz hineingezogen. Andere überseeische Länder, welche bisher im wesentlichen Rohprodukte exportierten und dafür Fabrikate aus Europa bezogen, bilden nach und nach eine eigene, zum Teil sogar exportfähige Industrie heran und beschränken direkt und indirekt die Absatzmöglichkeit der europäischen Fabrikate. Infolge des Sinkens der Rohproduktenpreise in der ganzen Welt genügen auch geringere Geldmassen für den Ankauf und für die Bewegung, Verteilung und Verarbeitung derselben sowie der daraus hergestellten Halb- und Ganzfabrikate. Das frei gewordene Kapital aber hat keinen Abzug gefunden; denn es macht sich zugleich eine Abneigung gegen Ausdehnung der bestehenden und Errichtung neuer industrieller Anlagen bemerklich."

Im Bericht für 1886 wird ausgeführt:

„. . . . Die Geldfülle hat unverändert fortbestanden und den Zinsfuß für vorübergehende Anlagen (Wechsel und Reports) niedrig gehalten, während die Effektenkurse, namentlich diejenigen für sogenannte Anlagewerte, sich weiter erhöhten."

Die sich in jenen Jahren bietenden großen Möglichkeiten der Anlage brachliegenden deutschen Kapitals in gut verzinslichen ausländischen Wertpapieren und in aussichtsvollen ausländischen Unternehmungen wurden deshalb allgemein als auch im Interesse der deutschen Gesamtwirtschaft erwünscht und vorteilhaft willkommen geheißen. Die damaligen Anschauungen der Fachkreise und der öffentlichen Meinung, wie sie z. B. in Handelskammerberichten, in Fachzeitschriften und in der Tagespresse in Erscheinung traten, bewegten sich durchaus in der Richtung nicht nur der Zweckmäßigkeit, sondern auch der Notwendigkeit der Erschließung ausländischer Kapitalanlagen für den deutschen Markt. Die künstliche Züchtung des deutschen Interesses für Auslandswerte, wie sie damals von den emittierenden Banken lediglich aus Gründen des rücksichtslosen privatwirtschaftlichen Gewinnstrebens betrieben worden sein soll, ist eine spätere Konstruktion, die durch mancherlei Mißgriffe und Fehlschläge in der fremdländischen Investierung deutscher Kapitalien und mehr vielleicht noch durch die von der Mitte der neunziger Jahre an eintretende und sich bis zur Kapitalknappheit steigernde Zunahme des inländischen Kapitalbedarfs zwar eine psychologische Erklärung, nicht aber eine historische Begründung erfährt.

Wie gering gerade in den achtziger Jahren des vorigen Jahrhunderts die inländischen Anforderungen an den deutschen Kapitalmarkt waren, und in welchem Maße deutsches Kapital ausländischen Investierungen zur Verfügung stand, zeigt die nachstehende, nach der Emissionsstatistik des „Deutschen Ökonomist" aufgestellte Übersicht über die Emission deutscher und ausländischer Wertpapiere an den deutschen Börsen.

Kurswert in Millionen Mark.

Jahr	Inlandswerte	Auslandswerte	zusammen
1883	454	300	754
1884	375	530	905
1885	389	510	899
1886	530	485	1015
1887	599	410	1009
1888	1317	667	1984
1889	1158	584	1742
1890	1135	386	1521
1891	973	245	1218
1892	778	172	950
1893	924	377	1301
1894	1035	384	1419
1895	1057	318	1375
1896	1328	568	1896
1897	1329	633	1962
1898	1697	710	2400
1899	2378	234	2612
1900	1576	275	1851

Von den in dieser Statistik erfaßten Emissionen — und die weitaus meisten, größten und wichtigsten sind berücksichtigt — kam also in den Jahren 1884 und 1885 ein größerer Anteil auf Auslands- als auf Inlandswerte. Ja, die Gesamtemission von Auslandswerten der fünf Jahre 1883 bis 1887 blieb mit 2235 Millionen Mark nur unwesentlich hinter der gleichzeitigen Gesamtemission von Inlandswerten in Höhe von 2347 Millionen Mark zurück.

Die folgenden Jahre, die ersten Jahre der Entwicklung der deutschen Elektrizitätsindustrie, brachten bei einer starken Zunahme der inländischen Investierungen einen scharfen Rückgang der Auslandsemissionen; der

Tiefpunkt für die letzteren wurde im Jahre 1892 erreicht, in dem sich die Emission von ausländischen Wertpapieren nur auf 172 Millionen Mark belief, gegen 530 im Jahre 1884 und 667 im Jahre 1888. Aber auch der Fortgang der neunziger Jahre brachte, während die Inlandsemissionen schließlich im Jahre 1899 über die zweite Milliarde hinausstiegen, für die Auslandsemissionen keine Entwicklung, die den Stand der achtziger Jahre überholt hätte; die Auslandsemissionen der Jahre 1899 und 1900 waren vielmehr nur noch etwa halb so hoch wie in den Jahren 1884 und 1885, während die Gesamtemissionen auf den deutschen Börsen gegenüber der Zeit von 1883 bis 1887 auf mehr als das Doppelte gestiegen waren. Diese auffallende Entwicklung hielt auch im neuen Jahrhundert bis zum Kriegsausbruch an. Im Jahrfünft 1901 bis 1905 stellte sich die Gesamtemission auf 10486 Millionen Mark, wovon 8339 Millionen auf Inlandswerte, 2147 Millionen auf Auslandswerte entfielen. Im Jahrfünft 1906 bis 1910 stellte sich bei einer Zunahme der Gesamtemission auf 14112 Millionen Mark der Betrag der emittierten Auslandswerte sogar nur noch auf 1497 Millionen Mark, der Betrag der emittierten Inlandswerte dagegen auf 12615 Millionen Mark. Die folgenden drei Jahre brachten in diesem Verhältnis keine wesentliche Veränderung.

Der inländische Kapitalbedarf hatte also bei der Anlage der verfügbar werdenden deutschen Kapitalien stets die Vorhand. Sein Daniederliegen in den achtziger Jahren machte überraschend große Summen für die Anlage in Auslandswerten verfügbar, sein scharfes Anziehen vom Ende der achtziger Jahre an beschränkte dem in seiner inneren Wirtschaft so sehr viel stärker werdenden Deutschland die Mittel für ausländische Investierungen.

In den Ziffern der deutschen Auslandsemissionen während der achtziger Jahre tritt zutage, wie Deutschland, das vor nicht allzu langer Zeit zur Erschließung seiner eigenen Hilfsquellen noch auf ausländisches, namentlich auf englisches Kapital sich angewiesen gesehen hatte, mit raschen Schritten in den internationalen Beziehungen sich zu einem Geldgeber großen Stils entwickelte, der sich neben den Ländern mit älterer Wirtschaft und älterem Reichtum als beachtlicher Wettbewerber sehen lassen konnte.

Die Entwicklung als solche lag im Zuge der Zeit. Sache der leitenden Männer des deutschen Bankwesens war, diese Entwicklung so zu leiten und zu führen, daß die zur Verfügung stehenden Mittel ein Höchstmaß von Vorteil nicht nur für das deutsche Kapital, sondern darüber hinaus für die gesammte deutsche Volksgemeinschaft erbrachten.

Georg Siemens als Organisator des auswärtigen Finanzierungsgeschäftes.

Erfolge und Rückschläge.

Die Besonderheit seiner Veranlagung und die Großzügigkeit seiner Auffassung von den Aufgaben eines leitenden Bankmannes prädestinierten Georg Siemens geradezu für das große ausländische Finanzierungsgeschäft. Hier bot sich der weiteste Spielraum für seine konstruktive Begabung und für seine Meisterschaft im Verhandeln. Hier bot sich ein Feld nicht nur für den geschulten Finanzier, sondern auch für den gründlichen Kenner der wirtschaftlichen Verhältnisse und den sicheren Beurteiler der politischen Voraussetzungen und Wirkungen. Immer mehr zogen ihn die hier zu lösenden Aufgaben in ihren Bann und immer stärker nahmen sie seine unerschöpfliche Arbeitskraft in Anspruch. Jedes einzelne der zahlreichen von der Deutschen Bank seit Beginn der achtziger Jahre durchgeführten größeren Auslandsgeschäfte ist von ihm eingeleitet, ausgedacht und verhandelt worden; jedes einzelne ist in der Durchführung und Abwicklung von ihm betreut worden, oft genug unter Schwierigkeiten und Rückschlägen, die einen anderen hätten verzagen lassen.

Die älteren deutschen Bankinstitute hatten im Auslandsgeschäft gegenüber der noch jüngeren Deutschen Bank zunächst einen nicht unerheblichen Vorsprung, der zum Teil durch alte und feste Verbindungen mit starken internationalen Finanzgruppen noch besonders gesichert war. Angesichts des Prestiges, das in den Augen des Publikums von den großen Auslandsgeschäften ausstrahlte, waren die beati possidentes entschlossen, ihren Besitzstand mit besonderer Zähigkeit zu verteidigen.

Die ersten Auslandsgeschäfte, mit denen sich Georg Siemens als Direktor der Deutschen Bank befaßte, hielten sich durchaus innerhalb des herkömmlichen und erprobten Rahmens. Sie stellten Versuche dar, dem jungen Institut der Deutschen Bank auch in diesen wichtigen Geschäften einen Platz zu gewinnen. Die ersten in anderem Zusammenhang bereits erwähnten Erfolge waren die Einführung der Prioritäten der Zarskoje-Selo-Eisenbahngesellschaft an der Berliner Börse im Jahre 1874 und die Übernahme einer österreichischen Anleihe im Wettbewerb mit der Rotschildgruppe im Jahre 1876. Aber schon diese ersten Erfolge hatten gezeigt, daß es bei dem nötigen Wagemut, der nötigen Umsicht und Nachhaltigkeit möglich sein würde, der Deutschen Bank im internationalen Finanzgeschäft eine Position zu schaffen.

Das gelang in der Tat in überraschend kurzer Zeit. In Verbindung mit den ihr nahestehenden deutschen Banken und mit auswärtigen Finanzinstituten, zu denen im Laufe der siebziger Jahre teils direkte Beziehungen angeknüpft, teils auf dem geschilderten Wege über Wien Fäden gesponnen worden waren, vermochte Siemens von dem Augenblicke an, in dem er eine stärkere Betätigung auf diesem Felde für angezeigt hielt, der Deutschen Bank innerhalb weniger Jahre eine Reihe ansehnlicher Auslandsgeschäfte zuzuführen. Die Deutsche Bank beteiligte sich, vielfach als führendes Institut, an einer großen Anzahl von Geschäften auf dem Gebiete der Staats- und Kommunalanleihen, der Eisenbahnunternehmungen, des Bodenkredits, der Industriefinanzierung usw. in Österreich-Ungarn, in Rußland, in Skandinavien, in der Schweiz, in Spanien, in Italien, in den Vereinigten Staaten von Amerika, in Argentinien und anderen südamerikanischen Staaten, auf dem Balkan, in der Türkei, in Ostasien, in den deutschen Kolonien. Einige dieser Geschäfte und Unternehmungen, die dem Lebenswerke Georg Siemens' in besonderem Maße zugehören, sollen weiter unten im einzelnen dargestellt werden; so die argentinischen und italienischen Finanzgeschäfte, der Anteil an der Finanzierung und Reorganisation großer amerikanischer Eisenbahn-Gesellschaften, die Betätigung auf kolonialem Boden und der Aufbau der großen Verkehrsunternehmungen im näheren Orient. Der enge Rahmen dieser Lebensbeschreibung nötigte zu dieser engen Auswahl, bei der manche großangelegte und groß durchgeführte Transaktion nicht zu ihrem Rechte kommt; so z. B. die im Jahre 1891 eingeleitete und sich über fast ein Jahrzehnt erstreckende, an Mühen, Verwickelungen und Kämpfen reiche Mitarbeit an der Verstaatlichung der Schweizerischen Centralbahn, ebenso die Mitarbeit Siemens' an den von der Disconto-Gesellschaft geführten ostasiatischen Geschäften und Unternehmungen.

In ihrer Gesamtheit brachten diese Geschäfte der Deutschen Bank eine beträchtliche Mehrung ihres Ansehens und stattliche Gewinne unmittelbarer und mittelbarer Art, dem deutschen Publikum gute Anlagemöglichkeiten, der deutschen Volkswirtschaft einen Anteil an den finanziellen und wirtschaftlichen Vorteilen, die sich insbesondere aus der Mitarbeit an der Erschließung neuer Kulturgebiete ergaben, darüber hinaus die Neuanknüpfung oder Festigung wertvoller Handelsbeziehungen, schließlich brachten sie der deutschen Politik eine mitunter wertvolle Unterstützung.

Aber diese Vorteile hatten auch ihre Kehrseite: das größere Risiko des internationalen Finanzgeschäfts, beruhend auf der Abhängigkeit der Auslandswerte und Auslandsunternehmungen von Verhältnissen, deren Gestaltung ungleich schwerer zu übersehen und im voraus zu beurteilen ist, als die Bedingungen, auf denen die Entwicklung gleichartiger Inlandsgeschäfte beruht. Diese Kehrseite wurde besonders deutlich in den schweren Krisen, die zu Beginn der neunziger Jahre des vorigen Jahrhunderts den internationalen Finanzmarkt heimsuchten. Damals lösten spekulative Übertreibungen in der wirtschaftlichen Entwicklung und leichtfertiges, teilweise geradezu korruptes Gebahren in der Führung sowohl der staatlichen Finanzen als auch großer Unternehmungen eine Reihe von Staatsbankerotten und Zusammenbrüchen aus, von denen auch das deutsche Publikum, das in jenen Ländern Kapital investiert hatte, schwer getroffen wurde. Auch eine Anzahl der von der Deutschen Bank dem deutschen Publikum vermittelten Auslandswerte wurden notleidend.

Die Folge war nicht nur eine scharfe Kritik an der Geschäftstätigkeit der Banken, die dem deutschen Markte jene Auslandswerte zugeführt hatten, sondern auch ein starkes Mißtrauen gegen Auslandswerte überhaupt und eine lebhafte Agitation gegen die „Überschwemmung" des deutschen Marktes mit ausländischen Wertpapieren. Als dann von der Mitte der neunziger Jahre an die industrielle Entwicklung Deutschlands selbst den großen Aufschwung nahm und in steigendem Maße das neuproduzierte Kapital für sich beanspruchte, erhielt die Bewegung gegen den deutschen „Kapitalexport" einen neuen Antrieb. Die Verteuerung der Zinssätze auf dem inländischen Geld- und Kapitalmarkte wurde — wenigstens zum Teil — auf den Wettbewerb des auswärtigen Kapitalbedarfs zurückgeführt, und legislatorische Abwehrmaßnahmen gegen die Kapitalanlage in Auslandswerten wurden gefordert.

Angesichts der in den auswärtigen Finanzgeschäften tatsächlich begangenen Mißgriffe, angesichts der — nicht nur infolge solcher Fehler, sondern auch infolge von Ereignissen, die sich der Voraussicht und Einwirkung des einzelnen entzogen — für das deutsche Publikum an Auslandswerten entstandenen Verluste, schließlich angesichts des immer stärker anwachsenden eigenen Kapitalbedarfs der deutschen Volkswirtschaft war es keine leichte Aufgabe, die Berechtigung, ja Notwendigkeit der auswärtigen Betätigung des deutschen Kapitals zu vertreten. Wir werden sehen, daß auch unter diesen schwierigen Verhältnissen Georg Siemens sich den Blick nicht trüben und sich von seinem Wege nicht abdrängen ließ.

Er trat für das von ihm als richtig und notwendig erkannte nicht nur mit überzeugenden Argumenten ein, sondern auch durch überlegtes und folgerichtiges Handeln.

Er hatte von Anfang an die Gefahren der auswärtigen Kapitalanlagen richtig eingeschätzt. Er war sich klar darüber, daß auch eine vorsichtige Auswahl und gründliche Prüfung eines jeden einzelnen Geschäfts diese Gefahren nicht völlig ausschalten könne. Er hatte deshalb frühzeitig darauf hingewiesen, daß sich die Anlagen in ausländischen Werten nur für Kapitalisten eigneten, die sowohl über einen gewissen Wohlstand, wie auch über ein eigenes Urteil verfügten, die deshalb das den höheren Gewinnaussichten entsprechende Risiko tragen könnten und in schwierigen Lagen nicht sofort den Kopf verlören.

Er konnte, als infolge der Krisen der ersten Hälfte der neunziger Jahre die Kritik sich gegen das Auslandsgeschäft als solches wandte, mit Recht darauf hinweisen, daß alles in allem genommen das deutsche Publikum selbst aus den vorübergehend notleidend gewordenen Auslandswerten, die ihm durch die Deutsche Bank angeboten worden waren, einen nicht unwesentlich höheren Gewinn gezogen habe, als aus den fest verzinslichen deutschen Wertpapieren ersten Ranges.

Er hat ferner, um sowohl für die Bank als auch für die Gesamtheit des deutschen Kapitalmarktes ein Gegengewicht gegen die Gefahren zu schaffen, das Prinzip der Verteilung des Risikos durch die Vielgestaltigkeit der Auslandsgeschäfte planmäßig ausgebildet. Er suchte insbesondere in der Anlage in amerikanischen Werten eine Sicherung gegen die Störungen politischer Art, denen die Werte der Alten Welt gerade in den achtziger Jahren wiederholt in besonderem Maße ausgesetzt waren.

Er hat außerdem schon frühzeitig den Versuch gemacht, auf organisatorischem Wege einen möglichst weitgehenden Schutz gegen die besonderen Gefahren der auswärtigen Kapitalanlagen zu schaffen. Seine Bemühungen auf diesem Gebiete, die er bis gegen das Ende seines Wirkens nicht aufgab, verdienen eine besondere Würdigung.

Georg Siemens und die treuhänderische Vertretung der finanziellen Auslandsinteressen.

Was Georg Siemens sehr bald als eine Notwendigkeit für eine gedeihliche Entwicklung des auswärtigen Finanzierungsgeschäftes erkannte, war ein korporativer Zusammenschluß der Interessenten an auswärtigen Kapitalanlagen in der Art des im Jahre 1868 in London errichteten Council of Foreign Bondholders, dessen große Leistungen in der Vertretung und im Schutz der britischen Inhaber ausländischer Wertpapiere ihm bekannt waren.

Schon im Jahre 1875, als nach der Revolution in Uruguay die neue Regierung die Zinszahlungen auf den von der Deutsch-Belgischen La-Plata-Bank an die alte Regierung gewährten Vorschuß einstellte und damit die Lebenskraft dieser südamerikanischen Niederlassung der Deutschen Bank an der Wurzel traf, hatte Georg Siemens den Mangel einer treuhänderischen Gesamtvertretung der deutschen finanziellen Auslandsinteressen schwer empfunden. Aber seine Bemühungen um eine solche Vertretung fanden zunächst kein Verständnis. Als die Deutsche Bank, und mit ihr die gesamte deutsche Bankwelt, im Laufe der achtziger Jahre mit bisher ungeahnten Beträgen in die auswärtigen Finanzgeschäfte hineinging, nahm Siemens den Gedanken einer Treuhandvereinigung für Auslandswerte wieder auf, nicht nur um für alle Eventualitäten einen Schutz gegen Verletzungen von Rechten und Interessen des im Ausland investierten deutschen Kapitals zu schaffen, sondern auch, weil er von einer solchen Einrichtung sich die Möglichkeit einer besseren Prüfung der für Neuinvestierungen in Betracht kommenden Verhältnisse versprach. Ganz in seinem Sinne schrieb im Mai 1887 der „Deutsche Ökonomist", dessen Herausgeber W. Christians ihm persönlich nahestand und oft seine Gedanken publizistisch vertrat:

„Den Wert der Selbsthilfe haben wir theoretisch wohl begriffen; unsere Überzeugung ins Praktische zu übersetzen, uns das mannhafte Selbstbewußtsein des Engländers anzueignen, die Vertretung gemeinsamer Interessen durch tatkräftige Mitwirkung aller Beteiligten einzuleiten, haben wir noch nicht gelernt. Wir sind daran gewöhnt, daß gemeinsame Interessen durch die hohe Obrigkeit wahrgenommen werden, und wo diese nicht eintritt, da findet man sich jammernd in sein Schicksal oder man vertraut seine Interessen träge und vertrauensselig dem ersten Besten an, der sich unter dem Anschein der Uneigennützigkeit dazu erbietet."

Da bei dieser auch jetzt noch bestehenden Verständnislosigkeit der große Gedanke eines korporativen Zusammenschlusses aller finanziellen Auslandsinteressen aussichtslos erschien, versuchte Siemens, wenigstens für ein Teilgebiet, für die im Laufe der achtziger Jahre besonders wichtig und umfangreich gewordenen finanziellen Beziehungen zu den Vereinigten Staaten, den Gedanken zu verwirklichen, und zwar durch die im März 1890 vollzogene Gründung der „Deutsch-Amerikanischen Treuhandgesellschaft".

Die Einzelheiten dieser Gründung werden bei der Besprechung der von Siemens eingeleiteten und durchgeführten amerikanischen Finanzgeschäfte näher zu erörtern sein. Hier genüge der Hinweis, daß diese Treuhandgesellschaft die doppelte Aufgabe einer finanziellen Trustgesellschaft und einer Schutzorganisation der deutschen Besitzer amerikanischer Wertpapiere erfüllen sollte.

Für Georg Siemens bedeutete diese Gründung nur einen ersten

Schritt. Die gerade in jener Zeit ausbrechende internationale Finanzkrisis, die zu einer Reihe von Staatsbankerotten führte und zahlreiche ausländische Werte notleidend werden ließ, und die Schutzlosigkeit, mit der die deutschen Inhaber dieser Werte den Schädigungen gegenüberstanden, veranlaßte ihn zu neuen Anstrengungen. Es gelang ihm, den „Verein deutscher Banken", dem etwa 80 deutsche Bankinstitute angehörten, ernsthaft für seine Gedanken zu interessieren. Unter seiner führenden Mitwirkung arbeitete der Verein Ende 1891 ein Programm für die Errichtung einer „Schutzgesellschaft für fremdländische Wertpapiere" aus. In der Aufforderung zum Beitritt wurde ausgeführt:

Die Errichtung des Instituts sei wünschenswert wegen der Notwendigkeit, die Finanzen der in Bedrängnis geratenen ausländischen Staaten ständig zu überwachen und mit diesen Staaten die für die Wahrung der Interessen der Wertpapierbesitzer notwendigen Arrangements zu treffen. Die Legitimation der Emissionsbanken zur Wahrung der Interessen der Wertpapierinhaber sei juristisch zweifelhaft; es sei daher in den meisten Fällen notwendig, daß die Wertpapierinhaber sich sammelten und bestimmten Personen oder Einrichtungen ein Mandat gäben. Eine glatte Übernahme der englischen Einrichtung des Council of Foreign Bondholders werde in den deutschen Verhältnissen auf Schwierigkeiten stoßen; eine Vereinigung unter dem preußischen Gesetz dürfte den Zwecken am besten entsprechen. Für eine behördliche Förderung lägen positive Zusicherungen vor. „Wir versprechen uns von der Einrichtung einer solchen Schutzgesellschaft für die Inhaber ausländischer Wertpapiere in Deutschland eine stetige und wirksame Vertretung der Interessen, eine Beruhigung unseres Publikums und damit eine Belebung des Geschäftsverkehrs, welche so lange ausgeschlossen erscheint, als das bisherige Mißtrauen und das gegenwärtig in Kapitalistenkreisen vorherrschende Gefühl bestehen bleibt, daß dieselben im Notfall auf den erforderlichen kräftigen Schutz ihrer Interessen nicht rechnen können, ein Zustand, welcher u. E. großen Nachteil für den Handelsverkehr mit sich bringen muß."

Der Plan stieß sofort auf den Widerstand einiger Emissionshäuser, die befürchteten, daß in der Schutzgesellschaft eine Instanz entstehen könnte, an der man bei der Übernahme neuer Geschäfte nicht vorübergehen könne. Die Ältesten der Kaufmannschaft von Berlin schlossen sich diesem Widerspruch an; dagegen nahm der Deutsche Handelstag im Januar 1892 fast einstimmig einen Antrag an, der den Gedanken der Schutzgesellschaft guthieß. Aber die Opposition namhafter Berliner Bankinstitute und Bankhäuser war stark genug, um die Verwirklichung des Gedankens zu hintertreiben.

In der Folgezeit nötigten die fortdauernde Unsicherheit in den finanziellen Verhältnissen Argentiniens, die italienische Krisis, der Staatsbankerott in Portugal und Griechenland, die Zinskürzungen in Ägypten und Serbien, die Krisis im amerikanischen Eisenbahnwesen zur Bildung einer Reihe besonderer Schutzvereinigungen. Obwohl diese Einzelvereinigungen vielfach zu spät ins Leben gerufen wurden, um mit voller Wirksamkeit eingreifen zu können, und obwohl sie der Autorität ermangelten, über die eine Gesamtvertretung der deutschen finanziellen Auslandsinteressen hätte verfügen können, behielt es bei dieser halben Lösung sein Bewenden. Ein neuer Versuch, den Siemens im Jahre 1899 auf Grund der nur teilweise befriedigenden Ergebnisse der Einzelvereinigungen für die Verwirklichung des umfassenden Gedankens unternahm, wurde abermals zum Scheitern gebracht: nachdem Siemens durchgesetzt hatte, daß der Verein deutscher Banken die Angelegenheit für die Generalversammlung des Jahres 1899 erneut auf die Tagesordnung setzte, erreichten die Gegner auf der Generalversammlung selbst, daß die Frage von der Tagesordnung abgesetzt wurde. Damit war die Sache endgültig begraben.

Georg Siemens über die nationale Bedeutung der auswärtigen Kapitalanlagen.

Für den Geist der Verantwortung und Planmäßigkeit, in dem Georg Siemens arbeitete und alle wichtigen Angelegenheiten, die er in die Hand nahm, zu gestalten und zu leiten versuchte, sind seine Bestrebungen, auf dem Wege korporativer Selbsthilfe vorbeugend und helfend einen Schutz gegen die Risiken der Auslandsanlagen zu schaffen, in hohem Maße bezeichnend. Das Gefühl der Verpflichtung, für einen solchen Schutz zu sorgen, war bei ihm das Korrelat zu der starken Überzeugung von der nationalwirtschaftlichen und nationalpolitischen Notwendigkeit einer ausgiebigen und großzügigen Beteiligung Deutschlands an den großen internationalen Finanzgeschäften. Niemand hat in jener Zeit, in der die Meisten das internationale Finanzgeschäft nur als ein Mittel der Banken zum Zweck des Geldverdienens betrachteten, die Notwendigkeit eines sich erweiternden Besitzstandes an Auslandswerten und ausländischen Unternehmungen mit schlagenderen Gründen dargelegt. An anderer Stelle dieser Lebensbeschreibung wird gezeigt werden, wie er diese Gründe im Reichstag immer und immer wieder entwickelt hat. Er hat diese Gedanken in einem geradezu klassischen Aufsatz, den er im Oktober 1900 in der von seinem Freunde Dr. Barth herausgegebenen Wochenschrift „Die Nation" veröffentlichte, auf das wirksamste zusammengefaßt.*)

„Jede in fremdem Lande errichtete Bank oder Eisenbahn," so heißt es dort, „deren Aktien in der Heimat geblieben sind, ist zugleich ein Pionier für die Beschäftigung der heimischen Industrie und für die Herstellung dauernder Beziehungen zwischen zwei Wirtschaftsgebieten. Auf solchem Besitz beruht ein großer Teil des englischen Einflusses in den außereuropäischen Kontinenten, des französischen Einflusses in Spanien, Portugal, Italien und dem Orient. Die Zeiten sind unwiderruflich vorüber, wo man es für möglich halten durfte, angenehme politische Beziehungen zwischen zwei Regierungen aufrechtzuerhalten, während die Nationen sich in wirtschaftlichen Gegensätzen bewegen. Mit der Vermehrung des Einflusses der Massen werden allmählich die Magenfragen zu politischen Fragen und entscheiden schließlich über die politische Haltung des Staates.

„In den letzten Jahrzehnten hat auch Deutschland begonnen, seine industrielle Tätigkeit auf das Ausland auszudehnen, nachdem es jahrelang sich mit dem Betrieb des Handels an auswärtigen Küstenplätzen und mit Schiffahrtsunternehmungen begnügt hatte; die von Deutschland ausgegangene und daselbst zuerst in großem Stil angewandte Erfindung der Dynamomaschinen hatte ein neues Kraftmoment in unsere Industrie hineingetragen. Neue große industrielle Werke entstanden, welche auch bald ständige Unternehmungen begründeten. In den letzten fünfzehn

*) Georg von Siemens, Die nationale Bedeutung der Börse, in der „Nation" vom 6. Oktober 1900.

Jahren sind sicherlich 1½ bis 2 Milliarden Mark von der Elektrizität beansprucht worden. Es ist dies der erste Fall, in welchem Deutschland systematisch das englische Beispiel nachzuahmen versucht hat. Die so stark auftretende englische Abneigung und der französische Neid beweisen, daß unsere Konkurrenten auch politische Nachteile von dieser Bewegung für sich erwarten. . . .

„Die ersten russischen Bahnen wurden zur Zeit Louis Napoleons mit französischem Gelde gebaut. Als die französische Politik russenfeindlich wurde, wendeten sich die russischen Unternehmungen nach Berlin, welches eine Reihe russischer Eisenbahnanleihen aufnahm. Die Folge war, daß eine große Menge russischer Bestellungen von Eisenbahnmaterial nach Deutschland fiel. Die russische Politik war deutschfreundlich. Mit dem Eintreten einer kühleren politischen Haltung fiel zusammen die Auswanderung der russischen Papiere aus Berlin und deren Aufnahme in Frankreich. Es hat einer ziemlich angestrengten, fast zweijährigen Arbeit bedurft, bis Frankreich die russischen Werte in großem Stile aufnahm. In dem Maße, wie Frankreichs Aufnahmefähigkeit für russische Anleihen zunahm, wuchs auch die politische Intimität zwischen beiden Ländern. Italien hatte früher seine finanziellen Bedürfnisse in Frankreich befriedigt. Als diese beiden Länder politisch zerfielen, beeilte sich Deutschland, der italienischen Regierung seine Börsen zur Verfügung zu stellen. Es begann sodann die mit der französisch-russischen Verständigung und mit dem Dreibund zusammenhängende Auswanderung italienischer Werte aus Frankreich und deren Einwanderung nach Deutschland, verbunden mit der Aufnahme neuer italienischer Eisenbahnanleihen.

„Im Orient war seit dem Krimkrieg die Türkei von Frankreich und England gemeinsam unterstützt worden. Als die Intimität zwischen diesen beiden Staaten schwächer wurde, räumten die Engländer die Türkei und überließen den Franzosen, deren staatliche Bedürfnisse zu befriedigen; dagegen verdrängten sie die Franzosen politisch und finanziell aus Ägypten. Heute ist Paris der Börsenplatz für die türkischen Anleihen. Der österreichische Einfluß auf Serbien und Bulgarien wäre nicht aufrechtzuerhalten gewesen, wenn die österreichische Regierung es nicht verstanden hätte, mit Hilfe der Wiener Börse diesen Ländern die Mittel zum Ausbau ihres Eisenbahnnetzes und zur Organisierung ihrer

Verwaltung zu verschaffen. In Norwegen und Schweden, welche sich früher finanziell an Deutschland anlehnten, sind die Franzosen mit Erfolg beschäftigt, Deutschland zu verdrängen. Der Kampf in Persien wird zwischen England und Rußland auf finanziellem Gebiete geführt; Rußland hat den Persern die Mittel vorgeschossen, um die bei der Gruppe der Imperial Bank of Persia aufgenommenen Schulden zurückzuzahlen, die verpfändeten Zollstätten am persischen Meerbusen einzulösen und auf diese Weise den englischen Einfluß zu schwächen."

An dem zuletzt angeführten Beispiel des mit finanziellen Mitteln geführten britisch-russischen Kampfes um Persien zeigt sich die entscheidende Bedeutung der Eindrücke, die der junge Assessor bei der Lösung seiner ersten großen geschäftlichen Aufgabe empfangen hatte: damals hatte er in Teheran in der Rolle eines stark beteiligten Zuschauers den finanziellen Kampf Englands und Rußlands um den maßgebenden politischen Einfluß in Persien zu beobachten Gelegenheit gehabt; wie damals die Telegraphenschulden, so waren es jetzt die Vorschüsse auf die persischen Eingangszölle, die eine wichtige Karte in dem politischen Spiele darstellten. Es ist eine eigenartige Fügung, daß der reife Mann, als er am Ende seiner Bahn auf demjenigen Gebiete seiner Wirksamkeit, welches er selbst als das wichtigste ansah, die Summe seiner Erfahrungen zog, auf Vorgänge zurückgreifen konnte, die er mehr als drei Jahrzehnte zuvor in ähnlicher Weise sich hatte abspielen sehen und die er damals schon als scharfer Beobachter in ihrer vollen Tragweite erfaßt und in sich aufgenommen hatte. Die Einzelwahrnehmung von damals hatte sich inzwischen zu einem umfassenden Weltbilde der finanziellen, wirtschaftlichen und politischen Zusammenhänge ausgeweitet; zum Weltbilde im Kopfe nicht eines weltentrückten Philosophen, sondern eines mitten im Weltgetriebe stehenden Mannes der Tat, der aus diesem Weltbilde die Richtlinien seines Handelns entnahm.

Drittes Kapitel.

Argentinien und Italien.

Argentinische Finanzgeschäfte.

Unter den auswärtigen Finanzierungsgeschäften, die gewissermaßen aus dem bankgeschäftlichen Überseeprogramm der Deutschen Bank herausgewachsen sind, bei denen politische Gesichtspunkte noch gänzlich im Hintergrund standen und lediglich das wirtschaftliche Ziel der Förderung der gegenseitigen Handelsbeziehungen und der Teilnahme an den Vorteilen der Erschließung zukunftsreicher Gebiete maßgebend war, nehmen die argentinischen Finanzgeschäfte einen besonderen Platz ein.

Durch die Deutsch-Belgische La-Plata-Bank und später die Deutsche Übersee-Bank hatte die Deutsche Bank schon in den ersten Jahren ihres Bestehens auf Georg Siemens' Betreiben in Argentinien Fuß gefaßt. Im engsten Zusammenhang mit der oben*) geschilderten Errichtung und Entwicklung dieses Bankinstituts versuchte Georg Siemens, auch in den großen Finanzierungsgeschäften Argentiniens einen Platz zu erringen. Eines sollte das andere tragen: die Bank sollte ein wichtiges Instrument für die Einleitung und Abwicklung von Finanzierungsgeschäften werden, und umgekehrt sollten die Finanzierungsgeschäfte, indem sie den Handel zwischen Argentinien und Deutschland förderten, der Bank Kundschaft und Umsätze zuführen.

Noch weit mehr als das argentinische Bankgeschäft war das argentinische Finanzierungsgeschäft in jener Zeit eine Domäne Englands. Seit langer Zeit bestanden zwischen Argentinien und den meisten anderen südamerikanischen Staaten feste Beziehungen zu dem englischen Kapitalmarkte. Das Londoner Bankhaus Baring Brothers hatte in der Finanzierung der argentinischen Eisenbahn- und Anleihegeschäfte den ersten Platz. Es war keine leichte Aufgabe für ein deutsches Bankinstitut, sich trotz dieses gefestigten britischen Besitzstandes in den großen argentinischen Geschäften Eingang zu verschaffen.

*) Band II, S. 165 ff.

Den Bestrebungen Georg Siemens' kam der Wunsch der Provinz Buenos Aires nach größerer finanzieller Unabhängigkeit von der argentinischen Zentralregierung entgegen. Voraussetzung für die Verwirklichung dieses Wunsches war, daß die Provinzbank von Buenos Aires in die Lage versetzt wurde, bei Ablauf der auf den 9. Januar 1887 festgesetzten Frist für die Wiederaufnahme der Barzahlungen die Einlösung ihrer Noten in Gold zu bewirken. Die Bemühungen der Provinzialregierung von Buenos Aires richteten sich deshalb in erster Reihe auf die Stärkung des Goldbestandes der Provinzbank, ein Ziel, das nach Lage der Dinge nur durch eine auswärtige Anleihe zu erreichen war.

Die erste Verbindung zwischen der Provinz Buenos Aires und der Deutschen Bank wurde dadurch vermittelt, daß ein Teilhaber des seit 40 Jahren in Buenos Aires ansässigen deutschen Bankhauses Mallmann & Co., das Beziehungen zur Deutschen Bank unterhielt, Mitglied des Vorstandes der Provinzbank von Buenos Aires war. Die Verhandlungen führten in der ersten Hälfte des Jahres 1886 zunächst zu einem Vorschuß in Höhe von ½ Millionen Pfund Sterling an die Provinzbank, den die Deutsche Bank in Gemeinschaft mit dem Bankhaus Cahen d'Anvers in Paris gewährte. Der Vorschuß wurde noch im gleichen Jahre abgelöst durch eine 5prozentige Anleihe der Provinz Buenos Aires im Betrage von 50 Millionen Mark. Für die Übernahme und Durchführung dieses Geschäfts bildete Siemens ein Konsortium, an dem neben deutschen und französischen Banken die Deutsche Bank selbst mit einem Drittel beteiligt war. Für den Dienst der Anleihe, die zur Konsolidation der Papiergeldschuld der Provinz Buenos Aires dienen sollte, wurden die Erträgnisse der Provinzbank als Spezialgarantie bestellt. Die Provinzbank hatte damals ein Grundkapital von 34,3 Millionen Dollar = ca. 184 Millionen Goldmark; ihr Bestand an fremden Geldern stellte sich auf 360 Millionen Goldmark. Sie übertraf damit erheblich die deutsche Reichsbank, deren Grundkapital damals 120 Millionen und deren fremde Gelder 178 Millionen Mark betrugen. Sie übertraf in beiden Punkten auch die Bank von Frankreich, deren Kapital sich auf 146 Millionen und deren Depositen sich auf 290 Millionen Mark stellten. Nur die Bank von England mit einem Grundkapital von 288 Millionen und fremden Geldern in Höhe von

560 Millionen Mark wies von den europäischen Zentralbanken größere Verhältnisse auf. Die innere Situation der Provinzbank von Buenos Aires galt allgemein als gefestigt; sie hatte den größten Teil ihres Grundkapitals aus eigenen Überschüssen angesammelt. Das Anleihegeschäft konnte also auch einer strengen Prüfung standhalten.

Wie sehr Siemens sich persönlich dieses ersten großen überseeischen Finanzierungsgeschäftes, das bis zu seinem Abschluß über mancherlei Klippen hinwegzusteuern war, annahm, zeigt ein Brief an Dr. Kilian Steiner vom 5. Oktober 1886:

„Ich kann am 11. d. M. nicht in München sein, weil wir am 12. d. M. die Subskription für Buenos Aires haben. Das Geschäft ist nicht so einfach, daß ich es den Beamten bei uns allein überlassen könnte. Es sind dabei so unendlich viel unerwartete Zwischenfälle bisher eingetreten, daß ich mich halbtot wundern würde, wenn die Sache jetzt glatt ginge."

Dr. Steiner, der bisher für das „exotische" Geschäft kein sonderliches Interesse gezeigt hatte, antwortete umgehend mit der Erklärung seiner Bereitwilligkeit, für die Württembergische Vereinsbank eine Beteiligung zu übernehmen. Siemens schrieb zurück:

„Aus Ihrer Bemerkung bezüglich Buenos Aires ersehe ich, daß Sie glauben, als ob ich besonderen Wert auf die finanzielle Unterstützung, d. h. die Mittragung des Obligos, lege. Das ist ein Irrtum. Ich lege Wert auf die Mitarbeiterschaft und bin heute in der Lage, jede Beteiligung bequem zu placieren, da unsere Verbindungen auf dem internationalen Markte außerordentlich zugenommen haben."

Der Erfolg der Subskription übertraf alle Erwartungen. Die Anleihe wurde neunmal überzeichnet. Es war nicht nur ein Erfolg der Deutschen Bank, sondern auch ein Erfolg des deutschen Kapitalmarktes schlechthin, der sich mit dieser Bekundung seiner Finanzkraft einen gleichberechtigten Platz im argentinischen Finanzgeschäft erwarb und darüber hinaus seine Position im gesamten internationalen Finanzgeschäft erheblich verstärkte.

Dem ersten argentinischen Abschluß folgten sofort weitere Transaktionen. Noch im Jahre 1886 übernahm die Deutsche Bank in Gemeinschaft mit den Bankhäusern Jacob S. H. Stern in Frankfurt a. M. und Samuel Montague & Co. in London 3 Millionen Pesos 6prozentige

Cedulas der Provinzial-Hypothekenbank von Buenos Aires. Es folgte ein Vorschuß an die Stadt Buenos Aires, bei dem die Deutsche Bank wieder mit Pariser Bankhäusern zusammenging. Der Vorschuß wurde im Jahre 1888 durch eine 6prozentige Anleihe in Höhe von 10 Millionen Pesos abgelöst. Im Jahre 1887 vereinigte sich die Deutsche Bank mit Pariser und Londoner Firmen zur Finanzierung der Missiones-Eisenbahn. Siemens schrieb darüber am 20. Juli 1887 an Dr. Steiner:

„Ich muß wahrscheinlich morgen oder übermorgen nach Paris und London, um die Schlußredaktion der Bauverträge der Missiones-Eisenbahn zu kontrollieren. Die Sache ist nicht ganz leicht, weil wir uns entschließen mußten, eine englische Gesellschaft zu machen, und weil es sich darum handelt, hartköpfige Engländer im Interesse unseres deutschen Aktienrechtes zu Konzessionen zu bringen, zu welchen sie keinen Grund sehen. Mir liegt nämlich daran, eine gemeinschaftliche Emission auch der Aktien durch Antony Gibbs in London, die Société Générale und eventuell das Comptoir d'Escompte in Paris und die Deutsche Dank in Berlin machen zu lassen."

Die Fortschritte der Deutschen Bank im argentinischen Geschäft hatten die Wirkung, daß die britische Finanzgruppe, die bisher diese Geschäfte nahezu monopolartig beherrscht hatte, sich zu neuen Anstrengungen veranlaßt sah. Siemens schrieb darüber am 20. September 1887 aus Wildbad, wo er damals zur Kur weilte, an Dr. Steiner:

„Es ist gut, daß ich wieder nach Berlin komme; denn die Verhältnisse scheinen dort schwieriger zu werden. Es bereitet sich eine Gruppe Disconto-Gesellschaft, Rothschild und Baring für südamerikanische Geschäfte vor, welche uns voraussichtlich in den zweiten Rang zurückdrängen dürften, wenn wir nicht beizeiten unserer Überseeischen Bank einen Stoß vorwärts geben. Ich will deshalb morgen nach Berlin zurück, um am Platze zu sein, wenn es irgendeinen Entschluß zu fassen gilt."

Statt des Kampfes kam es jedoch zu einer Einigung. Die beiden Gruppen — Baring Brothers, Rothschild und Disconto-Gesellschaft auf der einen Seite, die Gruppe der Deutschen Bank mit ihren französischen Partnern auf der andern Seite — gingen vom Jahre 1888 an in den großen argentinischen Geschäften gemeinsam vor mit der Maßgabe, daß innerhalb der deutschen Gruppe die Deutsche Bank und die Disconto-Gesellschaft bei den einzelnen Geschäften in der Führung abwechselten. Eine stärkere Bestätigung seines Erfolges als die Bildung dieser mächtigen internationalen Gruppe unter führender Mitwirkung der Deutschen Bank für ein Geschäftsgebiet, das noch wenige Jahre zuvor als nahezu unangreifbarer britischer Besitzstand gegolten hatte, konnte sich Georg Siemens nicht wünschen. Daß er sich zu der Einigung mit den konkurrierenden in- und ausländischen Finanzgruppen bereitfand, statt den Versuch zu machen, den erzielten Erfolg im Wege des weiteren Kampfes bis zur völligen Verdrängung der Wettbewerber auszugestalten, ist in hohem Maße bezeichnend für seine Politik im gesamten internationalen Finanzgeschäft. Sein gesundes Urteil und seine Einsicht in die Kräfteverhältnisse bewahrte ihn vor einer Überschätzung und damit vor einer Überspannung der eigenen Kraft, sowohl der Kraft der Deutschen Bank für sich allein, als auch der Kraft der deutschen Wirtschaft im ganzen. Nichts lag ihm ferner, als die Welt oder auch nur Teile der Welt für die Deutsche Bank oder für Deutschland monopolisieren zu wollen. Was er erstrebte, war eine gleichberechtigte Beteiligung Deutschlands an den Aufgaben und Vorteilen der großen weltwirtschaftlichen Entwicklung. Er erstrebte dieses Ziel im Wege des Kampfes, wo man ihm die Gleichberechtigung verwehrte; aber er zog den Weg der Verständigung vor, wo immer auf der Seite der anderen Geneigtheit dafür bestand.

Die neue große Finanzgruppe schloß im Jahre 1888 ein erstes Anleihegeschäft mit der argentinischen Regierung ab: sie übernahm eine 4½ prozentige innere Goldanleihe von rund 20 Millionen Goldpesos. Für den europäischen Zinsendienst dieser Anleihe garantierte die Provinzialbank von Buenos Aires den festen Kurs von 1 Peso Gold = 4 Mark = 4 Schilling = 5 Franken. Noch im gleichen Jahre folgte die Übernahme einer 4½ prozentigen äußeren Goldanleihe von 5,29 Millionen zum Zwecke der Konversion der älteren 6 prozentigen argentinischen Staatsanleihen; ferner Anleihegeschäfte mit der Stadt Buenos Aires und der Provinz Cordoba. Alle diese Geschäfte wickelten sich glatt ab und zeigten, in welchem Maße das Interesse und Vertrauen des europäischen Kapitals sich der aufstrebenden südamerikanischen Republik zuwandte.

Aber schon im Laufe des Jahres 1889 machten sich Anzeichen eines Rückschlages bemerkbar. Es stellte sich heraus, daß die geradezu tropische Entwicklung des Landes zu starken Übertreibungen und Ausschreitungen, insbesondere auf dem Gebiete der Bodenspekulation, des Eisenbahnwesens, der Ausgabe von Cedulas und Banknoten geführt hatte, die sich jetzt in einer ernsten Krisis entluden. Die Krisis wurde verschärft durch die noch nicht gefestigten innerpolitischen Verhältnisse und durch die bis zur Korruption gesteigerten Mängel des Regierungs- und Verwaltungsapparates. Um die Mitte des Jahres 1890 kam zur wirtschaftlichen Krisis eine revolutionäre Umwälzung hinzu. Die Erschütterung des Vertrauens und die Zusammenbrüche argentinischer Unternehmungen nahmen einen Umfang an, daß sogar die Firma Baring Brothers, deren Weltruf über alle Anzweiflung hinaus erhaben schien, in Schwierigkeiten geriet und daß der Londoner Geld- und Kapitalmarkt in ernstliche Mitleidenschaft gezogen wurde. Um das Haus Baring zu stützen, mußte in London ein Garantiekomitee gebildet werden, an dem sich die London Agency der Deutschen Bank mit einer namhaften Summe beteiligte. Georg Siemens, der damals in London anwesend war, hat persönlich dem Gouverneur der Bank von England auf dessen erste Anfrage hin sofort eine erhebliche Beteiligung der Deutschen Bank an dem Garantiefonds mit einer die City überraschenden Bereitwilligkeit und Promptheit zugesagt.

Georg Siemens ließ sich durch die kritischen Erscheinungen in seinem Vertrauen in die Zukunft des Landes nicht beirren. Er schrieb in dem Geschäftsbericht der Deutschen Bank für das Jahr 1890:

„Bei dem in den letzten Jahren geradezu großartig gewordenen kommerziellen Aufschwung dieses Landes, welcher aus den Exportziffern, Zöllen, Eisenbahneinnahmen usw. deutlich erkennbar war, ist ein Umschwung, wie der in diesem Lande so unvermittelt eingetretene, für den europäischen Beobachter nur schwer erklärlich, weil er an die Innehaltung fester Verwaltungsgrundsätze seitens der Regierungen gewöhnt ist. Wir glauben indessen noch immer, daß der gegenwärtige Zustand nur ein vorübergehender ist. Der gute Wille und die Fähigkeit Argentiniens (eines der größten Erzeuger von unentbehrlichen Rohprodukten), seinen Verpflichtungen, wenn auch nicht sofort, so doch in einer gewissen Frist nachzukommen, können unseres Erachtens nicht in Zweifel gezogen werden. Deutschland aber steht insofern günstiger da, als die anderen Länder, weil dem hiesigen Markte nur Staatsanleihen Argentiniens, der Provinz und Stadt Buenos Aires angeboten worden sind, während für die übrigen Provinzanleihen und die Cedulas sich Emittenten hier nicht gefunden haben. Deutschlands Besitz an solchen Werten ist daher wahrscheinlich auch erheblich geringer, als derjenige anderer Länder."

Die Krisis zog sich jedoch über Erwarten in die Länge, obwohl der günstige Ernteausfall jener Jahre und entsprechend hohe Ausfuhrziffern die Gesundung unterstützten. Die Entwirrung und Neuordnung der argentinischen Verhältnisse wurde stark erschwert durch die Interessengegensätze, die sich innerhalb der an den argentinischen Finanzgeschäften beteiligten Kreise zwischen der englischen Gruppe einerseits, der deutschen und französischen Gruppe andererseits herausstellten. Während die deutsche Gruppe, der sich die französische im wesentlichen anschloß, die argentinischen Verhältnisse von innen heraus durch die planmäßige Entwicklung der großen Kraftquellen des Landes und durch Steigerung seiner produktiven Leistungen auf einer Dauer versprechenden Grundlage konsolidieren wollte, suchten die Engländer, frei von allen anderen Rücksichten, lediglich die spezifischen mit dem Hause Baring verknüpften Interessen zu schützen und zu diesem Zweck Maßnahmen durchzusetzen, durch die für die in der Baringschen Liquidationsmasse liegenden argentinischen Werte eine rasche Kursbesserung und Veräußerungsmöglichkeit geschaffen werden sollte. Vor allem lag den Engländern daran, im Interesse der Baringschen Masse durch die Gewährung neuer Anleihen an Argentinien die Zinszahlung der alten argentinischen Anleihen zu decken und das argentinische Goldagio so rasch wie möglich herabzumindern.

Im Verfolg ihres Programms kamen die Engländer mit der argentinischen Regierung zu einer Einigung; sie stellten eine Moratoriumsanleihe zur Verfügung, aus der die Zinszahlungen aller staatlichen und provinzialen Anleihen mit Ausnahme derjenigen von 1886, sowie der Dienst der Eisenbahngarantien auf drei Jahre gedeckt werden sollten. Die Sicherung der deutschen Interessen war also in diesem Abkommen, gegen das die deutsche Gruppe vergeblich Einspruch erhob, nicht enthalten. Die Lage für die deutschen Interessenten verschärfte sich. Im Frühjahr 1891 verfügte die argentinische Regierung die zeitweilige Einstellung der Rückzahlung der bei der Nationalbank von Argentinien und der Provinzialbank von Buenos Aires stehenden Depositen, und die Provinzregierung von Buenos Aires stellte die Zahlung der Coupons auf ihre äußeren Anleihen, also auch auf die von der Deutschen Bank und ihrer Gruppe im Jahre 1886 übernommene Anleihe von 50 Millionen Mark, für die Dauer von drei Jahren ein. Den Depositengläubigern der beiden Banken wurde die Umwandlung ihrer Guthaben in innere Obligationen anheimgestellt, und den Inhabern der Provinzialanleihen von Buenos Aires wurde die Zahlung der Zinsen und Tilgungsquoten in 6 prozentigen Obligationen, die durch die Zolleingänge gesichert werden sollten, angeboten. Vergeblich legte die deutsche Bankgruppe gegen dieses Vorgehen Verwahrung ein. Die Schwierigkeiten erreichten ihren Höhepunkt, als die Nationalbank von Argentinien ihre Zahlungen einstellte und die Provinzialbank von Buenos Aires in Liquidation trat. Neue revolutionäre Bewegungen erschwerten die Verhandlungen, die Georg Siemens, unterstützt durch die Deutsche Überseeische Bank, im Interesse der deutschen Gläubiger mit Staat und Provinz einleitete.

Die Verhandlungen führten schließlich im Juli 1893 zu einer Verständigung auf der Grundlage, daß die Zinszahlungen bis zum Jahre 1899 auf 60% herabgesetzt wurden, während vom Juli 1899 an wieder der volle Couponbetrag bezahlt werden sollte. Die deutsche Finanzgruppe tat, nachdem diese Verständigung erzielt worden war, durch Gewährung von Vorschüssen an die argentinische Regierung das ihrige, um die wirtschaftliche Entwicklung und finanzielle Gesundung zu fördern. Die Besserung der Verhältnisse machte sichtbare Forschritte, und das Goldagio, das im Jahre 1891 zeitweise 400% erheblich überschritten hatte, ging auf 150% und darunter zurück.

Die Schwierigkeiten der Verhandlung mit den argentinischen Instanzen trugen wesentlich dazu bei, Georg Siemens in der Überzeugung zu bestärken, daß der Zusammenschluß der deutschen Besitzer ausländischer Werte zu einer einheitlichen und aktionsfähigen korporativen Vertretung behufs Wahrung der deutschen Interessen eine zwingende Notwendigkeit sei. Die von der britischen Gruppe in den Verhandlungen erzielten günstigeren Ergebnisse waren zweifellos nicht zum wenigsten dem Umstande zu verdanken, daß England in seinem Council of Foreign Bondholders seit mehreren Jahrzehnten über ein solches Instrument verfügte und es zu hoher Wirksamkeit entwickelt hatte.*) Als nun im Jahre 1896 durch ein argentinisches Gesetz die Umwandlung der äußeren Schuld der Provinz Buenos Aires in einen Teil der zu unifizierenden Schuld der argentinischen Republik akut wurde und es galt, angesichts dieser Möglichkeit die deutschen Interessen mit Nachdruck wahrzunehmen, schritt Georg Siemens, da ein naher Erfolg seiner umfassenden Bestrebungen nicht in Aussicht stand, zur Bildung einer Schutzvereinigung der Besitzer der Buenos Aires 5prozentigen Provinzanleihe. In den namens der Schutzvereinigung geführten Verhandlungen mit der argentinischen Regierung gelang es, ein erträgliches Abkommen zu erzielen. Die Zentralregierung übernahm die Provinzialschuld gegen eine neue 4%prozentige äußere Anleihe der argentinischen Republik. Nachdem die Deutsche Bank gegenüber der Schutzvereinigung auf den Ersatz ihrer Auslagen verzichtet hatte, entfielen auf je 1000 Mark Zertifikate der Vereinigung 740 Mark in den neuen argentinischen Obligationen. Im Geschäftsbericht der Deutschen Bank für das Jahr 1898 sagte Georg Siemens, daß dieser Abschluß „freilich nicht allen Wünschen entsprach, immerhin aber gegenüber den entgegenstehenden Schwierigkeiten als annehmbar bezeichnet werden konnte".

Die Konsolidierung der argentinischen Finanzen war mit jener Transaktion beendet. Der Zinsendienst auf die neuen Anleihen ist regelmäßig und in vollem Umfange bewirkt worden. Der Kursstand der argentinischen Werte hat infolge der fortschreitenden wirtschaftlichen Entwicklung und finanziellen Kräftigung des aufstrebenden Landes im Laufe der Jahre eine wesentliche Besserung erfahren. Dem deutschen Kapital, das über die Schwierigkeiten der ersten Hälfte der neunziger Jahre hinaus an dem Besitz an argentinischen Werten festhielt, sind aus dieser Anlage Vorteile erwachsen, die sehr bald einen völligen Ausgleich der damals vorübergehend erlittenen Verluste darstellten. Die Vorteile für

*) Siehe oben Bd. II, S. 190 ff.

die deutsche Volkswirtschaft zeigten sich in der erfreulichen Zunahme des deutsch-argentinischen Handels. Und auch politisch ist, wie die Haltung der argentinischen Republik im Weltkriege und in der Zeit des Versailler Friedens gezeigt hat, die von Deutschland in den entscheidenden Entwicklungsjahren gewährte finanzielle Förderung und das von den deutschen Geldgebern in kritischen Zeiten betätigte loyale Verhalten nicht ganz ohne Wirkung geblieben.

Italienische Finanzgeschäfte.

Ganz bewußt spielten von Anfang an politische Gesichtspunkte mit bei der Anbahnung und Entwicklung großer Finanztransaktionen mit Italien. Die Gestaltung der großen Politik, der Anschluß Italiens an das deutsch-österreichische Bündnis im Jahre 1882 und die Zuspitzung seines Verhältnisses zu Frankreich in der zweiten Hälfte der achtziger Jahre gaben den finanziellen Beziehungen Deutschlands zu Italien eine ganz besondere Bedeutung.

Am 20. Mai 1882 waren die Dreibundverträge unterzeichnet worden. Im Monat darauf knüpfte Georg Siemens die ersten finanziellen Fäden mit den maßgebenden italienischen Persönlichkeiten. Er schrieb über diese Anfänge am 8. Januar 1883 an Dr. Steiner:

„Ich gehe morgen wahrscheinlich nach Rom. Sie wissen, daß ich seit dem Juni 1882 die Rolle als finanzieller Vertrauensmann für den Finanzminister Magliani und den Direktor der Banca Nazionale Italiana Grillo übernommen habe. Bis jetzt war uns dies recht gut bekommen. Nun verlangen die Italiener aber Geld, und es handelt sich darum, die Bedingungen zu formulieren, unter welchen man ihnen zuerst einen Lombardvorschuß auf eine von der Regierung garantierte Anleihe der Stadt Rom gibt, demnächst wegen Übernahme dieser Anleihe verhandelt und tertio sich die Bahn für die Emission von 60 Millionen Francs Rente freimacht. Obgleich mit den Wienern nicht viel los ist, will ich zuerst über Wien gehen und von dort über München nach Rom. Vielleicht können wir uns in München treffen. So außerordentlich unbequem derartige Sachen im Augenblick sein mögen, so darf man doch nicht a priori ablehnen, wenn man sich nicht die mühselig geöffnete Tür wieder zumachen will."

Die Unbequemlichkeit des Augenblicks lag in der Beeinträchtigung der Aufnahmefähigkeit des internationalen Kapitalmarktes, der im Jahre 1882 durch eine von Paris ausgehende Krisis, den sogenannten Bontouxkrach, erschüttert worden war. Es mochte unter den obwaltenden Umständen allerdings als ein Wagnis erscheinen, für die im großen internationalen Finanzgeschäft neue Deutsche Bank eine große Anleihe der italienischen Hauptstadt zu übernehmen und den Versuch zu machen, für italienische Werte in Deutschland einen Markt zu schaffen. Aber die großen Perspektiven eines solchen Unternehmens, wie sie sich in Verbindung mit der Gestaltung der politischen Beziehungen eröffneten, gaben für Georg Siemens den Ausschlag. Er kam mit der Stadt Rom zum Abschluß. Die Deutsche Bank übernahm die von der Stadt Rom auszugebende Anleihe, deren Gesamtumfang in acht Serien sich schließlich auf 170 Millionen Lire stellte.

Bisher war Paris der weitaus wichtigste Markt für italienische Werte gewesen. Der Anschluß Italiens an den Dreibund ließ es zweifelhaft erscheinen, ob Italien für die Zukunft auf ausgiebige finanzielle Hilfe von französischer Seite werde rechnen können. Daß ein erstes deutsches Bankinstitut sich bei der ersten Gelegenheit bereit fand, eine große italienische Anleihe zu übernehmen, und daß der deutsche Markt diese große italienische Anleihe willig aufnahm, war keine gering einzuschätzende Unterstützung der Dreibundpolitik. Den französischen Versuchen, Italien durch finanziellen Druck aus der von Crispi betretenen Bahn des Zusammengehens mit den Mittelmächten wieder herauszudrängen, war damit von vornherein ein Paroli geboten.

Die folgenden Jahre brachten eine Ausdehnung der deutsch-italienischen Finanzbeziehungen auf das Gebiet des Eisenbahnwesens. Die italienische Regierung hatte damals aus wirtschaftlichen und innerpolitischen Gründen ein großzügiges Programm für die Reorganisation, die Vereinheitlichung und den Ausbau der bisher stark vernachlässigten italienischen Eisenbahnen aufgestellt. Der Ausbau und der Betrieb des Staatsbahnnetzes wurde in Durchführung dieses Programms drei großen Eisenbahngesellschaften übertragen, von denen die eine, die Meridionalbahngesellschaft mit dem Sitz in Florenz, schon seit dem Jahre 1862 bestand, während die beiden anderen, die Mittelmeer-Eisenbahngesellschaft mit dem Sitz in Mailand und die Sizilianische Eisenbahngesellschaft mit dem Sitz in Rom zum Zwecke der Durchführung des neuen Programms im Jahre 1885 gegründet wurden.

Die Durchführung des Programms hatte die Beschaffung erheblicher Kapitalien zur Voraussetzung. Zu diesem Zwecke wurden die drei Eisenbahngesellschaften mit dem Recht ausgestattet, Obligationen mit der Garantie des italienischen Staates für Zinsen und Tilgung auszugeben. Es fragte sich, ob der deutsche Markt gewillt und stark genug sei, für diese Zwecke viele Hunderte von Millionen Mark aufzubringen.

Georg Siemens war durch seine ersten Verhandlungen in Italien mit dem damals einflußreichsten italienischen Finanzmann, Giuseppe Balduino, in Beziehung getreten. Balduino war Präsident der Meridionalbahn; in seiner Person war also eine Anknüpfungsmöglichkeit mit dieser wichtigen Eisenbahngesellschaft gegeben.

Das große Problem der Finanzierung der italienischen Eisenbahnreform hatte für Georg Siemens die stärkste Anziehungskraft. Er warf sich mit seiner ganzen Energie und Kombinationsgabe auf das Studium und die Bearbeitung der Angelegenheit. Aber dieses Mal fand er im eigenen Hause Widerstände, über die er nicht, jedenfalls nicht rechtzeitig Herr werden konnte.

Die Bearbeitung der Eisenbahnangelegenheiten in der Direktion der Deutschen Bank gehörte damals zu dem Geschäftskreis des Eisenbahnpräsidenten a. D. Jonas, der Anfang der achtziger Jahre aus dem preußischen Eisenbahndienst ausgeschieden und in den Vorstand der Deutschen Bank berufen worden war. Jonas war ein erfahrener und kenntnisreicher Verwaltungsbeamter von untadeligem Charakter, der im Dienste der Deutschen Bank sein Bestes gab — auch späterhin, nachdem er aus der Direktion ausgeschieden und in den Aufsichtsrat gewählt worden war —, der aber in Geschäftsauffassung und Temperament ein starker Gegensatz zu dem stets von neuen Gedanken überquellenden, stets unternehmungslustigen und tatbereiten Georg Siemens war. Siemens hat später dem Präsidenten des Aufsichtsrates in einem Briefe vom 21. Januar 1887 in aller Form bestätigt,

„daß zwischen dem Herrn Präsidenten Jonas und mir während der fünf Jahre, in welchen wir zusammen gedient haben, niemals auch nur der geringste Streit vorgekommen ist, daß wir uns stets über die Maßnahmen verständigt haben — sonst würde die Dividende der Deutschen Bank schwerlich eine so gleichmäßige gewesen sein —, und daß ich fest davon überzeugt bin, daß zwischen Herrn Jonas, vor dessen offenem und geradem Charakter ich die größte persönliche Hochachtung habe, und mir ein Verhältnis besteht, welches, wie ich hoffe, auf gegenseitiger Wertschätzung begründet ist".

Aber die persönliche Hochachtung und die guten Formen, in denen Meinungsverschiedenheiten ausgetragen und Verständigungen herbeigeführt wurden, konnten die in den beiden Persönlichkeiten begründeten Gegensätze, die auf die Dauer eine ersprießliche Zusammenarbeit unmöglich erscheinen ließen, nicht verdecken.

In der Behandlung der italienischen Eisenbahnangelegenheit traten diese Gegensätze scharf und in einer für die Zukunft nicht mehr zu überbrückenden Weise zutage. So brennend sich Georg Siemens für das Problem interessierte, so sehr er auf ein praktisches Zugreifen drängte, so glaubte er es doch seinem Kollegen Jonas schuldig zu sein, diesem die erste Hand zu lassen. Jonas stand jedoch den Siemensschen Projekten kühl und zweifelnd gegenüber. Statt Initiative zu entfalten, wirkte er als retardierendes Element, und die von ihm ausgehende Verzögerung und Lähmung wirkte um so stärker, als der Verwaltungsrat der Bank die Partei der vorsichtigen Zurückhaltung nahm. So ging kostbare Zeit verloren. Als Georg Siemens dann Gefahr im Verzuge sah und über alle Zuständigkeitsschranken hinweg die Leitung der Angelegenheit selbst in die Hand nahm, war der psychologische Augenblick verpaßt. Die Erfolge der Deutschen Bank in dem römischen Anleihegeschäft und die für Finanztransaktionen mit Italien günstige politische Konjunktur hatten die Aufmerksamkeit auch der übrigen deutschen Banken auf Italien gelenkt. Als Georg Siemens im Frühjahr 1884 bei seiner Direktion und seinem Verwaltungsrat endlich freie Hand für sich durchgesetzt hatte und nach Rom reiste, um dort seine Vorschläge zur Diskussion zu stellen, fand er die von anderer Seite eingeleiteten Verhandlungen bereits so weit vorgeschritten, daß seine eigenen Pläne als aussichtslos erschienen.

Siemens fühlte sich durch diese Bestätigung seiner Befürchtungen auf das härteste betroffen. Die ersten Briefe aus Rom an seine Frau, die hier folgen mögen, geben ein Bild seiner Gemütsverfassung.

Rom, den 5. Mai 1884.

„Ich schreibe diesen Brief im Vorzimmer der italienischen Staatsbank in der unglücklichsten Stimmung der Welt, weil ich mir sagen muß, daß ich durch meine Schwerfälligkeit im Antritt meiner Reise einen ungeheuren Fehler gemacht habe und dadurch schuld geworden bin, daß die Deutsche Bank aus der glänzendsten Kombination, welche ich je erfunden, rettungslos hinausgeworfen ist. Heute stehe ich vor der verschlossenen Türe des Paradieses wie Adam und Eva und kann nicht mehr hinein. Leider habe ich zuviel auf die Argumente des Präsidenten Jonas gehört und bin nicht meiner ursprünglichen Idee gefolgt . . .

Leider bemerke ich dabei, daß mein Körper nicht mehr stark genug ist, um dergleichen unangenehme Gemütserregungen ohne Schaden zu ertragen. Glück kann man schon leicht aushalten, aber beim Unglück zittern alle Nerven. Ich werde noch einige Tage hier kämpfen und probieren, ob mein altes Glück sich noch einmal wieder erobern läßt, aber ich habe wenig Hoffnung. Ich brauche im Geschäft Ermutigung und finde nur Mühlsteine, die man mir an den Kopf hängt."

Rom, 6. Mai 1884.

„Ich sitze noch immer hier und warte, daß mir der Minister seine Abschiedsaudienz erteilt . . . . Kurz, ich habe eine traurige Italienfahrt. Ob es mir möglich werden wird, meine Sachen so zu lenken, daß ich wenigstens die Aussicht auf spätere Unternehmungen behalte, weiß ich nicht. Vielleicht ist es möglich. Man verspricht mir Unendliches. Aber ich sehe den Mangel an Ernst und dabei die Tätigkeit sämtlicher deutscher Juden, während mir in Berlin außer Jonas noch andere 24 Mühlsteine um den Hals hängen, oder — um es richtiger zu sagen: absichtlich gehängt sind. Darin liegt das Beleidigende meiner geschäftlichen Tätigkeit in Berlin, und es tut mir schmerzlich weh, daß ich für die lumpigen hunderttausend Mark jährlich mir das gefallen lassen muß. — Doch genug der Klagen! Ich nehme an, daß Du mich telegraphisch benachrichtigst, wenn irgend etwas passiert, was der Erwähnung wert ist. Ich habe geschworen, daß die Hintansetzung meiner persönlichen und Familieninteressen hinter den geschäftlichen Interessen von nun ab aufhören soll. Wenn die Leute in Berlin es nicht besser haben wollen, sollen sie es eben bleiben lassen. Ich komme also sofort nach Berlin und lasse alles liegen, wenn ich irgend etwas von Euch höre, was einen darauf gerichteten Wunsch auch nur vermuten läßt."

Das Ergebnis des verspäteten Eingreifens der Deutschen Bank war, daß die Siemensschen Pläne nicht zur Verwirklichung kamen, und daß bei der im Jahre 1885 vorgenommenen Errichtung der italienischen Mittelmeer-Eisenbahngesellschaft die Deutsche Bank abseits stand, während die Disconto-Gesellschaft die an der Gründung beteiligte deutsche Gruppe führte. Dagegen blieb nicht nur die enge Fühlung zwischen der Deutschen Bank und der Meridionalbahn auch über die Neuordnung der italienischen Eisenbahnverhältnisse und den in demselben Jahre eingetretenen Tod Balduinos hinaus bestehen, sondern die Deutsche Bank wurde infolge dieser Verbindung mit der Meridionalbahn auch an den großen gemeinschaftlichen Geschäften der drei italienischen Eisenbahngesellschaften beteiligt.

Freilich gab es auf diesem Wege für Georg Siemens noch mancherlei Hindernisse zu überwinden und Kämpfe durchzufechten, innerhalb und außerhalb der eigenen Mauern.

In der Deutschen Bank selbst war es notwendig, die Einheitlichkeit der Auffassungen und des Handelns zu sichern. Nach Siemens' Überzeugung war dies nur durch den Rücktritt des Präsidenten Jonas aus der Direktion zu erreichen. Da außerdem damals Meinungsverschiedenheiten zwischen Siemens und einem Teil des Verwaltungsrates darüber bestanden, ob die weitere Ausübung des Reichstagsmandats durch Siemens mit dem Interesse der Bank vereinbar sei, entschloß sich Siemens durch abermalige Einreichung eines Entlassungsgesuches eine klare Situation zu schaffen. Er richtete am 13. Januar 1887 an Adalbert Delbrück folgendes Schreiben:

„Nachdem das Wiener Geschäft durch die Beschlüsse der letzten Generalversammlung vom 10. November und durch den Vertrag vom 13. November in ein solches Stadium getreten ist, daß dessen gewinnbringende Abwicklung einen Zweifel nicht mehr unterliegen dürfte*), er-

*) Siehe oben S. 179.

laube ich mir die Wiederholung meiner Bitte um eine Entlassung aus dem Direktionsverbande der Deutschen Bank. Wie ich mir wiederholt zu betonen erlaubte, würde eine Wiederbesetzung der von mir bisher innegehabten Stellung nicht nur nicht nützlich, sondern nach meiner Ansicht sogar schädlich wirken*), und darf ich daher wohl annehmen, daß meinem Austritt nichts mehr im Wege steht. Mir selbst aber würde durch eine baldige Entscheidung mit Rücksicht auf meine Familie und sonstigen Verhältnisse ein großer Dienst erwiesen werden."

Wie Delbrück in einem Antwortbrief vom 22. Januar mitteilte, beschloß der Verwaltungsrat einstimmig, „die Demission des Herrn Direktor Siemens in Anerkennung seiner ausgezeichneten Dienste nicht anzunehmen, dagegen demselben durch den Herrn Vorsitzenden zur Wiederherstellung seiner angegriffenen Gesundheit einen längeren Urlaub anzubieten".

Delbrück, der gern sowohl Siemens als auch Jonas halten wollte, versuchte die Direktionskrise dilatorisch zu behandeln. Sein Plan war, zuerst gegen die von dem stellvertretenden Vorsitzenden des Verwaltungsrats Freiherrn Eduard von der Heydt geführten Gegner der parlamentarischen Tätigkeit Siemens' die Genehmigung des Verwaltungsrates zur Fortsetzung dieser Tätigkeit durchzusetzen und dann erst die Frage Siemens-Jonas vor den Verwaltungsrat zu bringen. Siemens durchkreuzte diese Absicht, indem er sich unmittelbar mit Jonas offen aussprach. Er schrieb darüber am 30. Januar 1887 an Dr. Steiner:

„Delbrück bleibt bestrebt, die einzelnen Fragen Jonas und Siemens zu isolieren und will die meinige vor dem 21. Februar erledigen, die Jonassche dann später in Angriff nehmen. Was die Stellung der Direktion anlangt, so spricht ein Moment für Delbrücks Absicht: wenn die Direktion für mich eintritt, so können wir Jonas nicht abhalten, sich dem anzuschließen, und dies führt zu peinlichen Lagen, wenn Jonas dann angegriffen wird. Aus diesem Grunde habe ich gestern kurzen Prozeß gemacht, als Jonas mich auf die Differenz Delbrück contra von der Heydt anredete, und ihm gesagt, daß er, Jonas, einer der Gründe sei. Nachdem

*) Georg Siemens hatte gegenüber Adalbert Delbrück wiederholt die Ansicht vertreten, daß entweder er oder Jonas überflüssig sei.

ich Delbrück davon Mitteilung gemacht, fühlte der letztere sich sehr erleichtert, und ich nehme an, daß diese Fragen nun conversationis modo weiter behandelt werden wird. Damit wird auch die Stellung der Kollegen erleichtert."

Am 31. Januar 1887 konnte Siemens die Mitteilung folgen lassen:

„Die Lage hat sich in etwas geändert. Infolge meiner Unterhaltung mit Jonas hat derselbe gestern mit Delbrück gesprochen. Delbrück hat ihm die Schwierigkeit seiner, Jonas', und seiner, Delbrücks, Position auseinandergesetzt, und Jonas hat infolge davon den Entschluß gefaßt, am 1. April oder 1. Juli auszutreten, wie er Steinthal und mir mitteilte. Jonas ist ein durchaus feiner Mensch und hat seine Ansicht über die Lage usw. ganz offen mitgeteilt, so daß es uns eigentlich recht leid tut, ihn nicht von seinem Entschlusse abraten zu können."

Am 24. April 1887 schrieb Georg Siemens an seine Frau:

„Jonas ist am Montag ausgetreten, und ich habe ihm einen schönen Toast beim Diner nachgeredet. Gegenwärtig bin ich dabei, mich mit Wallich und Koch zusammenzuzanken, nachdem uns Jonas auseinandergefreundschaftet hatte."

Nach Jonas' Ausscheiden hatte Georg Siemens zwar innerhalb der Deutschen Bank freie Hand; aber innerhalb der sich für die italienischen Geschäfte interessierenden deutschen Finanzwelt war man von einem einheitlichen Vorgehen noch weit entfernt.

Die Italiener wußten in geschickter Weise die einzelnen deutschen Gruppen gegeneinander auszuspielen, und es brauchte seine Zeit, bis man in Deutschland auf allen beteiligten Seiten die Vorteile, ja die Notwendigkeit eines Zusammenschlusses erkannte. Wie ungeklärt in dieser Beziehung die Situation im Frühjahr 1887 war, zeigt die folgende Stelle aus einem im Mai 1887 geschriebenen Briefe Georg Siemens' aus Rom an seine Frau:

„Meine geschäftliche Situation ist hier außerordentlich schwierig, und ich kann noch nicht übersehen, ob ich — falls ich Pech habe — sehr bald wieder abreise oder einige Tage bleiben muß. Es hat sich hier heimlich in meinem Hotel die ganze Berliner, Kölner und Frankfurter Haute-Finanze Rendezvous gegeben. Wenn ich dies gewußt hätte, so wäre ich anders wohin gezogen. Aber wie kann ich annehmen, daß Hansemann nach Rom geht, wenn er sich von mir verabschiedet, um Rehböcke auf seinem Gut in Schlesien zu schießen? ... Heute stürze ich mich nun in mein Geschäft und kämpfe mit dem tönernen Krug gegen den eisernen. Wenn die Aktionäre der Deutschen Bank wüßten, wieviel Geld ihnen ihr Verwaltungsrat schon gekostet hat, es gäbe einen bethlehemitischen Kindermord!"

Die Verhandlungen wurden durch das Mitsprechen der französischen Banken, die bisher die italienischen Eisenbahnen in der Hauptsache finanziert hatten, erheblich kompliziert und erschwert. Aber schließlich kam doch eine Verständigung zwischen den verschieden deutschen Gruppen zuwege, die in den nächsten Jahren die Durchführung großer Transaktionen auf dem deutschen Markt ermöglichte. Siemens schrieb über diese Verständigung am 26. Mai 1887 an Dr. Steiner:

„Ich habe mir unendliche Mühe gegeben, für uns und unsere Freunde eine Position in dem italienischen Geschäft zu erobern, konnte es aber nicht erreichen, daß der Credit Mobilier unsert- und der Vereinsbank wegen seine alten Verbindungen opferte. H. ist darüber unverständigerweise sehr böse. Ich hatte gedacht, daß er froh sein würde, bei dem Geschäft überhaupt eine Beteiligung zu erlangen. So weit differieren manchmal die Anschauungen!"

Bei der im Jahre 1887 erzielten Verständigung war hinsichtlich der zu übernehmenden und zu begebenden italienischen Eisenbahnobligationen noch eine Mitwirkung der französischen Gruppe und des Pariser Marktes in Aussicht genommen worden. Gerade damals jedoch kam es zu einer Zuspitzung der politischen Verhältnisse, die den französischen Markt für Italien blockierte und damit dem finanziellen Rückhalt, den Deutschland Italien zu gewähren im Begriffe war, eine erheblich gesteigerte Bedeutung gab.

Frankreich hatte solange es hoffen konnte, die Verlängerung des im Jahre 1887 erstmalig ablaufenden Dreibundvertrages verhindern zu können, mit unfreundlichen Maßnahmen gegen Italien zurückgehalten. Nachdem aber die Erneuerung des Dreibundes allen französischen Machenschaften zum Trotz Ereignis geworden war, begann Frankreich die schärfsten wirtschaftlichen und finanziellen Kampfmittel gegen Italien einzusetzen. Der im Jahre 1888 ablaufende französisch-italienische Handelsvertrag wurde nicht erneuert; es kam zu einem von beiden Seiten mit Erbitterung geführten Zollkrieg. Außerdem zeigte der französische Geldmarkt nicht nur gegenüber neuen italienischen Geldbedürfnissen verschlossene Türen, sondern auch die seit langer Zeit in Frankreich untergebrachten italienischen Werte wurden in nicht unerheblichem Umfange vom französischen Publikum und den französischen Banken abgestoßen.

Die Finanzierung des italienischen Geldbedarfs für Eisenbahnzwecke wurde durch das Abspringen der Franzosen erneut verzögert. Erst im Jahre 1889 kam es zu großen Emissionen 3prozentiger italienischer Eisenbahnobligationen. Noch am 2. Januar 1889 schrieb Siemens in einem Brief an Dr. Steiner:

„Hier war wilder Kampf wegen italienischer Obligationen. Heute wird der Vertrag in Rom unterschrieben. Es zankt sich ungefähr Jeder mit Jedem. Viel Gewinn wird in der Sache nicht sein; aber die Position ist wenigstens für die Zukunft nicht verloren."

Es kam zunächst zur Begebung einer Anleihe von 366 Millionen Lire, bei der in Deutschland die Gruppe Bleichröder—Disconto-Gesellschaft führte; dann noch im gleichen Jahr unter Führung der Deutschen Bank zur Übernahme einer weiteren Anleihe von 211¼ Millionen Lire.

Während in mühevollen Verhandlungen an dem Zustandekommen dieser großen Finanzoperationen gearbeitet wurde, eröffnete Georg Siemens der Deutschen Bank den Weg zur Beteiligung an zahlreichen anderen italienischen Geschäften. So stand die Deutsche Bank 1887 an der Spitze eines Finanzkonsortiums, das 20 Millionen Lire Pfandbriefe der Banca Nationale Italiana übernahm. Im Jahre 1888 beteiligte sie sich mit dem Credito Mobiliare Italiano und anderen italienischen Finanzinstituten an der Gründung der Società pel Risanimento di Napoli, einem der umfangreichsten und interessantesten großstädtischen Grundstücks- und Baugeschäfte. Ebenso nahm die Deutsche Bank ein Interesse an der Società Generale Immobiliare di Lavori di Utilità publica ed agricola in Rom, einem Bodenkreditinstitut, das sich mit der Gewährung von Darlehen an Staat, Provinzen und Gemeinden zur wirtschaftlichen Hebung des Grundbesitzes befaßte; im Jahre 1887 übernahm eine von der Disconto-Gesellschaft geführte deutsche Gruppe, an der auch die Deutsche Bank beteiligt war, 4prozentige Grundschuld-Obligationen dieses Instituts im Betrage von 25 Millionen Lire und brachte sie auf dem deutschen Markte unter.

Der deutschen Finanzwelt wurde die Aufgabe der finanziellen Unterstützung Italiens in der kritischen Zeit der zweiten Hälfte der achtziger Jahre dadurch in gewissem Umfange erleichtert, daß die politische Entfremdung zwischen Deutschland und Rußland die Abstoßung eines Teiles der in Deutschland untergebrachten russischen Werte und die Zurückhaltung des deutschen Marktes gegenüber neuen russischen Emissionen zur Folge hatte. Es sei in diesem Zusammenhange an das vom Fürsten Bismarck im Jahre 1887 an die Reichsbank erlassene Verbot der Lombardierung russischer Wertpapiere erinnert. Immerhin blieb die Aufgabe der finanziellen Stützung Italiens groß und schwer genug, zumal da Ende der achtziger Jahre eine schlimme Wirtschafts- und Kreditkrisis über Italien hereinbrach.

Die Krisis war die Folge spekulativer Ausschreitungen, namentlich auf dem Grundstücksmarkte und im Baugeschäft, und einiger aufeinanderfolgenden Mißernten. Sie wurde erschwert durch die Defizitwirtschaft des italienischen Staates. Eine Anzahl bedeutender Unternehmungen geriet in Zahlungsschwierigkeiten, darunter auch solche, an denen sich deutsches Kapital interessiert hatte, vor allem die Neapolitanische Risanimento-Gesellschaft und die Società Generale Immobiliare. Ersteres Unternehmen wurde durch Interventionen und Vorschüsse der deutschen Gruppe gerettet. Dagegen stellte es sich nach mehrfachen Zugeständnissen der Gläubiger heraus, daß die Società Generale Immobiliare nicht zu halten war. Die Gesellschaft mußte im Jahre 1896 den Konkurs erklären. Siemens nahm sich, obwohl die Deutsche Bank bei der Emission der Grundschuldobligationen der Immobiliare nicht die führende Rolle gespielt hatte, der bedrohten Pfandbriefbesitzer mit Nachdruck an. Im Juni 1896 gründete er die „Schutzvereinigung der Besitzer von Obligationen der Società Generale Immobiliare", an der sich außer der Deutschen Bank die interessierten deutschen und schweizerischen Banken beteiligten. Nach langwierigen und mühsamen Verhandlungen gelang es, einen zwar nicht völlig befriedigenden, aber immerhin für die deutschen Gläubiger noch annehmbaren Vergleich zustande zu bringen.

Die Krisis drohte bei ihrem Ausbruch im Jahre 1889 auf den italienischen Staat selbst überzugreifen. Siemens erkannte die Gefahr, die ein Zusammenbruch der italienischen Staasfinanzen sowohl für den sehr groß gewordenen Kreis deutscher Besitzer italienischer Werte, wie auch für die politischen Beziehungen zwischen Italien und Deutschland heraufbeschwören mußte. In der schweren und verantwortungsvollen Lage zeigte er die alte Entschlußkraft. In persönlichen Verhandlungen mit dem Minister Giolitti schloß er im Bunde mit der Berliner Handelsgesellschaft am 31. Januar 1890 eine 5prozentige Anleihe in Höhe von 112 Millionen Lire ab und bannte dadurch die unmittelbare Gefahr des italienischen Staatsbankerotts. Er war sich aber auch darüber klar, daß zur Neuordnung der italienischen Finanzen und zur Gesundung des in seinen Grundfesten erschütterten italienischen Wirtschaftslebens diese eine Anleihe nicht genügen, daß es hierzu vielmehr erheblich größerer Mittel bedürfen werde, als die Deutsche Bank und ihre engeren Freunde zu beschaffen in der Lage sein würden. Er ergriff deshalb die Initiative zu einer umfassenden Aktion. Seine Bemühungen zeitigten einen bis dahin noch nie erreichten Erfolg: die gesamte deutsche Hochfinanz, die sich bisher noch niemals zu einer einheitlichen Operation zusammengeschlossen hatte, vereinigte sich in einem großen „Konsortium für italienische Geschäfte“, das seine Aufgabe einmal in der planmäßigen Sanierung der italienischen Staatsfinanzen, dann in der Ordnung der völlig zerrütteten Verhältnisse des italienischen Bodenkredits erblickte.

Die Bedeutung dieses Zusammenschlusses wurde damals von dem „Deutschen Ökonomist“ (26. April 1890) zutreffend in folgenden Worten gewürdigt:

„Die politische Entfremdung zwischen Italien und Frankreich hatte bekanntlich zur Kündigung des Handelsvertrages, zur Bekämpfung der Notierung der italienischen Eisenbahnprioritäten an der Pariser Börse, zur Verfolgung der italienischen Rente auf dem französischen Markte geführt ... Leider ist diese Situation zusammengetroffen mit einem wirtschaftlichen Rückschlage der italienischen Nation. Um so notwendiger und um so dankenswerter ist das Zusammentreten aller großen deutschen Bankhäuser und das rückhaltlose Fallenlassen aller persönlichen Eifersüchteleien. Denn man darf nicht vergessen, daß der Fortbestand des gegenwärtigen italienischen Ministeriums, welches der Träger der Dreibundpolitik ist, an die Voraussetzung geknüpft ist, daß ihm die Durchführung seiner Politik auch auf finanziellem Gebiete nicht verschränkt wird, daß ihm die Mittel namentlich zur Durchführung seiner Eisenbahnpolitik nicht vorenthalten werden. Die Bildung dieses großen Syndikats hat deshalb nicht nur eine finanzielle, sondern auch eine politische Bedeutung im Interesse der Aufrechterhaltung des Weltfriedens. Was die finanzielle Bedeutung anlangt, so ist dieselbe keine geringe. Nach und nach sind große Beträge von italienischen Werten bei uns eingewandert, und es dürfte keinem Zweifel unterliegen, daß die Überwachung aller für Deutschland in Betracht kommenden Unternehmungen und der Schutz des darin angelegten deutschen Kapitals besser und kräftiger wird, wenn die deutsche Führung eine einheitliche ist, als wenn die einzelnen Finanzgruppen jede für sich ihre Tätigkeit entwickeln und dadurch ihre Kräfte zersplittern."

Das Konsortium für italienische Geschäfte bewilligte Ende 1890 der italienischen Regierung eine 5 prozentige Anleihe in Höhe von 120 Millionen Lire, im Jahre 1891 zwei weitere Anleihen im Gesamtbetrage von 100 Millionen Lire. Es beteiligte sich sodann nach Überwindung großer Schwierigkeiten, die in dem Auseinanderlaufen der Interessen der verschiedenen bestehenden Grundkreditanstalten bestanden, an der Errichtung eines zentralen Bodenkreditinstituts für Italien, des Credito Fondario Nazionale. Auch an dem Gelingen dieses Unternehmens entfällt ein erhebliches Verdienst auf Georg Siemens.

Trotz dieser ausgedehnten deutschen Hilfsaktion dauerte der kritische Zustand an. Der Staatsbankerott wurde zwar verhindert, aber die Staatsgläubiger mußten sich empfindliche Steuerabzüge bei der Couponeinlösung gefallen lassen. Die wirtschaftliche Krisis erfuhr, wie oben gezeigt wurde, in der ersten Hälfte der neunziger Jahre noch eine Verschärfung; es fielen ihr auch angesehene und an sich wohfundierte Institute zum Opfer wie die Banca Generale.

Ebenso wie es sich als notwendig gezeigt hatte, im Credito Fondario Nazionale dem italienischen Bodenkredit einen neuen Rückhalt zu geben, ebenso erschien es erwünscht, auch dem eigentlichen italienischen Bankgeschäft durch eine Neugründung frisches Blut zuzuführen und gleichzeitig die finanziellen Beziehungen zwischen Italien und den Zentralmächten zu festigen. Aus diesem Gedankengang heraus gründete das Konsortium für italienische Geschäfte unter Mitwirkung befreundeter österreichischer und schweizerischer Banken im Oktober 1894 die Banca Commerciale Italiana in Mailand. Die zunächst mit einem Kapital von 20 Millionen Lire ausgestattete Bank entwickelte sich rasch und günstig. Im Jahre 1900 betrug ihr Aktienkapital bereits 60 Millionen Lire, bei Kriegsausbruch war es auf 156 Millionen Lire angewachsen. An der Konsolidierung der italienischen Wirtschaftsverhältnisse und dem um die Jahrhundertwende einsetzenden neuen wirtschaftlichen Aufschwung Italiens hatte die Bank einen erheblichen Anteil.

Leider hat die deutsche Arbeit und Unterstützung keinen bleibenden Erfolg gehabt. In Deutschland zeigte sich das Kapitalistenpublikum über das Schicksal der von ihm vertrauensvoll aufgenommenen italienischen Werte enttäuscht und über die als Schikane empfundenen Maßnahmen der italienischen Regierung verärgert. In Italien ließ die in der zweiten Hälfte der neunziger Jahre sich anbahnende Wiederannäherung an Frankreich das Interesse für gute finanzielle Beziehungen zu Deutschland erkalten und den Dank für die von Deutschland in schwerer Zeit geleisteteten Dienste vergessen. Georg Siemens sah die Gefahr einer Lockerung der in allererster Linie von ihm hergestellten engen finanziellen Beziehungen aus kleinen Anzeichen voraus. Er schrieb im April 1895 an den Leiter des Credito Mobiliare Italiano und Präsidenten der Meridionalbahn-Gesellschaft, mit dem er seit 1885 bekannt und befreundet war, in Beantwortung eines Glückwunschschreibens anläßlich des fünfundzwanzigjährigen Gründungstages der Deutschen Bank:

Mon cher Monsieur Bassi,

L'aimable lettre que vous venez de m'écrire pour l'anniversaire m'a profondément ému en me rappelant les temps où beaucoup de choses marchaient bien mieux qu'elles ne le font maintenant. Mais j'espère que tout ça reviendra et que la base sûre que votre pays possède dans l'élasticité de votre population, se fera valoir dans un temps assez rapproché: je ne doute pas que votre pays triomphera à la fin des maux que vos politiciens et vos financiers n'ont pas su empêcher.

Actuellement il s'agit d'inspirer cette conviction au reste de l'Europe, et je fais de mon mieux pour raviver l'intérêt des affaires italiennes dans notre pays où on était devenu un peu froid. Mais il faut que chez vous on nous vienne en aide et qu'on nous montre un peu de confiance. Vous même, par exemple, vous avez été, il y a à peu près dix ans, l'initiateur de la migration des obligations et des actions méridionales en Allemagne. Nous avons été votre prophète. Je crois que le chiffre de ces actions tenues en Allemagne est plus grand que jamais. Je sais bien que la loi empêche que des Allemands entrent dans votre conseil d'administration (du reste cela ne servirait à personne), mais je crois qu'il serait utile que votre administration se mette en rapport avec nos amis pour un choix commun. Chez nous, on ne demande pas mieux que de se mettre au service de l'administration qu'on sait être la meilleure de toute l'Italie: on votera pour les candidats de l'adminstration, pourvu que ces candidats sachent qu'ils doivent leur élection à un accord intervenu auparavant. Mais on ne voudrait pas être regardé comme une nonvaleur. Je crois que Wallich vous en a parlé lorsqu'il a été à Milan pour la Banca Commerciale. Il me dit qu'à son retour de Florence, il a encore essayé de vous voir, mais en vain, vous étiez parti. Il aurait voulu se renseigner auprès de vous sur les intentions et désirs de la Société Méridionale lors de la prochaine réunion des actionnaires. Comme notre groupe dont nous sommes les représentants, dispose d'un stock d'actions assez important, il nous serait agréable de connaître les voeux de la Société, désireux comme nous le sommes de marcher d'accord avec l'administration. Examinez cette situation très farovable pour vos intérêts, prenez les rênes en main, et agissez en choisissant votre candidat dans les quartiers qui ont des rapports suivis avec l'Allemagne, en nous en informant: la conséquence sera, que votre administration aura dans sa suite le groupe allemand réuni autour de la Banca Commerciale.

Übersetzung:

„Mein lieber Herr Bassi,

Der liebenswürdige Brief, den Sie mir zum Jubiläum geschrieben haben, hat mich tief bewegt, indem er mich an die Zeiten erinnerte, wo viele Dinge viel besser liefen, als sie es heute tun. Aber ich hoffe, daß all das wiederkommen wird, und daß die sichere Grundlage, die Ihr Land in der Elastizität seiner Bevölkerung besitzt, sich in recht naher Zeit geltend machen wird. Ich zweifle nicht, daß Ihr Vaterland schließlich über die Übel triumphieren wird, die Ihre Politiker und Finanzleute zu verhindern nicht verstanden haben.

Augenblicklich handelt es sich darum, diese Überzeugung dem übrigen Europa einzuflößen, und ich tue mein Bestes, um das Interesse an den italienischen Geschäften bei uns, wo es sich etwas abgekühlt hatte, neu zu beleben. Aber man muß uns von Ihrer Seite zu Hilfe kommen und uns einiges Vertrauen zeigen. Sie selbst z. B. sind vor zehn Jahren der Urheber der Wanderung der Obligationen und Aktien der Meridionalbahn nach Deutschland gewesen. Wir waren Ihr Prophet. Ich glaube, daß die Zahl dieser in Deutschland gehaltenen Aktien größer ist als je. Ich weiß wohl, daß das Gesetz den Eintritt Deutscher in Ihren Verwaltungsrat verhindert (übrigens würde das auch niemand etwas nützen), aber ich glaube, daß es nützlich wäre, wenn Ihre Verwaltung sich mit unseren Freunden wegen einer gemeinsamen Wahl in Verbindung setzte. Bei uns wünscht man nichts Besseres, als sich der Verwaltung, die man als die beste Italiens kennt, zur Verfügung zu stellen; wir werden für die Kandidaten der Verwaltung stimmen, vorausgesetzt, daß diese Kandidaten wissen, daß sie ihre Wahl einer vorher zustande gekommenen Vereinbarung verdanken. Aber wir möchten nicht als Nonvaleur angesehen werden. Ich glaube, daß Wallich Ihnen davon gesprochen hat, als er wegen der Banca Commerciale in Mailand war. Er sagt mir, daß er nach seiner Rückkehr aus Florenz noch einmal versucht hat, Sie zu sehen, aber vergeblich, Sie waren verreist. Er hätte sich gern bei Ihnen über die Absichten und Wünsche der Meridionalbahn-Gesellschaft bei der nächsten Aktionärversammlung erkundigt. Da unsere Gruppe, die wir vertreten, über einen recht ansehnlichen Stock von Aktien verfügt, wäre es uns angenehm gewesen, die Wünsche der Gesellschaft zu kennen, bestrebt, wie wir sind, im Einklang mit der Verwaltung zu marschieren. Prüfen Sie diese für Ihre Interessen sehr günstige Sachlage, nehmen Sie die Zügel in die Hand und handeln Sie, indem Sie Ihren Kandidaten in den Kreisen wählen, die enge Beziehungen zu Deutschland unterhalten, und halten Sie uns darüber auf dem laufenden. Die Wirkung wird sein, daß Ihre Verwaltung die deutsche um die Banca Commerciale vereinigte Gruppe in ihrer Gefolgschaft haben wird."

Georg Siemens' Versuche, die sich lockernden Bande wieder enger zu knüpfen, blieben im wesentlichen erfolglos. Den völligen Umschwung zugunsten Frankreichs, den die italienische Finanzwelt, der Politik vorauseilend, von Beginn des neuen Jahrhunderts an vollzog und den schließlich sogar die von deutscher Seite gegründete Banca Commerciale mitmachte, hat er nicht mehr erlebt.

Viertes Kapitel.

Nordamerikanische Eisenbahnen.

Georg Siemens und die Neue Welt.

Eine dem Umfange und der Art nach besondere Stellung in den auswärtigen Finanzgeschäften, die Georg Siemens im Laufe der achtziger und in der ersten Hälfte der neuziger Jahre für die Deutsche Bank einleitete und durchführte, nehmen die nordamerikanischen Eisenbahngeschäfte ein. Große Erfolge und schwere Rückschläge standen hier noch dichter beieinander als in den bisher besprochenen argentinischen und italienischen Transaktionen. Die gewaltigen Ausmaße des „Landes der unbegrenzten Möglichkeiten" gaben den Hintergrund für die geschäftlichen Operationen, an denen Georg Siemens sich beteiligte, deren Führung er, gezwungen durch kaum zu meisternde Krisen, schließlich in weit größerem Umfange übernehmen mußte, als es je in seiner Absicht gelegen, und deren Entwirrung die höchsten Ansprüche an seine Arbeitskraft, seine Umsicht, seine Gewandtheit und seine Zähigkeit stellte.

Die Entwicklung der Vereinigten Staaten im 19. Jahrhundert ist das Wunder der Menschheitsgeschichte. Die Bevölkerung dieses Gebietes, das seit drei Jahrhunderten in den Gesichtskreis der europäischen Völker gerückt war, ist vom Anfang bis zum Ende des 19. Jahrhunderts von 3 auf nahezu 80 Millionen Seelen gestiegen. Für diesen Zuwachs und für weitere Zunahmen ist Arbeits- und Lebensspielraum geschaffen worden durch die Erschließung ungeheurer Landstrecken von jungfräulicher

Fruchtbarkeit und durch die Entdeckung und Ausbeutung unterirdischer Bodenschätze von bisher ungekanntem Reichtum.

Das Zaubermittel, das allein diese einzigartige Entwicklung ermöglichte, war die Eisenbahn. Es war, wie wenn dieses wirksamste Mittel des Fernverkehrs in allererster Reihe für die Vereinigten Staaten erfunden worden wäre. Ohne sich mit dem Bau von Straßen lange aufzuhalten, schoben die Vereinigten Staaten die Eisenbahn in einem nirgends erreichten Tempo weit hinaus in die bisher unbesiedelten Gebiete, bis hinüber zu den Küsten des Stillen Ozeans. In dem Ausbau des Eisenbahnnetzes ließ die Staatsgewalt dem privaten Unternehmungsgeist den freiesten Spielraum. Mit freigebiger Hand erteilte sie Eisenbahnkonzessionen, förderte den Unternehmer durch weitherzige Landschenkungen in großen schachbrettartig angeordneten Blocks rechts und links von den Bahnlinien und gab ihm so gleichzeitig ein verstärktes Interesse an der raschen Besiedlung des von seiner Eisenbahn erschlossenen Gebietes. Das alte Europa stellte, angeregt durch die gewaltigen Perspektiven dieser Unternehmungen, bereitwillig die benötigten Kapitalien zur Verfügung.

Schon im Jahre 1840 standen die Vereinigten Staaten mit einem Eisenbahnnetz von 4500 km, gegen 1348 km in Großbritannien und Irland und 549 km in Deutschland, an der Spitze der Eisenbahnentwicklung. Im Jahre 1860 verfügte die Union bereits über eine Streckenlänge von nahezu 50000 km, über fast soviel wie ganz Europa. Zwanzig Jahre später (1880) war die Ausdehnung des nordamerikanischen Netzes auf rund 150 000 km angewachsen. Dem folgte in dem einen Jahrzehnt bis 1890 eine weitere Ausdehnung um fast 120000 km auf nahezu 270000 km, während gleichzeitig das deutsche Eisenbahnnetz rund 43000 km, das französische rund 36000, das englische rund 32000, das russische rund 31000, das gesamteuropäische Netz rund 224000 km Streckenlänge umfaßte.

Die geschäftlichen Möglichkeiten, die ein solches Land bot, mußten auf ein Institut, das, wie die Deutsche Bank, in erster Linie den wirtschaftlichen Beziehungen Deutschlands zur Übersee zu dienen bestimmt war, die größte Anziehungskraft ausüben. Von Anfang an hat demgemäß die Herstellung einer fruchtbaren Verbindung mit den Vereinigten Staaten Georg Siemens auf das lebhafteste beschäftigt. Zunächst in der durch den Aufgabenkreis der Deutschen Bank gegebenen Beschränkung auf das rein bankgeschäftliche Gebiet. Sein großer Plan einer für den gesamten amerikanischen Kontinent bestimmten „Germanisch-transatlantischen Bank“ (siehe Band I, S. 249) ließ sich jedoch, soweit die Vereinigten Staaten in Betracht kamen, infolge der in der amerikanischen Bankgesetzgebung bestehenden Hindernisse nicht durchführen. Die Deutsche Bank mußte sich deshalb mit der Kommanditierung eines amerikanischen Bankhauses begnügen. Es wurde oben (Band I, S. 275) dargestellt, daß diese Verbindung die Erwartung, die man auf sie setzte, nicht erfüllt hat, und daß die Deutsche Bank, als sich die Inhaber dieser Kommanditen instruktionswidrig in Geschäfte eingelassen hatten, die mit schweren Verlusten ausliefen, im Jahre 1882 zur Aufhebung des Kommanditverhältnisses veranlaßt sah.

Aber damit war für Georg Siemens nicht das letzte Wort gesprochen. Ebensowenig wie in anderen Fällen ließ er sich hier durch einen Mißerfolg entmutigen und von der Verfolgung von Zielen abbringen, deren Richtigkeit unumstößlich für ihn feststand. Er dachte um so weniger daran, sich mit der Auflösung der New Yorker Kommandite aus dem amerikanischen Geschäft zurückzuziehen, als die Vereinigten Staaten für das große Finanzgeschäft, dessen Aufnahme in den Geschäftskreis der Deutschen Bank er durchgesetzt hatte, einen beträchtlich weiteren und freieren Spielraum boten, als für das reine Bankgeschäft.

Georg Siemens standen nicht nur die gewaltigen Entwicklungsmöglichkeiten der Vereinigten Staaten klar vor Augen, er erkannte ebenso klar den Einfluß, den die Gestaltung der Wirtschaftsverhältnisse in dem ungeheuren Lande jenseits des Atlantischen Ozeans auf das Schicksal des alten Europa ausüben mußte. Den industriellen Aufschwung, den Deutschland von 1879 an nahm, erklärte er nicht nur mit dem damals geschaffenen deutschen Zollschutz, sondern vor allem mit der zunehmenden Konsumkraft der nach Zahl und Wohlstand rapid wachsenden Bevölkerung der Union und mit dem infolge der Ausdehnung des amerikanischen Eisenbahnbaus ins Riesenhafte steigenden Bedarf an Erzeugnissen der Eisenindustrie. Er fand seine Auffassung bestätigt durch die unmittelbaren und starken Rückwirkungen, die in der Folgezeit die aus der amerikanischen

Wirtschaft entstehenden Hochkonjunkturen und Krisen auf das alte Europa ausübten. Durch die bei einer ungestümen Entwicklung unvermeidlichen Rückschläge ließ er sich in seiner Überzeugung von der alle alten Maßstäbe überholenden Zukunft Nordamerikas nicht beirren. Er sah es als seine Aufgabe an, an seiner Stelle dazu beizutragen, Deutschland an dieser Entwicklung ohne Gleichen einen Anteil zu sichern; nicht nur der unmittelbaren Gewinne wegen, die eine Beteiligung an den großen amerikanischen Geschäften dem europäischen Kapital in Aussicht stellte, sondern mehr noch aus dem Bestreben, durch die aktive Mitwirkung an der Finanzierung großer amerikanischer Unternehmungen die wirtschaftlichen Beziehungen zwischen Deutschland und der Union zu fördern und zu festigen. Dazu kam ein weiterer wichtiger Gesichtspunkt: Bei allem Zusammenhang zwischen den Konjunkturschwankungen in der Neuen und der Alten Welt waren die amerikanischen Unternehmungen gegenüber den europäischen in wesentlichen Punkten so anders geartet und in ihrem Schicksal von so anderen Vorbedingungen abhängig — sie schienen insbesondere den Einwirkungen der das alte Europa ständig bedrohenden politischen Gegensätze und Reibungen völlig entrückt —, daß Kapitalanlagen in großen amerikanischen Geschäften vom Standpunkte der Risikoverteilung aus als ein höchst erwünschtes Gegengewicht gegen die sonstigen aus dem Finanzgeschäfte sich ergebenden Engagements gelten konnten.

Henry Villard und die Northern Pacific.

Die Deutsche Bank hatte bereits in den Jahren 1880 und 1881 von befreundeten Banken in London und New York kleinere Beteiligungen an nordamerikanischen Eisenbahnengeschäften angenommen (Bonds der Southern Pacific Railway Co., der Chicago Milwaukee and St. Paul Railroad Co., der Western Division of the Atlantic and Pacific Railroad Co., der Buffalo-New York-Philadelphia Railroad Co). Im Jahre 1882 übernahm sie aus der Liquidation ihrer New Yorker Kommandite eine geringfügige Beteiligung an 6prozentigen First Mortgage Bonds der Northern Pacific Railroad Co,, der Gesellschaft, die bald darauf in den Mittelpunkt der amerikanischen Eisenbahngeschäfte der Deutschen Bank rücken sollte.

In der Zeit, als Georg Siemens noch mit seinen Kollegen die Frage erwog, auf welche Weise für die Deutsche Bank eine neue Vertretung in den Vereinigten Staaten zu schaffen sei, erhielt er von Henry Villard, dem Präsidenten der Northern Pacific, eine Einladung zur Eröffnung der durch diese Eisenbahngesellschaft geschaffenen neuen Verbindung der beiden Ozeane. Siemens entschloß sich, der Einladung zu folgen. Aus ihr sind seine folgenschweren Beziehungen zu Henry Villard und dessen großen Eisenbahnunternehmungen erwachsen.

Henry Villard, mit seinem deutschen Namen Heinrich Hilgard, war unstreitig einer der interessantesten, genialsten und erfolgreichsten unter den amerikanischen „Eisenbahnkönigen" jener Zeit. Er war im Jahre 1835 zu Speier in der bayrischen Rheinpflaz geboren und entstammte einer alteingesessenen Beamten- und Pfarrerfamilie. Als junger Student brachten ihn kleine Schulden zu dem Entschluß, nach Amerika zu flüchten, wo er im Herbst 1853, von allen Geldmitteln entblößt, in New York landete. Unter großen Entbehrungen schlug er sich nach dem mittleren Westen durch. Er fand dort Aufnahme und einige Unterstützung bei früher nach Amerika ausgewanderten Verwandten. Er versuchte es auf allen möglichen Wegen, vorwärts zu kommen, arbeitete als Schreiber in Kanzleien von Anwälten und Geschäftsleuten, war eine Zeitlang Dorfschullehrer in Pennsylvanien und fand schließlich den Weg in die Journalistik, in der er nach mancherlei Fehlschlägen sich allmählich eine angesehene Stellung als regelmäßiger Korrespondent großer amerikanischer Zeitungen machte. Auch mit wichtigen politischen Persönlichkeiten, vor allem mit dem Präsidenten Lincoln, kam er in Beziehung. Als der Bürgerkrieg ausbrach, entschloß er sich, den Feldzug auf der Seite der Nordstaaten als Kriegsberichterstatter mitzumachen. Im Jahre 1860 wurde er zum Sekretär der American Social Science Association in Boston gewählt. Diese Stellung gab ihm Veranlassung und Gelegenheit zum Studium des öffentlichen Finanz-, des Eisenbahn- und des Bankwesens.

Als er zur Wiederherstellung seiner angegriffenen Gesundheit im Winter 1872/73 in Deutschland weilte, besuchte ihn ein Bekannter, um ihn um seinen Rat wegen einer gefährdeten Kapitalanlage in Bonds der Oregon und California-Eisenbahngesellschaft zu bitten. Seine Beurteilung der Lage dieser Gesellschaft brachte ihn in Beziehung zu dem in Frankfurt bestehenden Komitee der an der Bahn interessierten deutschen Kapitalisten. Die Lage der Gesellschaft erwies sich als überaus schwierig. Villard wurde im Frühjahr 1874 von dem Frankfurter Komitee nach Amerika entsandt, um dort ein die Interessen der Bondsinhaber nach Möglichkeit sicherndes Abkommen mit den Aktionären der Bahn zu treffen. Er begab sich nach Oregon, inspizierte die Bahnlinien der Gesellschaft und den Betrieb an Ort und Stelle, deckte schwere Mißbräuche und Betrügereien auf, gewann aber von dem durch die Eisenbahn zu erschließenden Gebiet die besten Eindrücke für die Zukunft des Unternehmens. Seine Sanierungsvorschläge fanden die Zustimmung der deutschen Interessenten, ihre Durchführung stieß aber auf den Widerstand der bisherigen Machthaber der Eisenbahngesellschaft. Die sich daraus entwickelnden Verhandlungen und Kämpfe führten dazu, daß Villard sich auf das eingehendste mit den gesamten Verkehrsverhältnissen von Oregon befaßte. Das Ergebnis war die Gründung der Oregon Railway and Navigation Co., welche die vorher bestehenden Schiffahrtsgesellschaften, die den Verkehr zwischen dem Staate Oregon und San Francisco vermittelten, in sich aufnahm und sich den Bau einer Eisenbahn den Columbiafluß aufwärts zum Ziel setzte. Villard wurde Präsident der neuen Gesellschaft. Die unter großen Schwierigkeiten mit glänzendem Erfolg durchgeführte Transaktion begründete den Ruf Villards als Finanzier und gab ihm gleichzeitig die Erschließung eines ungewöhnlich zukunftsreichen Gebietes in die Hand. „Der große vom Columbia und seinen Nebenflüssen drainierte Landkomplex," so heißt es in Villards Lebenserinnerungen*), „bildete an sich, soweit seine Ausdehnung in Betracht kommt, tatsächlich ein Reich. Die materielle Entwicklung dieses Komplexes hing gänzlich von den vorhandenen und zukünftigen Transportfazilitäten innerhalb seiner Grenzen ab. Herrn Villards Herrschaft über diese (und dadurch über die ganze Zukunft dieses vielversprechenden Landes) wurde durch seinen persönlichen Erfolg eine fast absolute." Dazu kam, daß die Beherrschung des Columbiatales gleichbedeutend war mit der Herrschaft über den einzigen natürlichen Durchlaß, der aus dem nordwestlichen Innern der Vereinigten Staaten über die Cascade Mountains nach dem Stillen

*) Heinrich Hilgard-Villard, Lebenserinnerungen, Berlin, Georg Reimer 1906.

Ozean führte. Auf diesen Weg ist der gesamte Verkehr zwischen den kornreichen Gebieten von Washington, Montana, Dacota, Minnesota usw. mit dem Pacific angewiesen. Um diese Position ist später in den Machtkämpfen zwischen den verschiedenen großen Transkontinentallinien des Nordens der Vereinigten Staaten, der Union Pacific, der Northern Pacific und der Great Northern, schwer gekämpft worden.

Wegen des Wegerechtes durch das Columbiatal kam die neue Gesellschaft gleich nach ihrer Gründung in Konflikt mit der Northern Pacific Railroad Co. Diese Gesellschaft war auf Grund einer Konzession von 1864 errichtet worden. Gegenstand der Konzession war Bau und Betrieb einer durchlaufenden Eisenbahn- und Telegraphenlinie von einem Punkt des Lake Superior zu einem Punkte am Puget Sound, der südlich Vancouver tief in das Land einschneidenden Bucht, mit einer Zweigline durch das Tal des Columbiaflusses nach Portland oder in die Gegend dieser im Staate Oregon nahe der pazifischen Küste gelegenen Stadt. Die Gesellschaft wurde mit großen Landkonzessionen zu beiden Seiten der Linie ausgestattet, die im ganzen nahezu 47 Millionen Acres gleich rund 19 Millionen Hektar umfaßten. Der Bau der Bahn war erst 1870 begonnen worden. Aber schon 1873 geriet die Gesellschaft in der großen Krisis, die, von Wien und Deutschland ausgehend, auf die Vereinigten Staaten übergriff, in Zahlungsschwierigkeiten. Die Fortsetzung des Bahnbaus wurde dadurch für längere Zeit verhindert. Nachdem in der zweiten Hälfte der siebziger Jahre eine finanzielle Reorganisation durchgeführt worden war, gelang es der Gesellschaft, die Gelder für eine Beschleunigung des Ausbaues ihres Netzes aufzubringen. Sie entschloß sich, unter Zurückstellung des Baus der Hauptstrecke nach dem Puget Sound die ihr konzessionierte Zweigbahn nach dem Columbia-Fluß in Angriff zu nehmen, da diese Zweigbahn die bau- und verkehrstechnisch weit rationellere Verbindung mit dem Stillen Ozean darstellte. Die Verlängerung der Zweigbahn längs des rechten Columbia-Ufers mußte der auf dem gegenüberliegenden Ufer laufenden Linie der Oregon Railway and Navigation Co. um so gefährlicher werden, als die Rechte der Northern Pacific auf eine Linie im Columbiatal zweifellos, diejenigen der Oregon Railway and Navigation Co. dagegen höchst anfechtbar waren.

Villard war bei dieser Sachlage genötigt, zu einer Verständigung mit der Northern Pacific zu kommen. Letztere Gesellschaft, die immer an Mitteln knapp war, fand sich bereit, einem Abkommen zuzustimmen, in dem sie das Recht der Oregongesellschaft auf den Bau einer Linie auf dem linken Columbia-Ufer anerkannte, während diese sich verpflichtete, innerhalb dreier Jahre eine normalspurige Bahn zwischen Portland und dem Endpunkt der Northern Pacific-Linie an der Mündung des Snake River in den Columbia-Fluß fertigzustellen und der Northern Pacific das Recht der Benutzung dieser Linie für ihre Züge gegen eine feste Gebühr pro Meile zuzugestehen, ohne daß dieses Recht eine Verpflichtung für die Northern Pacific bedeuten sollte.

Kurze Zeit nach dem Abschluß dieses Abkommens gelang der Northern Pacific die Begebung von 40 Millionen Dollar erster Hypothekenbonds an ein starkes Finanzkonsortium, an dessen Spitze die Bankhäuser Drexel, Morgan & Co., Winslow Lanier & Co. und A. Belmont & Co. standen. Diese gewaltige finanzielle Stärkung der Northern Pacific rückte trotz des getroffenen Abkommens für die Oregon Railway and Navigation Co. die Gefahr des Baus der Konkurrenzbahn wieder in greifbare Nähe. Um sich gegen diese Gefahr, die an die Wurzeln seiner eigenen Gesellschaft ging, ein für allemal zu sichern, leitete Villard eine Aktion ein, die an Eigenart und Kühnheit kaum ihres Gleichen hat. Sein Plan war, in kürzester Zeit unter der Hand eine für die Kontrolle hinreichende Zahl der Northern Pacific-Aktien zu erwerben und diese mit der Majorität der Aktien der Oregon-Gesellschaft durch Einbringung in eine neu zu gründende „Holding Company" dauernd zu verschmelzen.

Der Plan war nur durchführbar, wenn nichts über ihn bekannt wurde; auf der anderen Seite mußte Villard eine sehr erhebliche Geldsumme für seine Durchführung beschaffen. „Sein Vertrauen in sein Projekt," so sagt er selbst in seinen Lebenserinnerungen, „war so absolut, daß er die größte Verantwortlichkeit übernahm und nicht zögerte, den kühnsten Appell an das Vertrauen seiner Anhänger zu wagen, indem er sie ersuchte, ihm ihr Geld anzuvertrauen, ohne daß er ihnen den Zweck angebe, zu dem er des Geldes bedürfe. Demgemäß sandte er etwa fünfzig Personen ein Geheimzirkular, worin er darum nachsuchte, daß sie ihm zur Aufbringung eines Fonds von 8 Millionen Dollar durch Zeichnungen behilflich sein sollten; er sei selbst gewillt, einen beträchtlichen Teil zu zeichnen. Gleichzeitig besagte das Zirkular, er wünsche mit diesen Geldern die Basis zu einem Unternehmen zu gewinnen, über das er sich am 15. Mai 1881 oder schon früher näher auslassen werde."

Dieser erstaunliche Apell an blindestes Vertrauen hatte einen ungeahnten Erfolg: binnen 24 Stunden nach Ausgabe des Zirkulars war mehr als das Doppelte des verlangten Betrages gezeichnet.

Damit war die Durchführung des Villardschen Planes gesichert. Der kontrollierende Aktienbesitz sowohl der Northern Pacific wie der Oregon Railway and Navigation Co. wurde in die neugegründete Oregon and Transcontinental Co. gelegt. Villard übernahm zur Präsidentschaft der Oregon Railway and Navigation Co. auch diejenige der beiden anderen Gesellschaften. Die Einheit der Northern Pacific mit der Oregoneisenbahn war damit hergestellt und so eine Transkontinental-Linie von 2700 Meilen geschaffen. Es kam hinzu ein Abkommen mit der Union Pacific, nach der diese Bahn sich verpflichtete, die von ihr kontrollierte Oregon Short Line von Granger (Wyoming) bis zum Snakefluß so rasch wie möglich auszubauen, während die Oregon Railway and Navigation Co. durch eine Zweigbahn den Anschluß an die Oregon Short Line herzustellen übernahm. Dadurch wurde die Columbialinie der Oregoneisenbahn zum pazifischen Schlußstück auch des großen Systems der Union Pacific.

Villard gliederte seinem Bahnennetze außerdem durch Pachtvertrag die Oregon and California-Eisenbahn an, welche die Landverbindung zwischen Portland und San Francisco darstellte.

Schließlich verlegte er den östlichen Endpunkt der Northern Pacific-Linie von Duluth am Lake Superior nach dem wichtigen Zentralpunkt St. Paul, indem er für die Anschlußlinie nach St. Paul und den Endbahnhof daselbst, der mit allen für eine große Überlandlinie nötigen Einrichtungen ausgestattet wurde, die St. Paul and Northern Pacific Co. gründete.

Es handelte sich nun darum, die bereits vorhandenen Glieder der großen Transkontinentalbahn so rasch wie möglich durch den Ausbau der noch fehlenden Strecken miteinander zu verbinden. Außerdem galt es, der Hauptlinie durch Zweigbahnen Verkehr zuzuführen. Villard entfaltete zur Durchführung aller dieser Aufgaben eine ungewöhnliche Energie. „Die Arbeiter der verschiedenen Gesellschaften bildeten ein förmliches Heer, indem sie über 25000 Mann zählten, Eisenbahnarbeiter, Handwerker, Tagelöhner usw., darunter 15000 Chinesen. Die Gesamtauslagen für alle Zwecke beliefen sich monatlich auf 4 Millionen Dollar. Was Herr Villard anstrebte, war niemals zuvor in der ganzen zivilisierten Welt versucht worden, nämlich das Bauen neuer Bahnen in einer Gesamtlänge von nahezu 2000 Meilen innerhalb zweier Jahre, also von nahezu drei Meilen durchschnittlich pro Tag. Und in diese Arbeit war eine Menge von Tunneln, Brücken und hölzernen Viadukten mit eingeschlossen."

Die Bauarbeiten an der Hauptlinie wurden auf diese Weise so gefördert, daß für den September 1883 die Vereinigung der vom Osten und vom Westen vorgetriebenen Schienenstränge in Aussicht genommen werden konnte.

Georg Siemens' erste Amerikareise.

Im Vollgefühl seiner großen Erfolge und von dem Wunsche beseelt, die Augen der ganzen Welt auf sein großes Unternehmen hinzulenken, beschloß Villard, die Legung der letzten Schiene und gleichzeitig die Eröffnung des Verkehrs auf der damit geschaffenen neuen Überlandstrecke zu einer imposanten Feier zu gestalten. Die Northern Pacific ließ zu diesem Zwecke Einladungen ergehen an die Mitglieder der Bundesregierung und der Regierungen der sieben Staaten, durch deren Gebiet die Bahn führte, an eine Anzahl hervorragender Kongreßmitglieder, an das diplomatische Korps in Washington, an eine große Anzahl namhafter amerikanischer, englischer und deutscher Persönlichkeiten. Unter den deutschen Gästen, welche die Einladung annahmen, befanden sich der Staatsrechtlehrer Gneist, der Chemiker A. W. Hofmann, der Geologe Zittel, der Schriftsteller Paul Lindau, Geheimrat von der Leyen (preußisches Eisenbahnministerium), Geheimrat Braunfels (Jakob S. H. Stern, Frankfurt a. M.) und Georg Siemens.

Siemens sah in der Einladung, die seinem brennenden Wunsch nach persönlicher Kenntnis der Neuen Welt und persönlicher Berührung mit ihren führenden Finanz- und Eisenbahnleuten entgegenkam, geradezu einen Wink des Schicksals. Er nahm deshalb die Einladung gern an. Am 28. Juni 1883 schrieb er an Dr. Steiner:

„Ich gehe im August nach Amerika, um mir die Northern Pacific anzusehen. Ich glaube, daß wir in Berlin auch an die amerikanischen Sachen heranmüssen. Schließlich liegt uns Amerika näher als Italien, trotz des Gotthard."

Die Ausreise wurde am 15. August 1883 mit dem Lloyd-Dampfer „Elbe" angetreten. Die Überfahrt in angenehmer und anregender Gesellschaft war für Georg Siemens eine wohltuende Ausspannung nach fast ununterbrochener harter Arbeit vieler Jahre.

In New York erwartete die Gäste ein großartiger Empfang. Wichtiger als aller Pomp, der zu Ehren der Geladenen entfaltet wurde, war für Siemens die Fühlungnahme mit den namhaftesten amerikanischen Eisenbahnleuten und mit den großen Finanziers der Neuen Welt, vor allem mit den Chefs der zur Gruppe der Northern Pacific gehörenden Bankhäuser, den Morgan, Belmont, Lanier, Drexel. Nicht nur für die amerikanischen Eisenbahngeschäfte der Deutschen Bank sind aus dieser Fühlung fruchtbare Verbindungen entstanden, sondern auch — wie erinnerlich — für die elektrischen Geschäfte (siehe oben S. 96 ff.).

Am 28. August 1883 setzten sich von New York aus zwei Sonderzüge mit den Gästen in Bewegung, denen sich einer in Chicago, ein weiterer in St. Paul anschlossen und denen an dem Vereinigungspunkt ein Sonderzug aus dem Westen begegnen sollte. Die Fahrt entwickelte sich zu einem wahren Triumphzug. In allen großen Städten fanden gewaltige Demonstrationen zu Ehren Villards und seiner Gäste statt. Eindrucksvoller aber als alle Huldigungen und Feste war die ungeheure Weite aller Verhältnisse des Landes, das durch die Bahn erschlossen wurde, das beginnende Leben auf der jungfräulichen Erde, die ungemessenen Möglichkeiten für Arbeit und Wohlstand und nicht zuletzt die Tatkraft, mit der das neue Geschlecht der Amerikaner sich daran machte, alle diese Möglichkeiten zu verwirklichen.

Am 3. September wurde der Vereinigungspunkt im Gebirge des westlichen Montana erreicht. Ein Gleisabschnitt von tausend Fuß Länge war mit Absicht unvollendet gelassen, um den letzten Zusammenschluß vor den Augen der Gäste vollziehen und ihnen die Schnelligkeit des

Schienenlegens zeigen zu können. Nach einer eindrucksvollen Feier schlug Villard den letzten vergoldeten Bolzen ein.

Die weitere Fahrt brachte die Gäste bis zu der Küste des Stillen Ozeans, nach Portland, Tacoma und Seattle. Siemens machte mit einem Teil der Reisegesellschaft von dort aus eine Exkursion nach San Francisco und Los Angelos.

Die Zeit, die dann noch bis zu der auf Mitte Oktober festgesetzten Rückkehr nach Europa verblieb, benutzte Siemens, um die ihm wertvoll erscheinenden persönlichen Beziehungen enger zu knüpfen und sich über das Wirtschaftsleben der Vereinigten Staaten im allgemeinen, sowie über die Verhältnisse der ihn interessierenden Unternehmungen im besonderen zu informieren.

Beteiligung der Deutschen Bank an der Finanzierung der Northern Pacific.

Die Eindrücke, die Georg Siemens sowohl von den Aussichten der amerikanischen Wirtschaft als auch von dem Stande und den Entwicklungsmöglichkeiten der Northern Pacific und von der Persönlichkeit Henry Villards mit nach Deutschland zurückbrachte, waren derart, daß er bei seinen Kollegen in der Direktion und dem Verwaltungsrat der Deutschen Bank eine ansehnliche Beteiligung an den Geschäften der Northern Pacific-Gruppe auf das dringendste befürwortete. Darüber, daß auf der anderen Seite, bei dem Finanzkonsortium der Northern Pacific, Geneigtheit bestand, die Deutsche Bank aufzunehmen, hatte er vor Antritt der Rückreise Gelegenheit gehabt, sich zu überzeugen.

Zu neuen Finanzgeschäften gab sich alsbald Gelegenheit. Der Ausbau der Hauptlinie der Northern Pacific verschlang ungeheure Summen. Schon im Juni 1883 hatte Villard, wie er in seinen Erinnerungen selbst schreibt, einen Bericht seines Chefingenieurs erhalten, der eine Überschreitung der Kostenanschläge für die Hauptlinie um mindestens 14 Millionen Dollar in Aussicht stellte. Der Gegenwert der im Jahre 1879 begebenen 40 Millionen Dollar First Mortgage Bonds wurde aufgezehrt, und die Oregon and Transcontinental Co. mußte für die weiteren Baukosten in Vorschuß treten. Die Lage der Gesellschaft war schwierig geworden, da sie in großem Umfange Aktien der verschiedenen Bahnen, die sie sich angliedern oder unter ihre Kontrolle bringen wollte, angekauft hatte in der Hoffnung, sie mit dem Erlös neu zu begebender eigener Aktien bezahlen zu können. Diese Hoffnung wurde jedoch zunichte. Es zeigten sich die Vorboten der im Herbst 1883 zum Ausbruch kommenden Krisis, die das Eisenbahnwesen der Vereinigten Staaten schwer erschütterte und zahlreiche Eisenbahngesellschaften zu Fall brachte. Die Werte des Villard-Konzerns, insbesondere die Aktien der Oregon and Transcontinental Co., sahen sich scharfen Angriffen ausgesetzt; ihr Kurs ging von 83% im Juli auf 34% im Oktober 1883 zurück. Auch die Aktien der Northern Pacific zeigten, während die pomphaften Feierlichkeiten zur Vollendung und Eröffnung der Hauptlinie stattfanden, einen andauernden Rückgang; noch im Juli hatten die Vorzugsaktien auf 90%, die Stammaktien auf 52 % gestanden; jetzt fielen die ersteren bis auf 56 %, die letzten bis auf 23%. In seinen Erinnerungen bekennt Villard, daß ihn „diese Vorgänge, während die Festlichkeiten im Gange waren, in solch hohem Grade beunruhigten, daß er nur zeitweilig die ihm drohenden Gefahren zu vergessen mochte." Diese Sorgen aber behielt Villand für sich.

Die innere Situation der Northern Pacific und ihre Zukunft erschienen, trotz des Kursrückganges, so unbedingt gesichert, daß Georg Siemens nicht zögerte, die Deutsche Bank noch im Jahre 1883 bei der Übernahme von 20 Millionen Dollar Second Mortgage Bonds mit einem erheblichen Betrage zu beteiligen und sich anheischig zu machen, die neuen Bonds auf den deutschen Markt zu bringen. Damit war für die Northern Pacific-Gesellschaft selbst für einige Zeit vorgesorgt.

Dagegen wurde Villards persönliche Lage kritisch. Er hatte im Vertrauen auf den schließlichen Erfolg seiner Unternehmungen sich dem Kursrückgang seiner Aktien entgegengestemmt, indem er zu den weichenden Preisen große Beträge aus dem Markte nahm. Dazu kamen schwere Verluste, die er infolge des Zusammenbruchs einer außer Beziehung zu seinen anderen Unternehmungen stehenden Eisenbahngesellschaft erlitt, an der er aus Gefälligkeit gegenüber Freunden einen beträchtlichen Aktienanteil genommen hatte.

Im Dezember 1883 sah er sich genötigt, seine Lage einem engeren Kreise von Freunden offenzulegen. Die Prüfung ergab seine eigene Insolvenz und eine schwere Gefährdung der Oregon and Transcontinental Co. Ein Syndikat erklärte sich bereit, die Regelung seiner persönlichen Verbindlichkeiten und die Bezahlung der Schulden der Oregon and Transcontinental Co. zu übernehmen, jedoch unter der Voraussetzung, daß er die Präsidentschaft sowohl dieser Gesellschaft wie auch der Oregon Railway and Navigation Co. niederlege. Der Rücktritt auch von der Präsidentschaft der Northern Pacific war die selbstverständliche Konsequenz.

Die Lage der Northern Pacific Railroad Co. und der Oregon Railway and Navigation Co. wurde durch das persönliche Schicksal Villards und durch die Bedrängnis der Oregon and Transcontinental Co. zunächst nicht berührt. Unter der Leitung des neuen Präsidenten Robert Harris schritten die Bauarbeiten rüstig fort. Auch die Beziehungen dieser Bahnen zu dem bisherigen Finanzkonsortium, dem die Deutsche Bank beigetreten war, blieben unverändert. Ja, die Beziehungen zur Deutschen Bank wurden in jenen Jahren noch enger. Die Deutsche Bank übernahm im Jahre 1884 für sich allein 1 Million $ 7prozentiger Debentures der Oregon Railway and Navigation Co., sie trat in engere Geschäftsverbindung mit der Oregon and California Railroad Co und übernahm im folgenden Jahre von dem Bankhaus A. Belmont & Co. einen größeren Betrag von First Mortgage Bonds der Northern Pacific zwecks Einführung dieses Papiers an der Berliner und Frankfurter Börse. Die Einführung erfolgte im Dezember 1886 durch die Deutsche Bank in Gemeinschaft mit der Darmstädter Bank und der Deutschen Vereinsbank in Frankfurt a. M. Im folgenden Jahre wurden auch die Second Mortgage Bonds der Northern Pacific durch die Deutsche Bank in Deutschland eingeführt. Daneben gingen Geschäfte in Werten anderer amerikanischer Eisenbahnen einher.

Auch Villard persönlich hatte durch seinen jähen Sturz von der Höhe seiner Erfolge das Vertrauen, das Georg Siemens in seine großen Eigenschaften setzte, nicht verloren. Als Villard genötigt wurde, seine Machtstellung preiszugeben, und als er sich von den meisten seiner bisherigen amerikanischen Freunde verlassen und gemieden sah, entschloß er sich, seinen Wohnsitz nach Deutschland zu verlegen. Er ließ sich um die Mitte des Jahres 1884 in Berlin nieder, wobei für ihn seine freundschaftlichen Beziehungen zu Friedrich Kapp, den er in dessen amerikanischer

Zeit kennen und schätzen gelernt hatte, den Ausschlag gab. Kapp wohnte damals in dem Siemensschen Hause Tiergartenstraße 37, und war seinerseits mit Georg Siemens eng befreundet. Zwar starb Kapp bereits kurze Zeit nach Villards Ankunft; aber die gemeinschaftliche Freundschaft zu diesem hervorragenden Manne trug dazu bei, Siemens und Villard einander näherzubringen.

Siemens legte in seinen amerikanischen Geschäften auf das Urteil und den Rat Villards großes Gewicht und stellte ihm schließlich im Jahre 1886 die Frage, ob er die ständige Vertretung der Interessen der Deutschen Bank in den Vereinigten Staaten übernehmen wolle. Villard nahm das Angebot um so lieber an, als es für ihn auch gegenüber der New Yorker Finanzwelt seine völlige Rehabilitierung bedeutete.

Expansion und wachsender Geldbedarf der Northern Pacific.

Gewitzigt durch seine schlimmen Erfahrungen zeigte Villard zunächst gegenüber den sich bietenden neuen Geschäften eine große Zurückhaltung. Zu erwähnen ist aus der ersten Zeit seiner neuen Tätigkeit nur ein rasch und günstig abgewickeltes Geschäft in Bonds der Cincinnati Hamilton and Dayton Eisenbahngesellschaft.

Diese Zurückhaltung lag durchaus im Sinne seiner Auftraggeber. Siemens wollte zwar die Fühlung mit dem amerikanischen Geschäft aufrechterhalten, aber er hatte bestimmte Gründe, die ihn von der Entfaltung einer stärkeren Aktivität abhielten. Erst im Jahre 1887 trat in Verbindung mit dem Ausscheiden der Präsidenten Jonas aus der Direktion der Deutschen Bank (siehe oben S. 213) auch hier der entscheidende Umschwung ein.

Siemens selbst schrieb darüber in einem Briefe vom 29. Juli 1887 an Villard:

„Ich glaube, daß es Ihnen nicht entgangen sein wird, daß meine Stellung in der Deutschen Bank nicht ganz angenehm in den letzten fünf Jahren war. Obgleich ich wohl sagen kann, daß das Hauptverdienst an der Entwicklung unseres Instituts neben Wallich mir zuzuschreiben ist, so hatte ich doch in den letzten Jahren durch mancherlei eigene Ungeschicklichkeiten und Rücksichtslosigkeiten eine sehr starke persönliche Gegnerschaft gegen mich heraufbeschworen, welche zum Resultat hatte, daß man mich zu ersetzen wünschte. Damals trat Herr Jonas ein, und mir fiel die Aufgabe zu, denselben zu meinem Nachfolger heranzubilden. Mir war das damals ganz recht, da ich mich von dem Geschäft zurückzuziehen wünschte. Es stellte sich aber nach und nach heraus, daß Herr Jonas nicht mehr biegsam genug für ein deutsches Bankgeschäft war, und wir mußten uns alle sagen, daß die Bank einschlafen würde, wenn man ihm die Führung allein überließe. Da er selbst dies auch einsah und es ablehnte, aus der Bank seinen Lebensberuf zu machen, so habe ich mich in diesem Winter kurz resolviert und die Frage zur Entscheidung gebracht ..... Das Resultat war, daß man meine Entlassung nicht annahm, daß die Direktion wieder mehr in meinen Händen konzentriert wurde, und ich glaube, daß nunmehr wieder ein energisches Vorwärtsarbeiten in die Deutsche Bank hineinkommen wird, geradeso wie dasjenige war, welches uns in den Jahren 1870 bis 1882 zu dem geschäftsumfangreichsten Institute von Deutschland gemacht hat.

„In der damaligen Zeit der Schwankungen war es nicht gut möglich, auch wäre es dem eventuellen Nachfolger gegenüber nicht einmal recht anständig gewesen, eine feste, energische Geschäftspolitik einzuhalten. In den Monaten Februar und März herrschten Kriegsbefürchtungen, im April und Mai hatte ich alle Hände voll zu tun, um manche innere Schäden durch Suchen nach neuen Beamten auszuheilen und alte Verbindungen wieder fester zu knüpfen. Dazu war Jonas fort, Steinthal krank, meine Frau machte mir auch Sorge, und es wurde nicht möglich, daß irgend jemand von uns nach Amerika im Mai hinüberkommen konnte.

„Heute ist, wie ich glaube, unsere innere Arbeit so ziemlich fertig. Wenigstens herrscht Einigkeit über die zu verfolgenden Ziele. Unser Geld ist auf einem Haufen, und ich halte unseren Zustand für einen durchaus befriedigenden.

„Ich vermute, daß Sie über unsere, hier und da etwas schüchterne Haltung etwas ungeduldig geworden sein mögen. Ich habe mir deshalb erlaubt, Ihnen gegenüber ganz offen zu sein.

„Verstärkend hat auf diese schüchterne Haltung gewirkt, daß wir mit einem Publikum zu tun haben, welches nicht gerade sehr kenntnisreich, dafür aber recht mißtrauisch ist; daß eine große politische Partei, welche das Ohr der Regierung besitzt, vom sogenannten nationalen Gesichtspunkte aus sich jedem überseeischen Geschäft (es sei denn, daß es sich um Kolonialschwindel handelt) gegenüber feindlich verhält.

„Hieraus resultiert, daß man anfänglich nur kurze, binnen absehbarer Frist abzuwickelnde Geschäfte in Nordamerika anfangen durfte, d. h. sich auf Kauf in Amerika, Verkauf in Deutschland beschränken mußte, bis das Publikum sich an die fremden Namen und Begriffe gewöhnt hatte. Größere Konstruktionsgeschäfte durften erst für später ins Auge gefaßt werden.

„Diese Situation dauert augenblicklich noch fort, aber sie ist in einer starken Änderung begriffen . . . .

„Jedenfalls glaube ich Ihnen sagen zu können, daß wir mit Vergnügen bereit sind, nunmehr auf größere Sachen loszugehen, und daß es nunmehr mir nicht schwer werden wird — sobald ein Plan einen bestimmten Charakter gewonnen hat —, sehr starke Konsortien für dessen Durchführung zusammenzufügen. An Arbeitslust wird es nicht fehlen.

„Mit der Northern Pacific," so fügte er hinzu, „scheinen Sie nur in oberflächlicher Beziehung bleiben zu wollen. Sonst wäre dieselbe ein gutes Objekt, um systematisch alle Formen eines amerikanischen Eisenbahnpapiers vom Bond bis zur liederlichsten Aktie dem deutschen Publikum vorzustellen. Und ein starker Besitz an Aktien ist unentbehrlich, um die Bondeigentümer vor Angriffen und „zufälligen" Unglücken zu schützen."

Die Gelegenheit zur Einleitung größerer Geschäfte ließ nicht auf sich warten. Wenige Wochen, nachdem Villard jenen Brief Georg Siemens' erhalten hatte, bot sich für ihn und die Deutsche Bank eine eigenartige Konstellation. Die Oregon and Transcontinental Co. war in neue akute Schwierigkeiten geraten, die dieses Mal auch die Oregon Railway and Navigation Co. in unmittelbare Mitleidenschaft zu ziehen drohten. Eine Rettung war nur möglich, wenn die sofortige Beschaffung von 5 Millionen Dollar Bargeld gelang. Die Leiter der beiden Gesellschaften wandten sich in dieser Notlage an Villard und boten ihm für die Beschaffung des Geldes nicht nur den Vorsitz in ihren Boards, sondern auch seine Wahl in den Board der Northern Pacific an. Villard kabelte die

Einzelheiten der Transaktion an Siemens und bat um seine sofortige Entscheidung. Siemens griff zu. Sechsunddreißig Stunden nach Abgang seines Telegramms standen Villard die verlangten 5 Millionen Dollar in New York zur Verfügung. „So schnell war zwischen Europa und den Vereinigten Staaten wohl noch nie zuvor ein finanzielles Geschäft abgeschlossen worden." (Villard, Lebenserinnerungen, S. 468.) Der Eindruck der Aktion in Wallstreet war geradezu sensationell. Mit Zustimmung seiner deutschen Freunde nahm Villard seine Wahl in den Verwaltungsrat der Northern Pacific an.

Der Ausbau des Netzes der Northern Pacific und der Oregonbahn hatte inzwischen erhebliche Fortschritte gemacht. Der Umfang des Bahnnetzes stellte sich im Jahre 1887 auf nicht weniger als 2800 Meilen, darunter 2300 eigene Linien, der Rest in kontrollierten Zweiglinien. In Oregon und Washington betrug die jährliche Einwanderung in jener Zeit mehr als 100000 Köpfe. Allein auf den Ländereien der Northern Pacific entstanden im Jahre 1887 etwa 10 000 neue Siedelungen. Siemens hatte schon im Jahre 1883 an einen Geschäftsfreund geschrieben: „Wenn Sie Anlagen kaufen wollen, so nehmen Sie Northern Pacific. Ich für meinen Teil kenne nichts Sichereres." Die Entwicklung der Bahn schien dieses Urteil zu bestätigen. Die Betriebseinnahmen der Bahn (also ausschließlich der recht erheblichen Erlöse aus Landverkäufen usw.) stiegen von 5,2 Millionen Dollar in den Jahren 1884 und 1885 auf 9,5 Millionen im Jahre 1889. Obwohl auch der Betriebskoeffizient eine Erhöhung aufwies, blieb eine beträchtliche Zunahme der Reinerträgnisse. Im Jahre 1889 konnte zum erstenmal eine Dividende auf die Preferred Shares verteilt werden.

Mit der Entwicklung der Bahn wuchsen aber auch ihre Kapitalbedürfnisse. Zwar wurden ihre Zweigbahnen zum großen Teil von der Oregon and Transcontinental Co. finanziert und gebaut, da bis zum Jahre 1888 die Juristen der Meinung waren, daß der Northern Pacific Co. ihre Konzession nicht gestatte, Zweigbahnen außer den in ihrer Charter ausdrücklich vorgesehenen zu bauen oder auch nur Garantieverpflichtungen für solche Zweigbahnen zu übernehmen. Aber immerhin erforderte auch die Pachtung des Betriebes von Linien, die sich erst entwickeln sollten und deren Aktien zur Sicherung der tatsächlichen Verfügungsmacht der Northern Pacific in Trust gelegt werden mußten, nicht unerhebliche Mittel. Außerdem mußte, um den Bedingungen der Konzession gerecht zu werden, auch das Schlußstück der sogenannten Hauptlinie, die kostspielige und an sich nicht sehr aussichtsreiche Verbindung über den nördlichsten Teil der Cascade Mountains von Wallula am Zusammenfluß des Snake- und Columbia-Rivers nach Tacoma in Angriff genommen werden.

Für den Ausbau dieser Strecke sprach auch noch ein anderer Grund. In der Zeit, in der Villard von der Leitung der verschiedenen Eisenbahngesellschaften sich fernhielt, hatten seine Nachfolger einen Vertrag mit der von der Union Pacific kontrollierten Oregon Short Line Railway Co. abgeschlossen, der an diese das Bahnsystem der Oregon Railway and Navigation Co. verpachtete. Damit war trotz der zwischen der Northern Pacific und Oregonbahn bestehenden Verträge die Benutzung der Oregonlinie längs des Kolumbiaflusses, also der Ausgang nach dem pazifischen Ozean, für die Northern Pacific prekär geworden, zumal da sich Anzeichen geltend machten, daß die Union Pacific zum Angriff gegen ihre nördliche Konkurrentin vorzugehen entschlossen war. Die Herstellung einer selbständigen, wenn auch an sich weniger günstigen Verbindung mit der pazifischen Küste wurde also für die Northern Pacific zu einer Lebensfrage.

Die schwebende Schuld der Northern Pacific wuchs unter diesen Umständen stark an. Eine Konsolidierung, verbunden mit der Beschaffung neuer Mittel, wurde im Jahre 1887 unaufschiebbar. Für diese Zwecke wurde im Dezember 1887 die Ausgabe von 12 Millionen Dollar 6 prozentiger Third Mortgage Bonds beschlossen. Die neue Emission wurde mit 8 Millionen Dollar fest und 4 Millionen Dollar in Option von einem Konsortium übernommen, dem auf deutscher Seite die Deutsche Bank und Jakob S. H. Stern angehörten, auf amerikanischer Seite das Haus A. Belmont & Co. und schließlich das Bankhaus N. M. Rothschild & Sons in London. Im Juli 1888 wurden diese Bonds an der Berliner und Frankfurter Börse eingeführt.

Diese Emission ist später, als die schwere Krisis über die Northen Pacific hereinbrach, scharf kritisiert worden. Auch innerhalb der Deutschen Bank war man nicht frei von Bedenken. Aber Georg Siemens'

Vertrauen auf die Zukunft des Bahnsystems der Northern Pacific drang durch. Immerhin hielt es die Deutsche Bank für geboten, dem anlagesuchenden Publikum gegenüber keinen Zweifel an der minderen Sicherheit dieser dritten Emission gegenüber den durch die erste und zweite Hypothek gesicherten früheren Bonds zu lassen. Diese mindere Sicherheit kam denn auch sehr deutlich in dem Emissionskurse zum Ausdruck; dieser hatte bei den First Mortgage Bonds 108%, bei den Second Mortgage Bonds 101 1/4% betragen, während er jetzt für die dritte Emission auf nur 89½% festgesetzt wurde, was eine tatsächliche Rentabilität der neuen Bonds von nahezu 7% ergab. Die Bank wies ihre Kundschaft ausdrücklich darauf hin, daß man, wenn man eine so hohe Verzinsung genießen wolle, nicht Anspruch auf unbedingte Sicherheit erheben dürfe.

Auch von den 5prozentigen Consolidated Mortgage Bonds der Oregon Railway and Navigation Co. wurden in den Jahren 1887 und 1888 Teilbeträge durch die Deutsche Bank an den deutschen Börsen eingeführt.

Diese Bonds hatten durch die oben erwähnten Vorgänge über ihre eigene durchaus gefestigt erscheinende Bonität hinaus noch eine weitere Sicherung dadurch erfahren, daß die Union Pacific für alle aus dem Pachtvertag der Oregon Short Line mit der Oregon Railway and Navigation Co. sich ergebenden Verbindlichkeiten die Garantie übernahm.

Die Geldbedürfnisse der Northern Pacific waren auch durch die 12 Millionen Dollar der dritten Hypothekenbonds nur für kurze Zeit gedeckt. Die günstige Entwicklung der Einnahmen ermutigte die Bahnverwaltung, mit neuen Vorschlägen auf Verbesserung des Bahnkörpers, auf Ausbau der Bahnhofsanlagen und auf Vermehrung des Rollmaterials hervorzutreten. Dazu kam, daß man im Jahre 1888 zu der Ansicht gekommen war, daß die Northern Pacific auch Zweigbahnen aus eigenen Mitteln bauen oder erwerben dürfe; auch von dieser Möglichkeit hielt es die Verwaltung für notwendig, den weitesten Gebrauch zu machen. Das alles kostete Geld und immer wieder Geld. Es erschien unbedingt notwendig, und Siemens drängte darauf, daß jetzt, wo die eigentliche Bauperiode ihrem Ende zuging und sich die Kapitalbedürfnisse einigermaßen übersehen lassen mußten, ganze Arbeit getan und ein endgültiger Finanzplan festgelegt werde. Es wurde ein umfassendes Projekt ausgearbeitet, das nicht nur die augenblicklichen Geldbedürfnisse decken und für die Zukunft Vorsorge treffen, sondern gleichzeitig auch die drei Serien von Mortgage Bonds der Hauptlinie und etwa ein Dutzend Spezial Mortgage Bonds der Zweiglinien unifizieren sollte. Von einer solchen Unifikation versprach man sich nicht nur eine wesentliche Vereinfachung der verwickelten Finanzverhältnisse der Northern Pacific, sondern auch recht beträchtliche Ersparnisse, zumal da die ersten beiden Serien der Mortgage Bonds außer der 6 prozentigen Verzinsung Anspruch auf eine jährliche Amortisation in Höhe von 1 % zu Lasten der Betriebsrechnung hatten.

Verwirklicht sollte das Projekt werden durch die Schaffung und Ausgabe von 160 Millionen Dollar 5 prozentiger Consolidated Mortgage Bonds. Davon sollten 75 Millionen zur Ersetzung der First, Second und Third Mortgage Bonds reserviert werden, 26 Millionen sollten für den Ankauf der bisher von der Nothern Pacific pachtweise betriebenen Zweigbahnen und der von diesen ausgegebenen Bonds dienen, 20 Millionen Dollar wurden für den Bau neuer Linien bestimmt, weitere 20 Millionen Dollar für den Bau von Endbahnhöfen und für neues rollendes Material, 10 Millionen Dollar wurden für Prämien auf auszutauschende oder einzulösende Bonds reserviert, 9 Millionen Dollar für allgemeine Zwecke der Gesellschaft. Mit Recht sagt Villard: „Es war dies die weitaus größte Hypothek, welche jemals bis dahin von einer amerikanischen Bahn aufgenommen worden."

Die spätere Entwicklung hat den Nachweis erbracht, daß an sich die in dem System der Northern Pacific gegebene Grundlage auch für dieses riesenhafte Projekt durchaus tragfähig gewesen wäre. Der Plan kam aber nicht zur vollen Ausführung; denn bald nachdem seine Verwirklichung in Angriff genommen worden war, stellten sich die Vorboten der Krisis ein, in der die Northern Pacific Railroad Co. zusammenbrach.

Einstweilen aber hatte der Ausdehnungsdrang Villards wieder freien Spielraum. Siemens hatte in Villard nach dessen persönlichen schlimmen Erfahrungen im Jahre 1883 das Vertrauen, daß gebranntes Kind das Feuer scheuen und daß er nach seinem ersten Zusammenbruch gegen das gefährliche Fieber der amerikanischen Übertreibungen gefeit sein werde. Nur diese Zuversicht erklärt die weite Bewegungsfreiheit, die an Villard bei der Wahrnehmung der von der Deutschen Bank zu vertretenden deutschen Interessen gegeben wurde.

Villard hat diese Zuversicht nicht gerechtfertigt. Die Einigung auf das große Unifikationsprojekt wurde vielmehr der Ausgangspunkt für neue große Ausdehnungsprojekte, die gewaltige Mittel festlegten, noch ehe mit der Durchführung des Konsolidierungsplanes auch nur ein nennenswerter Anfang gemacht war. Zwar wurde im Februar 1890 bei der Deutschen Bank ein Teilbetrag von 6 Millionen Dollar zur Subskription aufgelegt und genommen, später noch ein weiterer Teilbetrag von 4½ Millionen Dollar, aber für eine Begebung großen Stils oder auch nur für den Umtausch der alten 6 prozentigen in die neuen 5 prozentigen Titres war die Zeit der Baringkrisis und der beginnenden Beunruhigung über das Schicksal der amerikanischen Währung — 1890 erzielten im Kongreß die Silberleute mit der Sherman Bill einen ansehnlichen Erfolg — nichts weniger als günstig. Trotzdem ließ sich die Verwaltung der Northern Pacific in neue weitausschauende Unternehmungen ein.

Henry Villard hat die Verantwortung für diese Expansionspolitik später in den öffentlichen Auseinandersetzungen, zu denen der Zusammenbruch der Northern Pacific Veranlassung gab, mit der auffallenden Behauptung abzuschwächen versucht, daß er weder de jure noch de facto den allbeherrschenden Einfluß auf die Leitung der Gesellschaft ausgeübt habe, den man ihm zuzuschreiben versuche; er habe nie die statutarische Begrenzung seiner amtlichen Funktionen überschritten und sei nie für mehr als eine Stimme unter den dreizehn Verwaltungsräten verantwortlich gewesen.

Diese Entschuldigung kann nicht für voll genommen werden. Villard hatte durch die sehr erheblichen deutschen Interessen, als deren Vertrauensmann und Sachwalter er nach seinem ersten Sturze wieder in die Verwaltung der Northern Pacific gewählt worden war, nicht nur seinen deutschen Auftraggebern gegenüber eine besondere Verantwortlichkeit, sondern auch der Northern Pacific und ihrer Verwaltung gegenüber eine besondere Machtposition, die weit über diejenige eines gewöhnlichen Verwaltungsratmitgliedes hinausging. Diese Machtposition kam auch zum formellen Ausdruck, indem Villard nach seinem Eintritt in den Verwaltungsrat zum Vorsitzenden des Finanzkomitees gewählt wurde, dann durch seine im Herbst 1889, also unmittelbar nach der Annahme des großen Konsolidierungsprojekts, erfolgte Wahl zum Vorsitzenden des Verwaltungsrates. Dieses Amt war, wie Villard selbst in seinen Lebenserinnerungen berichtet (S. 678), neben dem Amte des Präsidenten der Gesellschaft geschaffen worden, „um eine genaue Überwachung der allgemeinen Angelegenheiten der Gesellschaft zu ermöglichen, was übrigens die Betriebsleitung nicht einschloß, über welche der Präsident und die Spitzen der verschiedenen Departements die Aufsicht führten". Die Entwicklung der allgemeinen Angelegenheiten der Gesellschaft, darunter auch der Erwerb und der Bau neuer Linien, fielen also zweifellos auch unter die formelle Verantwortlichkeit Villards. Um so erstaunlicher ist, was er in seinen Lebenserinnerungen von Wahrnehmungen erzählt, die er im Herbst 1891 bei einer Inspektionsreise durch das Bahngebiet gemacht habe: „Was Herrn Villard aber am meisten alarmierte," so heißt es dort, „war die Wahrnehmung, daß sich seine Gesellschaft durch den Ankauf und den Bau der langen Zweiglinien in Washington und Montana eine Riesenlast aufgebürdet hatte, von deren Existenz er bis dahin noch keine Ahnung gehabt .... Alles dies repräsentierte eine Anlage in Bar und Bonds von nahezu 30 Millionen Dollar, was kaum die Betriebskosten einbrachte. Der Bau und die Erwerbung dieser sich nicht rentierenden Bahnen hatten in wenigen Jahren den großen Betrag der konsolidierten Bonds verschlungen, welcher für Bahnbauzwecke reserviert worden und den man auf lange Zeit ausreichend wähnte."

Wenn diese Darstellung zutrifft, so zeigt sie, daß Villard die Zügel in einer Weise am Boden schleifen ließ, die sich nicht mit dem auf deutscher Seite für selbstverständlich gehaltenen Verantwortlichkeitsgefühl vertrug. Jedenfalls aber hat Villard, wie er bei den Eröffnungsfeierlichkeiten im Jahre 1883 seine Sorgen in sich selbst verschloß, so auch jetzt seinen deutschen Auftraggebern keine Mitteilung von den Wahrnehmungen gemacht, die er selbst als „alarmierend" bezeichnet.

Die Überstürzung und Überspannung in der Ausdehnung des Zweigbahnnetzes war zum Teil dadurch veranlaßt, daß die Great Northern in jener Zeit, gestützt auf ein Bündnis mit der Union Pacific, den Versuch machte, durch das Verkehrsgebiet der Northern Pacific hindurch den Anschluß an den Stillen Ozean zu gewinnen und der letzteren den

Verkehr ihres westlichen Netzes streitig zu machen; daß ferner auch die Union Pacific in das westliche Verkehrsgebiet der Northern Pacific eindrang und dessen Frachten an sich zu bringen suchte. Die Northern Pacific sah sich dadurch zu einem Wettlauf im Ausbau ihrer westlichen Zweigbahnen veranlaßt. Aber auch im Osten entschloß sich die Verwaltung der Northern Pacific zu einer Erweiterung, die sich späterhin als besonders bedenklich erwies: zur Verlegung ihres östlichen Ausgangspunktes von St. Paul nach Chicago. Um die Verbindung mit Chicago herzustellen, schloß die Northern Pacific einen Pachtvertrag mit der Wisconsin Central ab. In Chicago selbst wurden ausgedehnte Terrains für Bahnhofsanlagen erworben. Für die Übernahme dieser Grundstücke und den Bau der Bahnhofsanlagen wurde eine besondere Gesellschaft, die Chicago and Northern Pacific, gegründet, deren Eigentum hinwiederum von der Wisconsin-Central gepachtet wurde. Die Bahnhofslanlagen in Chicago wurden in großartigem Stil aufgeführt; der Aufwand für ihre Erstellung betrug im Jahre 1893 nahezu 30 Millionen Dollar. Da die Bonds der Chicago and Northern Pacific als eines neuen und noch im Bau befindlichen Unternehmens schwer verkäuflich waren, mußte die Northern Pacific die benötigten Gelder in der Hauptsache bereitstellen.

Aber selbst diese gewaltige finanzielle Belastung konnte angesichts der Entwicklung der Einnahmen der Northern Pacific, wie sie in ihren Betriebsausweisen in Erscheinung trat, noch als erträglich angesehen werden. Die Bruttoeinnahmen der Bahn stiegen von 5,4 Millionen im Jahre 1880/81 auf 24,6 Millionen Dollar im Jahre 1891/92, die Nettoeinnahmen in derselben Zeit von 2,2 auf 10,5 Millionen Dollar.

Weitere amerikanische Eisenbahngeschäfte der Deutschen Bank.

Die Deutsche Bank beteiligte sich an der Finanzierung des Ausbaus des Northern Pacific-Systems nicht nur durch die Mitwirkung an der Übernahme und Begebung der verschiedenen von der Gesellschaft selbst ausgegebenen Anleiheserien, sondern auch durch die Teilnahme an der Finanzierung der wichtigsten Unter- und Nebengesellschaften. Ihre Mitwirkung an der Finanzierung der Oregon Railway and Navigation Co. wurde bereits erwähnt. Sie beteiligte sich außerdem an der Errichtung der Rocky-Fork-Eisenbahn und Rocky-Fork-Kohlengesellschaft in Montana und übernahm größere Beträge der 5prozentigen First Mortgage Bonds der Northern Pacific and Manitoba Railroad Co (später eingetauscht in 5prozentige Consolidated Mortgage Bonds der Northern Pacific), sowie der 5prozentigen Goldbonds der Chicago and Northern Pacific.

Gleichzeitig trat Georg Siemens auch mit anderen amerikanischen Eisenbahngesellschaften in Beziehung. Im Jahre 1887 nahm er an der Reorganisation der zum Konzern der Southern Pacific gehörenden Houston and Texas Central Railroad Co. tätigen Anteil, 1892 führte er ihre 5prozentigen Bonds in Deutschland ein. Im gleichen Jahre beteiligte sich die Deutsche Bank an der Übernahme von 4prozentigen Consolidated Bonds der Denver and Rio Grande Railroad Co. Im Jahre 1888 wirkte sie bei der Reorganisation der Chesapeake and Ohio Railway Co. mit. Im folgenden Jahre übernahm Siemens für die Deutsche Bank einen größeren Betrag von 5prozentigen Consolidated Mortgage Bonds der Central Pacific Co., deren Bahnnetz damals 1360 Meilen eigener Linien umfaßte. Aus dieser Beteiligung sollten sich später schwierige Verwicklungen und insbesondere auch schwierige Verhandlungen mit der amerikanischen Regierung wegen eines von dieser der Bahngesellschaft gewährten Vorschusses von rund 28 Millionen Dollar ergeben.

Bei allen den amerikanischen Eisenbahngeschäften, von denen hier nur die wichtigsten erwähnt sind, war das Bankhaus Jakob S. H. Stern der ständige Bundesgenosse der Deutschen Bank und dessen Teilhaber, der kluge und geschäftsgewandte Otto Braunfels, Siemens' getreuer Berater und Mitarbeiter. Die meisten der Transaktionen wurden in Gemeinschaft mit den bereits öfter erwähnten amerikanischen Bankhäusern Drexel, Morgan und Belmont eingeleitet und durchgeführt; zu diesen kam das New Yorker Haus Speyer & Co., mit dem die Beziehungen sich späterhin nach dem Eintritt A. Gwinners in die Deutsche Bank (1894) noch enger gestalteten.

Die Deutsch-Amerikanische Treuhand-Gesellschaft.

Je größer der Betrag und je mannigfaltiger die Vielgestaltigkeit der dem deutschen Markt zugeführten und im deutschen Publikum Aufnahme findenden amerikanischen Wertpapiere wurde, desto stärker fühlte sich Georg Siemens auch hier zu der Erwägung gedrängt, wie diese Entwicklung planmäßig geleitet und wie den neu entstandenen deutschen Interessen wirksame Vertretung und ein ausreichender Schutz geschaffen werden könne.

Dieser Erwägung entsprang die Gründung der oben*) bereits erwähnten Deutsch-Amerikanischen Treuhand-Gesellschaft (German American Trust Company) im März 1890; die Wirksamkeit dieser Gesellschaft sollte sich nicht nur auf amerikanische Eisenbahnpapiere, sondern auch auf andere amerikanische Werte erstrecken, insbesondere auch auf die damals entstehenden deutschen Interessen an der amerikanischen Elektrizitätsindustrie. Ihr Grundkapital wurde auf 20 Millionen Mark bei 25%iger Einzahlung bemessen. Den Vorstand bildeten der Eisenbahndirektor Dr. Karl Schrader, ein Freund und Reichstagskollege Georg Siemens', und Bernhard Dernburg. Siemens selbst übernahm den Vorsitz des Aufsichtsrates.

Diese Gesellschaft sollte zunächst für den Handel und die Anlage in amerikanischen Wertpapieren eine technische Erleichterung schaffen, und zwar durch die Übernahme des Registrierungsgeschäfts. Der Umstand, daß die amerikanischen Aktienzertifikate auf den Namen und nicht auf den Inhaber lauten und daß sie nicht mit Dividendenscheinen versehen sind, machte die Einziehung der Dividende für deutsche Besitzer sehr umständlich und kostspielig; die Dividenden wurden in Form von Schecks auf New-York ausgeschüttet; diese Schecks mußten nach Deutschland gesandt und nach erfolgtem Indossament wieder zurückgegeben werden. Das Verfahren wurde dadurch vereinfacht, daß die Treuhandgesellschaft zum Spezial-Transfer-Agenten amerikanischer Gesellschaften, insbesondere der Northern Pacific und der neu errichteten Edison General Electric Co. bestellt wurde und bei sich eine Registrierungsstelle für die Werte dieser Unternehmungen einrichtete.

---

*) Siehe S. 191.

Die weiteren Zwecke der neuen Gesellschaft wurden in dem Motivenbericht über ihre Gründung dahin formuliert:

„Die Zwecke der Gesellschaft sind vornehmlich die Erwerbung und Verwaltung nordamerikanischer Wertpapiere aller Art, Ausgabe verzinslicher Obligationen, für welche der Gegenwert in nordamerikanischen Wertpapieren sich im Besitz der Gesellschaft befindet, Ausgabe von Zertifikaten für bei der Gesellschaft deponierte Werte, wie Aktien usw. Ganz besonderen Wert wird das neue Institut auf die Vertretung und Wahrung der Interessen deutscher Eigentümer von nordamerikanischen Wertpapieren legen. Das neue Institut verdankt seinen Ursprung der Erwägung, daß eine sachkundige und kräftige Vertetung der deutschen Interessen auf den oben bezeichneten Gebieten mehr und mehr Bedürfnis geworden ist, und daß es, wie in anderen europäischen Staaten, auch in Deutschland sich empfehle, für diesen Zweck eine ständige Organisation zu schaffen."

Die Treuhandgesellschaft war also als eine eigenartige Kombination einer Schutzvereinigung von Inhabern amerikanischer Werte und einer finanziellen Trustgesellschaft gedacht. Sie sollte zwei Gedanken verwirklichen, die Siemens in jener Zeit und in den folgenden Jahren seiner Wirksamkeit unausgesetzt beschäftigten. Über den Gedanken der Schutzvereinigung ist oben*) bereits ausführlich gesprochen worden; da Siemens die von ihm in erster Linie erstrebte allgemeine Zusammenfassung der Interessenten an auswärtigen Kapitalanlagen zu einem körperschaftlichen Schutzverband nicht erreichen konnte, wollte er wenigstens hinsichtlich der in kurzer Zeit so wichtig gewordenen amerikanischen Wertpapiere rechtzeitig eine besondere Schutzorganisation schaffen. Den Gedanken der finanziellen Trustgesellschaft hat er, wie bereits dargestellt (siehe oben S. 112ff.), in der Zürcher Elektrobank und, wie noch darzustellen sein wird, in der Bank für Orientalische Eisenbahnen in vorbildlicher Weise zur Durchführung gebracht.

Bei der Deutsch-Amerikanischen Treuhand-Gesellschaft ist es allerdings zur Durchführung dieses letzteren Teiles ihres Programms nicht gekommen. Die Entwicklung der Verhältnisse, wie sie bald nach der Gründung der Gesellschaft einsetzte, ließ die umfangreiche Daueranlage

*) Siehe S. 190.

in nordamerikanischen Wertpapieren und die Ausgabe von durch diese gesicherten Obligationen nicht zweckmäßig erscheinen, stellte vielmehr den Schutzcharakter der Treuhand ganz in den Vordergrund. Die schweren Erschütterungen, denen eine große Anzahl wichtiger amerikanischer Eisenbahnunternehmungen, vor allem die Northern Pacific selbst, in der ersten Hälfte der neunziger Jahre ausgesetzt waren, stellten der Deutsch-Amerikanischen Treuhand-Gesellschaft auf dem Gebiete der Wahrung der deutschen Interessen und der Reorganisation der gefährdeten oder zusammengebrochenen amerikanischen Eisenbahngesellschaften Aufgaben allerersten Ranges. Die Treuhand-Gesellschaft sollte sich in jenen schweren Zeiten für Georg Siemens als ein wichtiges und wirksames Instrument zur Verteidigung und Rettung der bedrohten deutschen Kapitalanlagen erweisen.

Angesichts der Untunlichkeit der Festlegung umfangreicher neuer Mittel in amerikanischen Unternehmungen wurde schon 1892 das Grundkapital der Treuhand-Gesellschaft auf 10 Millionen Mark, 1894 auf 1 Million Mark herabgesetzt und die Aufgabe der Gesellschaft auf die treuhänderische Wahrnehmung deutscher Interessen an auswärtigen Anlagen beschränkt. Auf der anderen Seite wurde die geographische Begrenzung der Wirksamkeit der Gesellschaft auf den Schutz deutscher Interessen in Nordamerika aufgehoben und die Firma in „Deutsche Treuhand-Gesellschaft“ umgewandelt. Siemens sagte damals: „Aus der Treuhand machen wir einen Rechtsanwalt auf Aktien.“

Dieser Änderung ihres Programms entsprechend hat die Deutsche Treuhand-Gesellschaft bei der Verteidigung deutscher Interessen auch außerhalb Nordamerikas in den Krisen der neunziger Jahre erfolgreich mitgewirkt; so in der argentinischen und italienischen Krisis. Später hat sie sich bei der Sanierung der „Pommernbank“, der „Spielhagen Banken“ (Preußische Hypotheken-Aktienbank, Deutsche Grundschuld-Bank und sechs anderer mit diesen verbundenen Instituten) hervorragende Verdienste nicht nur um die bedrohten Pfandbriefbesitzer und sonstigen Gläubiger, sondern auch um die gesamte deutsche Volkswirtschaft erworben. Sie hat außerdem die Übernahme von vorübergehenden oder dauernden Revisions- und Überwachungsfunktionen von Vermögensverwaltungen, Testamentsvollstreckungen usw. in vorbildlicher Weise zu einem neuen Geschäftszweig ausgebildet.

Der Zusammenbruch der Northern Pacific.

In den Vereinigten Staaten gab die Sherman-Bill vom Juli 1890, die zwecks Hebung des Silberpreises den Ankauf von Silberbarren bis zum Gesamtbetrag von 4½ Millionen Unzen im Monat gegen Ausgabe von Silberzertifikaten anordnete, Anlaß zu ernstlichen Besorgnissen wegen des Schicksals der amerikanischen Währung. Diese Besorgnisse erschütterten das Vertrauen in die Stabilität der amerikanischen Wirtschaftsverhältnisse. Auch der Markt der Eisenbahnwerte wurde durch das überhandnehmende Mißtrauen betroffen. Im April 1891 sah sich Villard infolge des Kursrückganges der Werte der Oregon Railway and Navigation Bonds zu öffentlichen Erklärungen veranlaßt, in denen er betonte, das gesamte Gefüge des Unternehmens sei derart, daß die Bondholders keinerlei Besorgnisse zu hegen brauchten. Im März 1892 sah er sich genötigt, ähnliche Erklärungen hinsichtlich der Northern Pacific abzugeben. Aber diese Erklärungen vermochten dem allgemeinen Unbehagen und dem weiteren Kursrückgang nicht zu steuern.

Diese Entwicklung machte nicht nur den geplanten Umtausch der alten 6prozentigen gegen die neuen 5prozentigen konsolidierten Bonds der Northern Pacific, sondern auch die Beschaffung des für die großen Erweiterungen erforderlichen neuen Geldes unmöglich. Die unfundierte Schuld der Northern Pacific nahm infolgedessen erheblich zu. Anfang 1891 war die Gesellschaft genötigt, einen Vorschuß von 7 Millionen Dollar bei einer Finanzgruppe aufzunehmen, die aus der Deutschen Bank und den Bankhäusern Jacob S. H. Stern in Frankfurt a. M., .Speyer & Co. und Kuhn, Loeb & Co. in New York bestand. Ende 1892 erreichte die schwebende Schuld den Betrag von 11 Millionen Dollar. In der Generalversammlung der Gesellschaft, die im Oktober 1892 stattfand, mußte die Verwaltung dem Verlangen einer oppositionellen Gruppe auf die Einsetzung einer Kommission zur Nachprüfung der Verhältnisse der Bahn stattgeben.

Die Kommission übte in einem von ihr veröffentlichten Bericht scharfe Kritik an der Finanzgebahrung der Gesellschaft, namentlich an den Pachtverträgen mit der Wisconsin Central und einer Anzahl von Zweigbahnen und an der Finanzierung der Chicago and Northern Pacific, ferner an der Höhe der schwebenden Schulden. Auf der anderen Seite gestand sie zu, daß der technische Zustand der Bahn „außerordentlich gut" befunden worden sei, daß die Einrichtungen der Bahn mehr als genügend seien, um angemessene Einnahmen aus dem Passagier- und Frachtenverkehr zu erzielen, daß ein stetiges Wachsen und Gedeihen der Städte und Landschaften an der Bahn erkennbar sei und daß alle Anzeichen darauf hindeuteten, daß das Unternehmen der Northern Pacific als Ganzes in gesundem Wachstum stehe und mit Vertrauen erfüllen müsse.

Um die Hauptgefahr, die in der Höhe der schwebenden Schulden gesehen werden mußte, zu bannen, entschloß sich die Verwaltung im April 1893 nach einem vorher von der Union Pacific mit Erfolg durchgeführten Vorbilde 5prozentige Collaterated Trust Notes mit fünfjähriger Laufzeit im Betrage von 12 Millionen Dollar auszugeben. Die schwierige Lage der Gesellschaft erhellt aus der Tatsache, daß diese Noten mit Unterpfändern im Nennwert von nicht weniger als 41 Millionen Dollar ausgestattet werden mußten, und daß es trotzdem und trotz der weitherzigen Mitwirkung der Gruppe der Deutschen Bank nicht gelang, den vollen Betrag der Noten unterzubringen. Zu diesem ungünstigen Ergebnis trug die Tatsache wesentlich bei, daß unter den Anzeichen eines drohenden wirtschaftlichen Zusammenbruchs und unter dem Druck der verheerenden Konkurrenz der Great Northern und der Union Pacific die Verkehrseinnahmen der Bahn einen bedenklichen Rückgang aufwiesen.

Das Unwetter brach los, als im Juni 1893 die indischen Münzstätten die freie Silberprägung einstellten. Die Folge war ein in der bisherigen Geschichte der Edelmetalle unerhörter Preissturz des Silbers. Das Geldwesen der Vereinigten Staaten war infolge der Sherman-Bill seit dem Jahre 1890 in beschleunigtem Maße mit Silbergeld und Silberzertifikaten vollgepumpt worden; die Verdrängung des besseren Geldes durch das schlechtere hatte sich in einem andauernden Goldabfluß — 1890 bis 1893 über 500 Millionen Dollar — geltend gemacht. Die Furcht vor einem Zusammenbruch des amerikanischen Geldwesens steigerte sich jetzt zur allgemeinen Panik. Auch die jetzt endlich mit Wirkung vom 1. Juli ab vom Kongreß beschlossene Aufhebung der Sherman-Bill vermochte dem allgemeinen Zusammenbruch nicht mehr Einhalt zu tun.

Neben den Banken wurden die Eisenbahnen am schwersten von der Krisis betroffen. Die Darstellung des Werdeganges der Northern Pacific — einer der noch am besten geleiteten und am solidesten finanzierten nordamerikanischen Eisenbahnen — hat bereits gezeigt, an wie schweren Mängeln das Eisenbahnwesen der Vereinigten Staaten litt. Dem Ziele der raschen Erschließung des Landes zuliebe hatte man die Grundsätze der Solidität geopfert. Indem man dem privaten Unternehmungsgeist und dem privaten Wettbewerb den weitesten Spielraum ließ, verzichtete man im Vertrauen auf die ungeheuren Urkräfte des nordamerikanischen Kontinents auf das regelnde Eingreifen der Staatsgewalt zur Sicherstellung der dauernden Lebensfähigkeit der Bahnunternehmungen und zum Schutz ihrer Aktionäre und Obligationäre. Während der ersten sechzig Jahre des Eisenbahnbaus hat die öffentliche Gewalt sich auch um den Eisenbahnbetrieb und die Eisenbahnverwaltung überhaupt nicht gekümmert. Erst 1887 wurden Aufsichtsbehörden eingesetzt, deren Befugnisse jedoch zu eng begrenzt waren, um ein wirksames Eingreifen zu gestatten. Der große Zug, der die Schöpfer der amerikanischen Eisenbahnsysteme auszeichnet, hat sein Gegenstück in einer ebenso großen Bedenkenlosigkeit gegenüber der Allgemeinheit und gegenüber denjenigen, welche ihnen ihr Geld anvertrauten. Oft genug kam gewissenloses Wirtschaften in die eigene Tasche und vollendete Korruption hinzu.

Die Verschiedenheit der Auffassung hinsichtlich der Finanzierung der Eisenbahnunternehmungen gegenüber den strengen Grundsätzen des europäischen, besonders des deutschen Aktienrechtes ergibt sich schon aus dem Umstande, daß Bareinzahlungen auf das Aktienkapital vielfach überhaupt nicht geleistet wurden; die Aktien wurden gewöhnlich von den Gründern für ihre wirklichen oder angeblichen Bemühungen und Aufwendungen unter sich verteilt oder an Leute gegeben, deren Interesse man für das Unternehmen in legitimer oder illegitimer Weise gewinnen wollte. Die Aktien waren also in der Hauptsache „Wasser"; für den Bau der Eisenbahnen, für die erforderlichen Betriebsfonds usw. wurden die Mittel durch die Ausgabe von Obligationen (Bonds) beschafft, die oft erheblich unter ihrem Nennwert ausgegeben wurden. Bei uns tragen die Aktionäre das erste Risiko; die auf das Aktienkapital eingezahlten oder eingebrachten Werte sind eine Art Garantiefonds für die Inhaber von Schuldverschreibungen der Gesellschaft. In den Vereinigten Staaten fällt das Risiko ohne die Zwischenschaltung eines solchen Garantiefonds so gut wie unvermittelt auf die Bondsinhaber.

Es ist kein Wunder, daß unter diesen Umständen während der Periode der beispiellosen Ausdehnung des Eisenbahnnetzes der Vereinigten Staaten Jahr für Jahr eine Anzahl von Eisenbahngesellschaften in finanzielle Schwierigkeiten gerieten und unter die Verwaltung von „Receivers" gestellt werden mußten.

In welchem Umfange das geschah, davon gibt die nachstehende Übersicht ein Bild*).

Jahr	Anzahl der unter Zwangsverwaltung gestellten Bahnen	Länge der Bahnen (engl. Meilen)	Anlagekapital und Obligationen (Millionen Dollar)
1884	37	11038	715
1885	44	8386	385
1886	13	1799	70
1887	9	1046	90
1888	22	3270	187
1889	22	3803	100
1890	26	2963	105
1891	26	2159	84
1892	36	10508	358

Es haben zwar nicht entfernt alle Zwangsverwaltungen zu Zwangsverkäufen geführt. Immerhin ist z. B. im Jahre 1892 der Zwangsverkauf (foreclosure) an 28 Eisenbahnen mit einer Streckenlänge von 1922 engl. Meilen und einem Anlagekapital von 96 Millionen Dollar vollzogen worden.

Der jetzt einsetzenden Krisis fielen im Jahre 1893 nicht weniger als 74 Bahnen mit einer Streckenlänge von rund 30000 engl. Meilen und einem Anlagekapital von 1,8 Milliarden Dollar zum Opfer. Darunter waren Eisenbahngesellschaften, die seit langem im Verkehrsleben der Union eine hervorragende Stellung einnahmen und

*) Dr. Alfred von der Leyen, Die Finanz- und Verkehrspolitik der nordamerikanischen Eisenbahnen, 2. Aufl., Berlin: Julius Springer 1895.

das denkbar stärkste Vertrauen genossen, wie z. B. die Philadelphia and Reading-Eisenbahn (3900 Meilen), die New York Lake Erie and Western-Eisenbahn (1948 Meilen), die Union Pacific (7573 Meilen), die Atchison Topeca and Santa Fe-Eisenbahn (4882 Meilen).

Auch die Northern Pacific (damals 4438 Meilen) und die Oregon Railway and Navigation Co (damals 1059 Meilen) ereilte in dem Unglücksjahr 1893 das Schicksal. Der andauernde Rückgang der Betriebseinnahmen alarmierte die amerikanischen Bondholders in einem Maße, daß am 15. August die Farmers Loan and Trust Co. in New York als Trustee der verschiedenen Mortgages der Northern Pacific bei den Gerichten die Einsetzung von Receivers beantragte. Die Verwaltung der Northern Pacific Railroad Co. teilte die Tatsache der Einsetzung der Receivers der Öffentlichkeit in einer Bekanntmachung mit, in der es hieß:

„Durch das außerordentliche Daniederliegen des Geschäfts und das Aufhören der Verfrachtungen auf ihren Strecken hat sich die Northern Pacific Railroad Co. genötigt gesehen, in die Ernennung gerichtlicher Receivers zu willigen. Keine Bahngesellschaft könnte einem solchen Druck lange Widerstand leisten. Das Zurückgehen der Einnahmen ist verschiedenen Ursachen zuzuschreiben. Die Geldknappheit verhindert das Zumarktebringen der Feldfrüchte, des Viehes und sonstiger Erzeugnisse. Infolgedessen hat die Bahn die Frachten, die sie sonst zu dieser Jahreszeit zu erhalten pflegte, nicht gehabt. Durch Zahlungseinstellung von Banken wurde Geld, auf das wir für unseren Bedarf angewiesen waren, immobilisiert. Das Daniederliegen von Handel und Wandel in Nordamerika hat sich besonders stark in den jüngeren Staaten fühlbar gemacht, so daß das Geschäft im allgemeinen sowohl an der Hauptbahn als auch an den Zweiglinien unserer Gesellschaft geradezu zum Stillstand gekommen ist. Unter solchen Umständen hätte der Zinsendienst für die Bonds nur durch die Aufnahme von Darlehen und durch die Vermehrung der schwebenden Schuld aufrechterhalten werden können. Dies würde den Besitzern der Bonds wie auch der Aktien große Opfer auferlegt haben. Die Einsetzung der gerichtlichen Verwaltung bedeutet daher Erhaltung des Eigentums und Schutz aller in Betracht kommenden Interessen bis zur Wiederkehr besserer Zeiten.“

Die Rettungsaktion.

Die Nachricht von der Verhängung der Receivership über die Northern Pacific schlug in Berlin wie ein Blitz ein. Zwar nicht wie ein Blitz aus heiterem Himmel; denn die über die Vereinigten Staaten hereingebrochene schwere Geld- und Kreditkrisis ließ einen Gewittersturm auch für die Eisenbahnunternehmungen erwarten. Aber nach allen Informationen, die man aus Amerika erhalten hatte, glaubte auch Georg Siemens, die Lage der Northern Pacific trotz des aus der Gesamtlage ja nur zu erklärlichen Einnahmerückganges als wetterfest ansehen zu können, zumal da die Übernahme der Collateral Trust Notes im April, wenn auch nicht der volle Betrag von 12 Millionen Dollar untergebracht worden war, eine wesentliche Sicherung der finanziellen Situation der Gesellschaft hätte bringen müssen.

Wohl durch keinen anderen Fehlschlag seiner Unternehmungen ist Georg Siemens jemals so schwer getroffen und erschüttert worden, wie durch den Zusammenbruch der Northern Pacific. Nicht nur, daß er sich in seinen geradezu enthusiastischen Erwartungen für die Zukunft dieses Unternehmens, in seinen Hoffnungen auf die Früchte, die sich für die deutsche Witschaft aus der Mitwirkung an der Entwicklung der amerikanischen Eisenbahnen ergeben sollten, und schließlich in seinem persönlichen Vertrauen auf Henry Villard bitter enttäuscht sah — er fühlte auch die ganze Wucht der Verantwortung für die Hunderte von Millionen deutschen Kapitals, die im Laufe der letzten Jahre in amerikanischen Eisenbahnwerten angelegt worden waren, als ihn persönlich vor allen anderen belastend.

Die Unglücksbotschaft traf Georg Siemens doppelt hart angesichts der noch keineswegs behobenen Schwierigkeiten, die mit den unter seiner Führung von der Deutschen Bank emittierten argentinischen und italienischen Werten entstanden waren. Es konnte scheinen, als ob sein guter Stern untergegangen sei.

Die Aufregung in den Kreisen der deutschen Interessenten und das Aufsehen, das weit über deren Kreise hinaus entstand, überschritten alles Maß. Die Deutsche Bank und Siemens persönlich wurden mit kränkenden Vorwürfen überhäuft. Alte Freunde, die ihm zu

Bank verpflichtet waren, schrieben ihm beleidigende Briefe. Siemens zögerte nicht, von denjenigen Personen, die auf Grund seines persönlichen Rates Werte der Northern Pacific gezeichnet oder gekauft hatten, die Papiere zurückzunehmen und so einen großen Teil seines Vermögens einzusetzen.

Aber die Hauptsache war, daß Siemens inmitten der allgemeinen Aufregung und trotz der Schwere der Lage kaltes Blut und ruhige Überlegung bewahrte und sofort seine ganze Umsicht und Tatkraft für die Rettung der bedrohten deutschen Kapitalanlagen einsetzte.

Schon am 16. August, 24 Stunden nach Einsetzung der Receivers, erließ die Deutsche Bank eine öffentliche Aufforderung an die Inhaber der verschiedenen Kategorien der in Deutschland untergebrachten Bonds der Northern Pacific, ihre Stücke bei der Deutschen Bank in Berlin und Frankfurt zu deponieren, um der Bank die Einleitung der notwendigen Schritte zu ermöglichen. Am 8. September fand unter Siemens' Leitung in Berlin eine Versammlung von Interessenten und Sachverständigen statt, die das Weitere beschließen sollte. Siemens legte dieser Versammlung einen ausführlichen Bericht über die Verhältnisse der Northern Pacific vor, der in seiner musterhaften Klarheit und Offenheit wesentlich zur Beruhigung beitrug.

Der Bericht gab einen gedrängten Überblick über die Entwicklung der Gesellschaft, die Ausdehnung ihres Netzes, das Verhältnis zu ihren Nebengesellschaften und Zweigbahnen, die Gestaltung ihrer finanziellen Struktur, die Entwicklung ihrer Einnahmen. Er stellte dann klar, was die Verhängung der Receivership bedeutete:

„Die Receivership ist als ein Konkurs im deutschen Sinne nicht aufzufassen. Dieselbe ist lediglich die Einrichtung eines provisorischen Zustandes zur Instandhaltung des Eigentums der ihren Verpflichtungen nicht nachkommenden Gesellschaft. Die Bahn wird unter der Aufsicht des Gerichts und unter Aufrechterhaltung aller bestehenden Rechtsverhältnisse von Personen verwaltet, welche vom Gericht an Stelle der Direktion eingesetzt worden sind. Die Receivers können das Subhastationsverfahren (foreclosure) höchstens vorbereiten. Der Antrag zur Einleitung desselben kann nur durch Gläubiger gestellt werden, deren Ansprüche keine Befriedigung fanden. Die Subhastation wird sodann ähnlich wie nach deutschem Hypothekenrecht abgewickelt: diejenigen Hypotheken, deren Zins- und andere Ansprüche erfüllt werden können, bleiben unberührt; die Beeinträchtigten versuchen, den Fundus zu übernehmen und die dazu erforderlichen Mittel aufzubringen."

Aus dieser Rechtslage leitete der Bericht für die Inhaber der Bonds die Notwendigkeit her, sich zusammenzuschließen, sich Vertretungen zu bestellen und sich über ihre gegenseitigen Interessen möglichst rasch auseinanderzusetzen, um festzustellen, welche Bonds-Kategorien unberührt bleiben und wer sich vermutlich zur Übernahme des Fundus zu rüsten haben werde. Aber auch gegenüber den Eigentümern der Bahn, den Aktieninhabern, müsse seitens der Bondsinhaber Stellung genommen werden, da die ersteren zunächst für alle Ansprüche haften und in der Subhastation ihr Eigentum verlieren; gerade aus diesem Grunde könnten die Aktionäre — es standen 49 Millionen Dollar Common Shares und 36 Millionen Proferred Shares aus — unter Umständen ein Interesse daran haben, durch Zubußen das Unternehmen sich zu erhalten. In welcher Weise im vorliegenden Falle vorgegangen werden müsse, hänge von der tatsächlichen Situation des Unternehmens ab.

Diese tatsächliche Lage stelle sich folgendermaßen dar:

Im letzten Geschäftsjahr, endigend am 30. Juni 1893, ergab die Bruttoeinnahme der Bahn einschließlich aller Nebenlinien rund 31 Millionen Dollar, die Nettoeinnahme rund 13 Millionen Dollar. Die festen Lasten, bestehend aus dem Zins- und Tilgungserfordernis für die vier Kategorien von Mortgage Bonds, die Collateral Trust Notes und die Receiver Certificates, wurden auf rund 8½ Millionen Dollar berechnet, so daß für die sonstigen jährlichen Verbindlichkeiten einschließlich der Pachten rund 4½ Millionen Dollar verblieben. Diese sonstigen Verbindlichkeiten erforderten nach dem Bericht für 1891/92 rund 5,2 Millionen Dollar, so daß sich für dieses Geschäftsjahr ein Fehlbetrag von 700000 Dollar ergab; der Fehlbetrag des Jahres 1892/93 habe sogar 972000 Dollar betragen. Nun gingen allerdings die Rechte aus den verschiedenen Mortgages allen anderen Forderungen an die Gesellschaft vor; aber es sei zu prüfen, wieweit die Bondsinhaber von ihrem Vorrecht Gebrauch machen wollten. Wenn die Garantie- und Pachtverpflichtungen gegenüber Zweigbahnen nicht erfüllt würden, sei es wahrscheinlich, daß auch die Zweigbahngesellschaften dem Konkurs verfielen und von dritten Gesellschaften aufgenommen würden. Der daraus für die Northern Pacific erwachsende Entgang an Frachten und Einnahmen könne unter Umständen größer werden als die Ausgaben für die Erfüllung dieser Verbindlichkeiten. Hieraus ergebe sich die Notwendigkeit einer sachlichen Prüfung im Falle jeder einzelnen Zweigbahn: Wie groß ist der aus der Zweigbahn herstammende direkte und indirekte Nutzen? Wie groß ist die der Northern Pacific dafür erwachsende Last? Wie hat man sich danach zu den Pacht- und Garantieverpflichtungen zu stellen?

Bezüglich dieser Fragen hätten alle Bonds-Kategorien ein gleiches Interesse.

Außerdem sei die Frage zu klären, ob und wie weit die Inhaber der First, Second und Third Mortgage Bonds den Inhabern der Consolidated Mortgage Bonds Zugeständnisse machen wollten angesichts der Tatsache, daß ein erheblicher Teil des Gegenwertes der Consolidated Bonds für Beschaffung von Rollmaterial und andere allen Bonds-Kategorien zugute kommende allgemeine Zwecke der Gesellschaft aufgewendet worden sei, und daß außerdem der Verkehr der Zweigbahnen, die ausschließlich zugunsten der Consolidated Bonds mit Hypotheken belastet seien, nach wie vor über die Hauptbahn geleitet werde.

Bezüglich der letzteren Frage hätten die verschiedenen Bonds-Kategorien möglicherweise divergierende Interessen.

Alle diese Fragen müßten in den in Deutschland zu bildenden Komitees eingehend erörtert werden; eine Lösung werde sich aber nur zusammen mit den in London und New York gebildeten Komitees erzielen lassen.

Auf diesen Bericht hin, der die Probleme der Reorganisation scharf herausarbeitete, erklärte die Versammlung den sofortigen Zusammenschluß aller deutschen Bondholders für notwendig und ließ Einladungen für konstituierende Generalversammlungen der Komitees für die vier Kategorien von Bonds zum 18. und 19. September ergehen.

Diese Generalversammlungen fanden programmäßig statt. Die Besitzer jeder der vier Kategorien von Bonds wählten je ein Komitee zur Vertretung ihrer Interessen. Mit der Führung der Sekretariatsgeschäfte wurde die Deutsche Treuhandgesellschaft beauftrat, die ihrerseits ihr Vorstandsmitglied, Bernhard Dernburg, mit der Durchführung dieser Spezialaufgabe von größter Bedeutung betraute.

Georg Siemens' zweite Amerikareise.

Die Prüfung der Verhältnisse der Northern Pacific und der zu ihrer Rettung zu ergreifenden Maßnahmen an Ort und Stelle erschien Siemens von solcher Wichtigkeit, daß er sich entschloß, sich persönlich nach den Vereinigten Staaten zu begeben. Ende September 1893 reiste er nach New York. Mit ihm reisten Geheimrat Braunfels und der mit den amerikanischen Verhältnissen besonders vertraute Direktor der Hamburger Filiale der Deutschen Bank, Roland-Lücke, später Mitglied des Vorstandes in Berlin; außerdem Dr. Theodor Barth, der bekannte Parlamentarier und Publizist, der mit Siemens seit Jahren eng befreundet war und als guter Kenner amerikanischer Wirtschaftsverhältnisse galt. Auch Frau Siemens ließ es sich als treue Gattin nicht nehmen, ihrem Manne in den schweren, an Arbeit und Aufregung reichen Zeiten, die ihm in Amerika bevorstanden, zur Seite zu sein.

In New York kam es zunächst zu einer Auseinandersetzung zwischen Siemens und Villard. Letzterer hatte schon vorher gegen den von Siemens der ersten Berliner Interessentenversammlung vorgelegten und dann veröffentlichten Bericht, den er als eine persönliche Kränkung empfand, Stellung genommen, ohne jedoch irgendwie Wesentliches berichtigen zu können. Siemens hatte Villards Erklärung der Öffentlichkeit übergeben mit dem Zusatz:

„Wir betrachten diese Berichtigung als einen willkommenen Beitrag zu den Informationen über die Lage der Northern Pacific-Gesellschaft und als einen Beweis für das aufrichtige Bemühen des Herrn Villard, die beteiligten Interessenten vor weiterem Schaden zu behüten."

In der persönlichen Aussprache hielt Siemens mit seinem Urteil über das Verhalten Villards nicht zurück. Es kam zu scharfen Auseinandersetzungen. Am unbegreiflichsten war es für Siemens, der die Entfaltung der äußersten Energie gerade in der Bedrängnis für selbstverständliche Pflicht hielt und stets in seinem Leben nach dieser Pflicht gehandelt hatte, daß Villard in der unter seiner Verantwortung so schwer gewordenen Lage alles im Stich lassen und sich nach Europa zurückziehen wollte. Schon zu Beginn des Jahres 1893, als für ihn das Herannahen der Krise klar sein mußte, hatte Villard seinen Entschluß, von seinen Stellungen zurückzutreten, ausgesprochen. Nach Begebung der Collateral Trust Notes hatte er seinen Rücktritt offiziell angekündigt; der Verwaltungsrat der Northern Pacific hatte die Rücktrittserklärung in einer Sitzung vom 21. Juni 1893, also nachdem die Krisis bereits in voller Schwere über die Vereinigten Staaten hereingebrochen war, angenommen. Jetzt erklärte Villard gegenüber Georg Siemens — es seien die Worte seiner eigenen Lebenserinnerungen gebraucht (S. 520) — er habe im Interesse der Bondsinhaber das möglichste getan und werde sich gänzlich von dem Geschäfte der Northern Pacific zurückziehen, um mehrjährigen Aufenthalt im Auslande zu nehmen.

Zwar entschloß sich Villard unter dem Druck der ihm von Siemens gemachten Vorhaltungen, seine Reise nach dem Ausland aufzuschieben und sich der deutschen Delegation zur Verfügung zu stellen. Aber Siemens sah ein, daß er für seine Unterstützung bei der in Amerika vorzunehmenden Prüfung der Sachlage und der Rekonstruktionsmöglichkeiten nach einer anderen Persönlichkeit werde Umschau halten müssen. Die Entfremdung zwischen Siemens und Villard war nicht mehr zu überbrücken. Als Siemens sich vor seiner Rückreise von Villard verabschiedete, sagte er zu ihm:

„Was mir am meisten für Sie leid tut, ist, daß Sie bei dem Zusammenbruch der Northern Pacific ein reicher Mann geblieben sind."

Den neuen Mann fand Siemens in der Person von Edward D. Adams, einer anerkannten Autorität auf dem Gebiete des Bank- und Eisenbahnwesens, der Sachkunde, Tatkraft und organisatorisches Geschick mit einem zuverlässigen und makellosen Charakter vereinigte. Er hat nicht nur bei der Reorganisation der Northern Pacific in ganz hervorragender Weise mitgewirkt, sondern auch späterhin der Deutschen Bank in ihren amerikanischen Geschäften die vorzüglichsten Dienste geleistet.

Während Georg Siemens mit den für die Bearbeitung der Reorganisation der Northern Pacific gewonnenen Anwälten in angestrengter täglicher Arbeit die ungemein verwickelten Rechtsverhältnisse des weitschichtigen Unternehmens auf das eingehendste studierte, vereinbarte er mit Adams die Grundlage für das sofort zu bildende amerikanische Reorganisations-Komitee. Die Komiteebildung vollzog sich keineswegs ohne Schwierigkeiten. Morgan, den Siemens unter allen Umständen für die Rekonstruktion gewinnen wollte, widerstrebte. Man einigte sich schließlich dahin, daß man sich für Amerika auf die Bildung nur eines Komitees — für die Consolidated Mortgage Bonds — beschränkte, da sich Siemens der Berechtigung des Hinweises darauf nicht verschloß, daß alle Bemühungen zugunsten der Consolidated Bonds auch den früheren Emissionen von selbst zugute kommen würden. Den Vorsitz des Reorganisation-Commitee of the Northern Pacific Railroad Co. übernahm Edward D. Adams.

Während so die ersten Schritte für die Reorganisation der Northern Pacific eingeleitet wurden, zog die amerikanische Krisis weitere Kreise. Am 13. Oktober mußte sich die Union Pacific in Receivership begeben; sie riß die eng mit ihr verbundene Oregon Railway and Navigation Co. in ihren Sturz mit herein. Die Deutsche Bank mußte bekanntgeben, daß der am 1. Dezember 1893 fällige Zinscupon der von ihr emittierten Bonds dieser Gesellschaft gleichfalls nicht bezahlt werden könne. Georg Siemens nahm diesen neuen Schlag mit Ruhe hin; denn das natürliche Monopol der Oregon-Eisenbahn im Columbiatal gab der Gesellschaft für die Dauer eine gesicherte Existenzgrundlage. Immerhin mußte nun auch die Reorganisation der Oregon-Gesellschaft mit in das ohnehin erdrückend große Arbeitsprogramm einbezogen werden.

Die Prüfung der Verhältnisse der Northern Pacific führte zunächst zu dem Ergebnis, daß eine Anzahl der von der Northern Pacific gepachteten Zweig- und Anschlußbahnen, entgegen allen bisher von der Verwaltung der Northern Pacific gegebenen Darstellungen und Ziffern, erhebliche Verluste gebracht hatte. Das galt insbesondere von dem Pachtvertrag mit der Wisconsin Central und der Chicago and Northern Pacific. Das Reorganisations-Komitee für die Northern Pacific beantragte auf Grund seiner Feststellungen die gerichtliche Aufhebung des Pachtvertrages und setzte diese noch während der Anwesenheit Siemens' in Amerika trotz des Protestes der Chicago and Northern Pacific durch. Der Richter begründete seine Entscheidung damit, daß nicht in Betracht zu ziehen sei, ob die Northern Pacific in ihrer gegenwärtigen Lage ein verlustbringendes Abkommen durchführen solle, sondern daß es sich darum handle, auf welche Weise den hypothekarisch gesicherten Gläubigern der Bahn die Aktiven erhalten bleiben könnten. Die ihm unterbreiteten Berichte hatten ergeben, daß die Northern Pacific am Betrieb der Chicago and Northern Pacific seit dem Inkrafttreten des Pachtvertrages (1. April 1890) 1,3 Millionen Dollar und am Betrieb der Wisconsin Central-Bahn seit dem Beginn des Pachtverhältnisses (1. Januar 1890) 1,14 Millionen Dollar verloren hatte. Die Folge der Aufhebung des Pachtvertrages war, daß auch die Wisconsin Central Railroad Co. in Receivership überging.

In Verbindung mit der Pachtung der Wisconsin Central und der Chicago and Northern Pacific sowie in Verbindung mit der Manitobazweigbahn die gleichfalls starke Verluste für die Northern Pacific ergeben hatte, wurde gegen Villard und den Vizepräsidenten der Northern Pacific, Thomas F. Oakes, die Anschuldigung unlauterer Machenschaften erhoben. Ja, es wurde gegen die beiden Männer von einer Aktionärgruppe der Northern Pacific ein gerichtliches Verfahren angestrengt. Der jahrelang schwebende Prozeß brachte eine volle Aufklärung des Sachverhalts und endete nicht nur mit einer Zurückweisung der Klage, sondern auch mit einer vollen moralischen Rechtfertigung der Beschuldigten.

Nach sechs Wochen aufreibender Arbeit hatte Siemens die Lage so weit geklärt und die Grundlagen für die Reorganisation so weit gesichert, daß er am 13. November sich wieder nach Europa einschiffen konnte.

Inzwischen hatten auch in England die Bemühungen um die Bildung besonderer Schutzkomitees für die einzelnen Bonds-Kategorien Erfolg gehabt. Siemens nahm sofort die Verbindung auch mit diesen Körperschaften auf und sicherte ein einheitliches Vorgehen.

Die Rekonstruktion der Northern Pacific.

In Berlin erstatteten Georg Siemens und Dr. Th. Barth den Schutzkomitees eingehenden Bericht über das Ergebnis ihrer Untersuchungen und ihrer Tätigkeit in Amerika.

Dr. Barth gelangte zu dem Ergebnis:

„Die Northern Pacific Railroad Co. ist durch eine langjährige fehlerhafte Finanzwirtschaft und durch den Ausbruch einer ungewöhnlich heftigen Geschäftskrisis in eine prekäre Lage versetzt; die Lebenskräfte der Bahn sind jedoch so bedeutend, daß eine zugleich ehrliche, sparsame und besonnene Verwaltung, die sich von den Interessen der Bahn allein leiten läßt, das Unternehmen in wenigen Jahren zu sanieren imstande ist."

Die Folgezeit sollte dieses Urteil in vollem Umfange bestätigen.

Aus dem Bericht, den Georg Siemens den Komitees und der Öffentlichkeit vorlegte, sei nachstehendes wiedergegeben:

„Der Unterzeichnete hatte den Auftrag, Ermittlungen anzustellen:

1. über den gegenwärtigen Stand der Northern Pacific Railroad Co.,
2. über die Ursachen, welche denselben herbeigeführt haben,
3. über die eventuell seitens der Hypothekengläubiger zur Beseitigung dieses Zustandes zu ergreifenden Mittel.

„Alle sowohl an dem Sitz der Verwaltung — welche leider in New York, also weitab von dem eigentlichen Bahngebiet, geleitet wird — als auch auf dem eigentlichen Bahngebiet bei Freunden und Gegnern der Bahn eingezogenen Erkundigungen stimmen in dem Satz überein, daß von allen Pazifikbahnen — Central Pacific, Union Pacific, Great Northern, Canadian Pacific — die Northern Pacific das wertvollste und zukunftsreichste ‚property' besitzt, daß das von ihr durchzogene Gebiet das beste sei, welches der Bahn bei guter und sparsamer Verwaltung ein gutes Erträgnis sichern könne und müsse. Zugleich aber äußerten diese sämtlichen Stimmen sich einhellig dahin, daß es an einer solchen sparsamen Verwaltung gefehlt habe, daß man eine Reihe von Ausdehnungen durchgeführt habe, deren Erträgnisse bisher in keinem Verhältnis zu den dadurch veranlaßten Lasten gestanden hätten. Einzelne Stimmen sprechen sogar noch härtere Beschwerden aus, für welche indessen bisher noch kein Beweis erbracht ist, wenngleich dieselben in einem Falle (Chicago & Northern Pacific Railroad Co.) zu einem Prozeß geführt haben, in welchem frühere Mitglieder des Board of Directors auf Rückerstattung angeblich unrechtmäßiger Gewinne verklagt wurden. Der technische Zustand der Bahn ist im allgemeinen ein guter."

Der Bericht erörterte alsdann die Verhältnisse zu den verschiedenen Zweigbahnen und Pachtlinien, wobei er feststellte, daß die Abrechnungsmethode nicht so eingehend und klar war, um ohne weitere Ermittlungen einen sicheren Schluß auf die wirkliche Rentabilität der einzelnen Zweigbahnen ziehen zu können. Er hob ferner hervor, daß die schwebenden Schulden bis zu jenem Zeitpunkte (November 1893) noch nicht genau hätten festgestellt werden können. Da überdies die Einnahmen im Winter besonders schwach seien, so ergebe sich die Notwendigkeit einer weiteren Hinausschiebung der Zinszahlung auf die Bonds.

Der eigentliche Grund dafür, daß die Bahn bereits am 15. August in Receivers-Hände übergehen mußte, sei in der vor Eintritt der Krisis durch die Verwaltung geschaffenen Lage zu suchen: in den schweren dauernden Lasten, welche die Bahn durch den Bau von wenig rentierenden Zweigbahnen und durch die Übernahme von Pachtverträgen und Garantien — insbesondere wurde das Verhältnis zur Wisconsin Central und zur Chicago and Northern Pacific hingewiesen — sich aufgeladen habe. Die Krisis habe das weitere Zudecken der Schäden verhindert, indem sie die Hoffnung auf das heilende Moment der Zukunft vernichtete.

Es stehe jetzt fest, daß

1. drei Zweigbahnen mit 246 Meilen einen Überschuß von 808000 $ ablieferten; hierunter befänden sich 108 Meilen der St. Paul and Northern Pacific, welche eine der wichtigsten Bahnstrecken geworden sei;
2. etwa 15 Zweigbahnen mit 1200 Meilen zwar keinen Überschuß ablieferten, aber so viel Fracht der Hauptbahn zuführten, daß aus diesem Gewinn alle Lasten gedeckt werden könnten und noch ein Gewinn von 1700000 $ verblieben sei;
3. zehn Zweigbahnen mit 816 Meilen der Hauptbahn einen Schaden von 502000 $ bereiteten.

„Seit dem Mai 1893," so fuhr der Bericht fort, „wütet in Amerika, namentlich aber im Westen, eine Krisis, in deren Verfolg die Roheinnahmen der Northern Pacific um 700 bis 800000 $ monatlich zurückgegangen sind. Ein Teil dieses Rückganges wird dauernd sein, falls der Silberbergbau in Montana eine dauernde Einschränkung erfahren und eine Verminderung der dortigen Bevölkerung zur Folge haben sollte;

ein anderer Teil wird voraussichtlich schon in kürzerer Zeit, vielleicht schon bei Gelegenheit der Ernte in 1894, wieder verschwinden. Es ist dabei nicht zu übersehen, daß ein ansehnlicher Teil des Rückganges durch einen Tarifkrieg mit der Great Northern verursacht worden ist. Einen solchen Krieg mit einer unter Receivership stehenden Bahn fortzusetzen, ist aber die Great Northern wahrscheinlich weniger geneigt.

„Vor Eintritt des Frühsommers wird man sich kein sicheres Bild über einen etwa vorzuschlagenden Rekonstruktionsplan machen können, weil vorher nicht zu übersehen ist, auf welche regelmäßigen Bruttoeinnahmen man in Zukunft wird rechnen können. Als Grundgedanken für die Rekonstruktion wird man festhalten können, daß das System der Northern Pacific bis St. Paul als solches nicht zerstört werden darf. Ein Zerfall desselben in einzelne Teile würde jeder Bondsgattung, vielleicht sogar der ersten Mortgage, Gefahr bringen. Wenn z. B. der Aktienbesitz der Northern Pacific an St. Paul and Northern Pacific-Aktien verlorenginge, wenn der Vertrag mit dieser Bahn vernichtet würde, so würde eine Bahn von Duluth nach Tacoma (am Puget-Sund) nur ein krüppelhaftes, allerlei Gefahren ausgesetztes Dasein führen. Ob es notwendig ist, das System in Chicago enden zu lassen, mag vorläufig dahingestellt bleiben. Die durch die erwähnten Verträge auferlegten Lasten waren jedenfalls unverhältnismäßig groß; dieselben kommen aber vorläufig nicht mehr in Betracht, weil die Wisconsin Central und die Chicago and Northern Pacific unter eigene Verwaltung zurückgekehrt sind. Will man das System im übrigen zusammenlassen, so hat man mit den Interessenten der Zweigbahnen zu verhandeln, um die Garantien und deren sonstige Ansprüche zu bestätigen oder zu verringern. Aus der Verringerung kann eine beträchtliche Ersparnis resultieren. Der hierfür gegebene Weg ist der der ‚Foreclosure', auf welche man sich vorbereiten muß. Unter diesen Umständen würde es ein Fehler sein, wenn einzelne Gläubigergattungen, z. B. die der zweiten Mortgage, selbständig vorgehen und die ‚Foreclosure' vorzeitig erzwingen wollten. Dieselben würden, wenn sie allein vorgehen, die First Mortgage, die für bevorrechtigte Betriebsschulden ausgegebenen Receiver-Zertifikate, die Collateral Trust-Certifikates (als Pfandbesitzer der St.-Paul-Aktien) usw. auszuzahlen haben, vorausgesetzt, daß sie den Terminus in St. Paul behalten wollen, und es würde ihnen sehr schwerfallen, die hierzu erforderlichen Mittel aufzubringen. Dies gilt in noch höherem Maße von der dritten Mortgage. Aber selbst im Falle des Gelingens würde dann ein durchaus unzureichendes Bahngebiet geschaffen sein, weil alle Zweigbahnen, die den Konsols verpfändet sind, nicht dazu gehören würden. Alle Bonds-Kategorien haben daher das Interesse, die Consolidated Mortgage in ihren Bemühungen um Sanierung des Unternehmens zu unterstützen. Denn nur das Zusammenbleiben des Systems verbürgt Schutz gegen Konkurrenz und gegen schließlichen Untergang.

„Demzufolge empfiehlt es sich, daß alle Bondsgattungen vereinigt bleiben und im gemeinsamen Einverständnis handeln, namentlich aber auf die Einführung einer sparsamen Verwaltung, auf die Verlegung des Sitzes derselben nach dem Westen und auf die Entwicklung der Einnahmequellen hinwirken."

Das von Siemens als unbedingte Voraussetzung für die Sicherung der Bondholders erkannte Zusammenhalten des Systems der Northern Pacific von St. Paul bis zum Stillen Ozean ließ sich nur gegen starke widerstrebende Kräfte und nur unter schweren Kämpfen erreichen. Die konkurrierenden Bahngesellschaften und ihre mächtigen Finanzgruppen hatten ein großes Interesse an der Zertrümmerung und Aufteilung des Netzes der Northern Pacific unter Bedingungen, die für die Bondholders schwere Ausfälle, für die letzten Bondsemissionen vielleicht einen Totalverlust gebracht hätten. Die Kämpfe wurden mit allen den rücksichtslosen in Amerika üblichen Mitteln — bis zur moralischen Diffamierung der Gegenpartei — geführt.

Die schwerste Gefahr für die Erhaltung der Einheit des Systems war die drohende Exekution von Forderungen an die Gesellschaft, für welche diese Shares und Bonds wichtiger Teile ihres Netzes verpfändet hatte. Die Gefahr wurde dadurch abgewendet, daß ein von der Deutschen Bank und den übrigen deutschen und amerikanischen Hauptinteressenten gebildetes Syndikat sich bereit fand, größere Beträge sogenannter Receiver-Zertifikate der Northern Pacific zu übernehmen und so die Receivers instand zu setzen, durch Begleichung der drückendsten Verpflichtungen die Exekution abzuwenden. Das Syndikat gewährte außerdem Vorschüsse für die Couponzahlung auf die First Mortgage Bonds und auf die

Collateral Trust Notes, um die Foreclosure, die bei Nichtzahlung der Zinsen auf die First Mortgage eingetreten wäre, und den Verfall der für die Collaterals verpfändeten Werte zu verhindern.

Es würde zu weit führen, hier all die Schwierigkeiten im einzelnen zu schildern, die überwunden werden mußten, um einen Ausgleich zwischen den Interessen und Forderungen der verschiedenen Bonds-Kategorien herbeizuführen. Die Schwierigkeiten waren um so größer, als sich selbst innerhalb der einzelnen Bonds-Kategorien entgegengesetzte Strömungen zeigten und als es der Gruppe der Deutschen Bank erst allmählich und nur unter großen Opfern möglich war, die Mehrheit der Bondsbesitzer in ihren Komitees zu vereinigen. Für die Second Mortgage gelang das überhaupt nicht; vielmehr bildete sich für diese Kategorie ein Gegenkomitee, das durch den Beitritt des früher mit der Deutschen Bank verbündeten Bankhauses A. Belmont & Co. eine besonders starke Position bekam. Dazu kamen die fortgesetzten Angriffe und Machenschaften einer starken Aktionärpartei gegen die Bondskomitees und die im wesentlichen mit diesen zusammenarbeitenden Receivers. Die Aktionärpartei setzte schließlich bei dem Gericht von Seattle die Absetzung der Receivers durch; für den Jurisdiktionsbezirk dieses Gerichtes wurde ein neuer Receiver bestellt. Andere Gerichte folgten diesem Beispiel. Im Geschäftsbericht der Deutschen Bank für 1895 mußte Siemens feststellen, daß von den amerikanischen Gerichtshöfen unabhängig von einander acht verschiedene Konkursverwalter für die Bahn bestellt worden seien, was er als „einen fast schimpflichen Zustand" bezeichnete.

Den vereinigten Anstrengungen Siemens', Adams', A. Gwinners, der sich sofort nach seinem Eintritt in die Leitung der Deutschen Bank in besonderem Maße der Northern Pacific-Angelegenheit annahm, und der verbündeten amerikanischen Bankhäuser gelang es endlich im Anfang des Jahres 1896, eine Annäherung der Standpunkte der verschiedenen Parteien zu erzielen. Am 16. März 1896 konnte in Amerika und Deutschland ein umfassender Reorganisationsplan, der die Zustimmung der Vertreter aller Gruppen erhalten hatte, veröffentlicht werden.

Der Plan beruhte auf folgender Grundlage:

1. endgültige Aufgabe von Chicago als östlicher Endbahnhof und

Begrenzung des Northern Pacific-Systems im Osten durch den Mississippi und die großen Seen;

2. Vereinigung der Hauptlinie, der Zweigbahnen und der Bahnhofsanlagen in dem unmittelbaren Besitz der rekonstruierten Gesellschaft;
3. Beschränkung der jährlichen Lasten auf einen Betrag, der hinter den wahrscheinlichen Mindesteinnahmen erheblich zurückblieb;
4. reichliche Vorsorge für die weiteren Kapitalbedürfnisse der Gesellschaft zwecks Instandhaltung der Bahn und der durch den wachsenden Verkehr erforderten Erweiterungen und Vergrößerungen.

Der Reorganisationsplan sah zur endgültigen Befriedigung der bisherigen Bondholders und zur Beschaffung des nötigen neuen Geldes folgendes vor:

1. die Schaffung von Prior Lien 100jährigen 4prozentigen Goldbonds im Betrage von 130 Millionen Dollar, die durch eine Hypothek auf die Hauptlinie, die Zweiglinien, die Bahnhofsanlagen, den Landbesitz, das rollende Material und das sonstige Eigentum der Gesellschaft gesichert wurden;
2. die Schaffung von General Lien 150jährigen 3prozentigen Goldbonds im Höchstbetrage von 60 Millionen Dollar, zuzüglich einer Reserve von 130 Millionen für die eventuelle Ablösung der unter 1 erwähnten 4prozentigen Prior Lien Bonds; die General Lien Bonds sollten sichergestellt werden durch eine der Prior Lien Mortgage im Range nachstehende, auf das gleiche Eigentum eingetragene Hypothek;
3. die Schaffung 4prozentiger, nicht kumulativer Vorzugsaktien im Höchstbetrage von 75 Millionen Dollar, die nach Zahlung von 4% auch auf die Stammaktien an dem etwaigen Überschuß des Reingewinns pro rata mit den Stammaktien teilnehmen;
4. die Schaffung von Stammaktien im Betrage von 80 Millionen Dollar.

Die Aktien beider Kategorien wurden im Interesse der glatten Durchführung der Reorganisation für die Dauer von fünf Jahren in den Händen von fünf Voting Trustees gebunden, zu denen auch Georg Siemens gehörte.

Die alten Werte der Northern Pacific sollten nach bestimmten Sätzen gegen die neu zu schaffenden Titres umgetauscht werden*).

Für diesen Umtausch wurden unter Berücksichtigung der eventuellen Rückzahlung von 8,4 Millionen Dollar Bonds der St. Paul and Northern Pacific, die vor ihrer Fälligkeit nicht kündbar waren, rund 105 Millionen Dollar Prior Lien Bonds benötigt, so daß eine Reserve von 26 Millionen für Neuinvestierungen verblieb. An General Lien Bonds wurden durch den Umtausch 56 Millionen Dollar beansprucht, so daß 4 Millionen Dollar gleichfalls für Neuinvestierungen verfügbar blieben.

Die Deutsche Bank berechnete in ihrem über die Reorganisation ausgegebenen Zirkular, daß die alten First Mortgage Bonds die für sie verpfändete Hauptbahn von 2152 Meilen mit einer festen Jahreslast von rund 4 Millionen Dollar (einschließlich einiger kleiner der First General Mortgage vorangehenden Divisional Mortgages) beansprucht hatten, daß dagegen die neuen Prior Lien Bonds, für die das ganze vereinheitlichte, 4706 Meilen umfassende Netz der Northern Pacific haften sollte, eine Jahreslast von nur 370000 $ mehr darstellten.

Gegenüber den sich aus dem Reorganisationsplan ergebenden Lasten zeigten die nach dem Durchschnitt der letzten fünf Jahre berechneten Nettoeinnahmen des Northern Pacific-Systems einen Überschuß von

*) Der Umtausch war nicht bindend für die Inhaber der First Mortgage Bonds. Diesen wurde die Konvertierung von je 1000 $ alter 6%iger Bonds gegen 1350 $ der neuen 4%igen Prior Lien Bonds lediglich empfohlen. Der Vorteil des Umtausches lag hauptsächlich in der für 100 Jahre gesicherten Unkündbarkeit der neuen Prior Lien Bonds, während die alten First Mortgage Bonds einer raschen Amortisation unterlagen. Für die Second, Third und Consolidated Mortgage Bonds sollte der Umtausch durch die Komitees bindend beschlossen werden. Auf die Second Mortgage Bonds entfielen 118½% in Prior Lien Bonds und 50% in Zertifikaten über Vorzugsaktien, dazu eine Barvergütung von 4%. Die Third Mortgage Bonds erhielten 118½% in General Lien Bonds, 50% in Zertifikaten über Vorzugsaktien und 3% in bar. Gegen die Consolidated Bonds wurden gewährt 66½% in General Lien Bonds, 62½% in Zertifikaten über Vorzugsaktien und 1½% in bar. In ähnlicher Weise wurden die Collateral Trust Notes und die anderen kurzfristigen Verbindlichkeiten mit Zustimmung der Gläubiger abgefunden. Den Inhabern der alten Vorzugsaktien wurde gegen Zuzahlung von 10 $ pro Aktie der Umtausch in je 50% Zertifikate über neue Vorzugs- und Stammaktien, den Inhabern der alten Stammaktien gegen Zuzahlung von 15 $ pro Aktie der Umtausch in 100% Zertifikate über neue Stammaktien angeboten.

1,8 Millionen Dollar jährlich. Da in diesen fünfjährigen Zeitraum die außerordentlich ungünstigen Einnahmen der beiden Krisenjahre fielen und da für die Zukunft mit einer weiteren Entwicklung des Bahngebietes gerechnet werden konnte, durfte man mit gutem Grunde erwarten, daß der tatsächliche Überschuß des Reinertrages über die festen Lasten bald wesentlich höher sein und die Ausschüttung von Dividenden jedenfalls auf die Vorzugsaktien ermöglichen werde. Die beiden Kategorien der neugeschaffenen Bonds waren also nach menschlichem Ermessen unbedingt gesichert.

Für die Durchführung des Reorganisationsplans wurde ein Syndikat gebildet, das von J. P. Morgan & Co. und der Deutschen Bank geführt wurde. Die Höchstverpflichtung des Syndikats wurde auf 45 Millionen Dollar festgesetzt. Die Deutsche Bank nahm an dieser Garantieverpflichtung mit einem Drittel teil.

Der Reorganisationsplan wurde in Deutschland den auf den 2. April 1896 einberufenen Generalversammlungen der drei Komitees vorgelegt. Georg Siemens entwickelte und begründete vor diesen Versammlungen ausführlich die leitenden Gesichtspunkte des großen Projekts. Die Komitees erklärten einstimmig ihr Einverständnis.

Das Dekret, das die formell für die Durchführung der Reorganisation noch notwendige Foreclosure der alten Gesellschaft anordnete, erging, nachdem auch die englischen und amerikanischen Komitees dem Plane beigetreten waren, am 27. April 1896. Die Foreclosure wurde Ende Juni vollstreckt. Im Anschluß daran konstituierte sich die neue Gesellschaft unter dem Namen „Northern Pacific Railway Co.“ (die alte Gesellschaft hatte die Firma „Northern Pacific Railroad Co.“ geführt).

Die Stamm- und Vorzugsaktionäre der neuen Gesellschaft hielten am 10. November 1896 ihre erste Generalversammlung ab. Die Vorschläge und Abmachungen der Komitees wurden auch hier angenommen. Georg Siemens wurde der Dank aller Beteiligten für seine hingebende Arbeit an dem großen Werke der Reorganisation ausgesprochen.

Der Dank war wohlverdient. Denn es war in erster Linie Georg Siemens mit seiner unerschöpflichen Arbeits- und Nervenkraft, seiner konstruktiven Begabung, seinem unerschütterlichen Zielbewußtsein und seiner unbeirrbaren Zähigkeit, der durch alle Schwierigkeiten hindurch und über alle Hindernisse hinaus die unlösbar scheinende Aufgabe gemeistert, das große System der Northern Pacific erhalten, die Gläubiger der Bahn und damit das deutsche Volksvermögen vor schwerem Schaden bewahrt hatte. Den Verdiensten seiner Mitarbeiter, insbesondere Edward D. Adams, Arthur Gwinners und Bernhard Dernburgs wird mit dieser von ihnen selbst jederzeit bereitwilligst anerkannten Feststellung kein Abbruch getan.

Edward D. Adams hat später über seine Eindrücke aus jener Zeit engster Zusammenarbeit mit Georg Siemens geschrieben:

„Seine Persönlichkeit, wie sie sich mir in jener Periode kundgab, war die einer Kraftnatur und eines Führers. Er war ausharrend in der Prüfung von Einzelheiten und im Abwarten der Entwicklung der von ihm gebilligten Pläne. Seine Fähigkeit, eine verwickelte Lage zu beurteilen und rasch die Entscheidung zu treffen, auch wenn diese ernste und wichtige Folgen in sich schloß, erregte oft Überraschung und Bewunderung. In Sachen der Northern Pacific war er fest entschlossen, keine Anstrengungen zu sparen, die zu der Reorganisation dieses Unternehmens auf so soliden und gesunden Grundlagen beitragen konnte, wie es die Wiederherstellung seines Kredits und seines Gedeihens erforderte. Seine loyale Hilfe während wiederholter Perioden voller Sorgen und Nöte war geradezu eine Inspiration. Er machte es einem fühlbar, daß keine Anstrengung, so große Opfer sie erfordern mochte, der Aufgabe unwert sei, und daß auch die kleinen täglichen Mühen in gleicher Weise ihren Lohn finden würden. Er verpflichtete zur Treue durch sein eigenes Vertrauen in die Treue des anderen. Man brauchte in dem täglichen Kampf um die Meisterung des Problems keine wiederholten Versicherungen seiner ungeminderten Unterstützung; wenn diese einmal gegeben war, dann war sie da als die unbezweifelbare Grundlage, auf der man vertrauensvoll bauen konnte."

Die mit der Reorganisation der Northern Pacific geleistete Arbeit war in ihren riesenhaften Ausmaßen bisher selbst in der Finanzgeschichte der Vereinigten Staaten ohne Beispiel. Ebenso beispiellos war der Erfolg dieser Arbeit. Die Northern Pacific ist aus der Reorganisation in jeder Hinsicht gestärkt und gefestigt hervorgegangen. Ihre Entwicklung hat seit jener Zeit fast unmterbrochen die erfreulichsten Forschritte gemacht. Seit langem zählt sie zu den finanziell am besten fundierten Unternehmungen der Union.

Bereits in dem Geschäftsbericht der Deutschen Bank für das Jahr 1896 konnte Georg Siemens feststellen, daß unser deutsches Publikum an der Gesamtheit der von der Deutschen Bank eingeführten Werte der Northern Pacific — das gleiche galt auch von der Oregon Railway and Navigation Co. — nach kaum beendeter Reorganisation gegenüber den Einführungskursen keinen Verlust mehr erlitt. Der Geschäftsbericht für das Jahr 1897 konnte von erheblichen Gewinnen gegenüber den Einführungskursen sprechen.

Dieses günstige Ergebnis erfuhr in den folgenden Jahren noch eine wesentliche Besserung. Im Mai 1901 wurde die Northern Pacific Gegenstand eines erbitterten Machtkampfes zwischen zwei der stärksten amerikanischen Finanzgruppen, dem Union Pacific-Konzern, der vorübergehend die Kontrolle erlangte, und der Hill-Morgan-Gruppe, die schließlich den Sieg errang. Die für die Aktien der Gesellschaft durch die Konkurrenz dieser Gruppen herbeigeführten hohen Kurse wurden von dem größten Teil der deutschen Inhaber dazu benutzt, ihren Besitz — in Betracht kamen so gut wie ausschließlich Vorzugsaktien — mit sehr erheblichem Nutzen nach Amerika zurückzuverkaufen. Der Geschäftsbericht der Deutschen Bank für 1901 konnte feststellen, daß der dem deutschen Volksvermögen aus den Werten der Northern Pacific bis dahin unmittelbar erwachsene Gewinn sich auf mehr als 60 Millionen Mark stellte.

Hatte der Zusammenbruch der alten Northern Pacific das Ansehen Georg Siemens' und die Position der Deutschen Bank mit einer empfindlichen Beeinträchtigung bedroht, so war jetzt im Inland und im Ausland die Anerkennung der erfolgreichen Durchführung des gewaltigen Rekonstruktionswerkes nur um so größer. Die ernsteste Krisis in der Entwicklung der Deutschen Bank war überwunden und eine neue große Stufe in ihrem Aufstieg war gewonnen. Für Georg Siemens persönlich war der glückliche Abschluß der Northern Pacific-Angelegenheit die Entlastung von einem schweren Druck und die Neubelebung seiner Schaffenskraft für die letzten Jahre, die ihm noch beschieden sein sollten.

Fünftes Kapitel.

Afrika.

Die Anfänge der deutschen Kolonialpolitik.

Der dunkle Erdteil wurde nur langsam in die durch Dampfschiff und Eisenbahn ausgelöste gewaltige Entwicklung der Weltwirtschaft hineingezogen. Abgesehen von Ägypten und dem Kapland wurde der afrikanische Kontinent bis weit hinein in die zweite Hälfte des neunzehnten Jahrhunderts nur in seinen Küstengebieten von dem Handel der europäischen Staaten berührt. Das Innere des Erdteiles war bis zur Mitte des vorigen Jahrhunderts so gut wie unbekannt. Erst die Berichte der Forschungsreisenden, die von den fünfziger Jahren an von Ost und West in das Innere eindrangen, verbreiteten einiges Licht über die geographischen Verhältnisse. Erst in der zweiten Hälfte der fünfziger Jahre wurden die großen zentralafrikanischen Seen entdeckt. Erst im Jahre 1874 wurde der Lauf des Kongo festgestellt.

Die Berichte der Forscher über die Reichtümer des inneren Afrikas an Elfenbein, an Kautschuk, an Ölfrüchten usw. erregten lebhaft die Phantasie wagemutiger Kaufleute und der auf koloniale Ausdehnung bedachten Politiker. Der große afrikanische Kontinent war in seinem Inneren, ja vielfach noch an seinen Küsten, herrenloses Gebiet oder im Besitz von Staatsgebilden, die in Auflösung begriffen und als reife Frucht der zugreifenden Hand des Europäers zuzufallen schienen. Die übrige Welt war verteilt.

Der große Wettlauf der Nationen um die Aufteilung des afrikanischen Kontinents begann, als Frankreich im Lauf der siebziger Jahre des vorigen Jahrhunderts in stärkerem Maße dazu überging, seinen Küstenbesitz in Nord- und Westafrika nach dem Inneren hin auszudehnen, als König Leopold II. von Belgien mit der Gründung der Association Internationale du Congo (1880) die Hand auf das gewaltige, gerade erst geographisch erschlossene Stromgebiet des Kongo und seiner Nebenflüsse legte, als Italien seine Flagge an der afrikanischen Küste des Roten Meeres hißte (1880), als Deutschland durch Besitzergreifungen in Südwestafrika, in Kamerun und Togo und in Ostafrika (1884 und 1885) in die Reihe der Kolonialmächte eintrat. In weniger als einem Jahrzehnt war durch Besitzergreifungen, Verträge mit afrikanischen Königen und Häuptlingen, durch Verhandlungen und Abmachungen zwischen den rivalisierenden europäischen Mächten die Verteilung Afrikas in ihren großen Zügen vollendet. Der Faschoda-Streit zwischen Frankreich und England im Jahre 1898, bei dem es um den Besitz des oberen Nil ging, und der südafrikanische Krieg (1899 bis 1902), in dem England die Burenrepubliken seinem südafrikanischen Besitz einverleibte, waren die letzten Ausstrahlungen dieser Entwicklung.

Deutschland ist es gelungen, sich durch entschlossenes Zugreifen im letzten Augenblick in Afrika und in der Südsee ein Kolonialreich zu sichern, dessen Gesamtfläche nur hinter derjenigen des britischen und französischen Kolonialreiches zurückstand und das, obwohl es sich an Gunst der natürlichen Produktions- und Verkehrsverhältnisse mit den Besitzungen der älteren Kolonialmächte nicht messen konnte, doch die Aussicht bot, bei zielbewußter und fleißiger Erschließungs- und Entwicklungsarbeit zu einer wertvollen Ergänzung des europäischen Deutschland zu werden.

Fürst Bismarck hat sich nicht leichten Herzens entschlossen, den Weg kolonialer Erwerbungen zu betreten. Seine Politik war in erster Linie auf den europäischen Kontinent eingestellt, auf dem er Deutschlands Einheit und Macht unter schweren Kämpfen begründet hatte und auf dem es Deutschlands Einheit und Macht gegen die zwar zurückgewiesenen, aber nicht beseitigten Bedrohungen fernerhin zu sichern galt. Er hatte dem Ersuchen deutscher Kaufleute um den Schutz der deutschen Flagge und deutscher Machtmittel in fernen Erdteilen schließlich stattgegeben, nachdem er sich davon überzeugt hatte, daß Deutschland bei seiner zunehmenden Bevölkerung, bei seiner wachsenden Industrie, bei seinem steigenden Bedürfnis nach Rohstoff- und Nahrungsmitteleinfuhr und nach auswärtigem Absatz von Fertigwaren auf koloniale Betätigung nicht länger verzichten könne. Allerdings war sein Ziel zunächst nicht die Erwerbung großer Kolonialgebiete, sondern nur der Schutz des Reiches für koloniale Handelsgesellschaften. Er hat seinen grundsätzlichen Standpunkt am 26. Juni 1884 im Reichstag in den Worten zusammengefaßt:

„Unsere Absicht ist nicht, Provinzen zu gründen, sondern kaufmännische Unternehmungen, aber in der höchsten Entwicklung, auch solche, die sich eine Souveränität, eine schließlich dem Deutschen Reich lehnbar bleibende, unter seiner Protektion stehende kaufmännische Souveränität erwerben, zu schützen in ihrer freien Entwicklung sowohl gegen die Angriffe aus der unmittelbaren Nachbarschaft, als auch gegen Bedrückung und Schädigung von seiten anderer europäischer Mächte."

Aber da jede koloniale Betätigung territorial bedingt ist, sah Fürst Bismarck unter dem Druck des Wettbewerbs der anderen Kolonialmächte sich bald genötigt, über die von ihm selbst gesteckten Schranken hinauszugehen und das Reich unmittelbar an dem Erwerb der noch nicht vergebenen überseeischen Gebiete zu beteiligen. Es kam hinzu, daß die auf Grund des Bismarckschen Kolonialprogramms mit kaiserlichen Schutzbriefen ausgestatteten Kolonialgesellschaften sich den ihnen gestellten öffentlichen Aufgaben nicht gewachsen zeigten und daß das Reich sich auch in denjenigen Gebieten, für die zunächst solche Gesellschaften gebildet worden waren (Deutsch-Ostafrika, Neu-Guinea), sich nach kurzer Zeit genötigt sah, die Verwaltung zu übernehmen.

Im deutschen Volke faßte der koloniale Gedanke nur langsam Wurzel. In den Jahrhunderten der deutschen Zersplitterung und Ohnmacht war ihm der Gedanke an eigne Geltung in überseeischen Gebieten verloren gegangen. Zwar hatte der alte deutsche Wandertrieb, verbunden mit den unerquicklichen politischen und wirtschaftlichen Verhältnissen der Heimat, Millionen von Deutschen über See geführt und sie dort unter fremder Staatshoheit eine zweite Heimat finden lassen; zwar arbeiteten Hunderte und Tausende von Deutschen im überseeischen Auslande in eignen Unternehmungen oder in fremden Handelskontoren; aber selbst diese wagten an eignen deutschen Kolonialbesitz kaum zu denken: für die große Masse des deutschen Volkes bedeutete die koloniale Welt das Vorbehaltsgut von Engländern und Franzosen, von Holländern und Spaniern.

Dazu kam, daß die koloniale Frage von Anfang an in das Getriebe der Parteipolitik hineingezogen wurde. Die deutsch-freisinnige Partei stellte sich, teils aus gewohnheitsmäßiger Opposition, teils aus freihändlerischem Doktrinarismus heraus, grundsätzlich feindlich gegen jede Kolonialpolitik. Die Sozialdemokraten bekämpften die koloniale Betätigung als eine Auswirkung des „Kapitalismus", das Zentrum richtete seine Stellungnahme zu kolonialpolitischen Fragen nach seinem jeweiligen Verhältnis zur Regierung. Die abenteuerlichen Umstände, unter denen sich die ersten kolonialen Erwerbungen zum Teil vollzogen, wurden von den Kolonialgegnern in parteipolitischer Ausschlachtung benutzt, um die ganze Kolonialpolitik ins Lächerliche zu ziehen und als phantastisch oder schwindelhaft abzutun.

Auch die kaufmännischen Kreise Deutschlands, sogar die am überseeischen Handel beteiligten, waren in ihrer großen Mehrzahl nicht frei von Voreingenommenheit und Mißtrauen gegen die neue deutsche Kolonialpolitik. Dazu mag beigetragen haben, daß die Meinung von der Entwicklungsfähigkeit Afrikas und der für eine deutsche Kolonisation noch in Betracht kommenden Gebiete der Südsee bis dahin selbst in englischen Kreisen eine geringe gewesen war und daß England sich erst durch das eilige Vorgehen anderer hatte bestimmen lassen, zur Wahrung seines Prestiges als erste Kolonialmacht seinen territorialen Besitz in Afrika an der Küste und vor allem auch nach dem Innern des Kontinents zu erweitern. Der deutsche Überseekaufmann sah für seine Tätigkeit ein lohnenderes Feld in den weiten Gebieten Amerikas und Ostasiens. Nur verhältnismäßig wenige hanseatische Unternehmer, die im Küstenhandel mit Westafrika, mit Sansibar und der ostafrikanischen Küste und auf den Südseeinseln Fuß gefaßt hatten, machten eine Ausnahme.

Erst der zähen und schließlich erfolgreichen Arbeit dieser Kaufleute und Pflanzer und des Kreises, den sie um ihre Bestrebungen zu vereinigen wußten, ist es im Lauf der Jahre gelungen, die ausgesprochene Feindschaft und den passiven Widerstand gegen die Kolonialpolitik zu brechen und den kolonialen Gedanken volkstümlich zu machen.

Georg Siemens und die ostafrikanische Zentralbahn.

Für Georg Siemens hätte es angesichts des Überseeprogramms der Deutschen Bank nahe gelegen, den auf den Erwerb und die Entwicklung kolonialer Gebiete gerichteten Bestrebungen eine besondere Aufmerksamkeit zuzuwenden. In der Tat begrüßte er die Einleitung einer aktiven Kolonialpolitik und beteiligte sich zusammen mit Adolf Woermann und

Friedrich Hammacher an den kolonialpolitischen Arbeiten des Deutschen Handelstags.*) Aber sei es, daß in jener Zeit der Aufbau der großen Geschäfte mit Argentinien und Italien, in Nordamerika und anderwärts seine Arbeitskraft voll in Anspruch nahm, sei es, daß die kolonialgegnerische Stimmung seiner politischen Freunde von der deutsch-freisinnigen Partei ihn beeinflußte, er hielt sich und die Deutsche Bank in jener ersten Zeit deutscher Kolonialpolitik von kolonialen Unternehmungen im wesentlichen fern. Zwar beteiligte sich die Deutsche Bank neben der Dresdner Bank an der Errichtung der deutschen Kolonialgesellschaft für Südwestafrika, die das Unternehmen des Herrn Lüderitz, des Begründers des südwestafrikanischen Schutzgebietes, übernahm und weiterentwickelte; aber die Schwierigkeiten und Enttäuschungen, die sich hier bald einstellten, schienen nur zu sehr geeignet, den Hohn und Spott der Kolonialgegner zu rechtfertigen. Trotzdem hat die Deutsche Bank dem Unternehmen ihr Interesse bewahrt, bis mit der allmählichen Entwicklung des südwestafrikanischen Schutzgebietes sich eine Rentabilität einstellte und bis schließlich die Diamantenfunde große und unerwartete Gewinne brachten. Dagegen hat die Deutsche Bank an den Südseeunternehmungen, im Gegensatz zur Disconto-Gesellschaft, die unter Hansemanns Führung die Neu-Guinea-Kompagnie gründete, sich überhaupt nicht beteiligt.

Auch gegenüber Ostafrika zeigte Georg Siemens eine starke Zurückhaltung, obwohl er von Freunden stark zu einer Mitwirkung gedrängt wurde; so schrieb ihm das ihm befreundete Aufsichtsratsmitglied der Deutschen Bank Herr Gebhard (Elberfeld) am 29. September 1886:

„Ostafrika wird gemacht, und es wird sogar mit Eklat in Szene kommen, wenn nur die Hälfte von dem wahr ist, was mir Peters**) am Sonntag Abend sagte, also nachdem ich Sie sah. Danach muß man glauben, daß Bismarck unsern Plan ernstlich unterstützen will, und wenn das geschieht, dann sind die Aussichten wirklich gut; denn der Sultan von Sansibar wird dann binnen weniger Jahre pensioniert. Wenn dieses richtig ist (und Sie können sich ja durch Peters genau zeigen lassen, wie weit er steht), dann frage ich mich doch, warum will sich die Deutsche Bank

*) Siehe Band III, 6. Teil, Kapitel 2.

**) Dr. Carl Peters, der bekannte Gründer des ostafrikanischen Schutzgebietes.

dann zwingen lassen zu einer Beteiligung? Kann sie nicht gerade bei diesem Gelegenheit mit einem Sprung in den Sattel hinein? Ich meine, Sie sollten sich Peters mal kommen lassen, ihn genau examinieren und sich dann überlegen, ob es nicht sehr richtig wäre, die Sache selbst in die Hand zu nehmen, der Vorsitzende im Landesrat zu werden und einen wichtigen Posten für die Zukunft zu sichern. Nach meiner bombenfesten Überzeugung wird aus der Sache, wenn auch erst nach Jahren, etwas Gutes. Der ganze Strom der Zeit geht nach der Richtung. Bitte überlegen Sie sich die Sache. Wenn eine Betätigung überhaupt noch aufzuhalten wäre, so würde ich kein Wort mehr reden. Aber da nach Ihrer eignen Aussage das nicht mehr geht, so steht die Sache doch anders."

Auch diese dringliche Befürwortung hatte keinen Erfolg. Siemens und die Deutsche Bank wirkten bei der Errichtung der Deutsch-Ostafrikanischen Gesellschaft (Ende 1886) nicht mit. Dagegen schloß Siemens in jener Zeit mit der Hamburger Firma Wm. Oswald & Co., die damals auf der Insel Sansibar und an der ostafrikanischen Küste das weitaus bedeutendste Handelshaus war und deren Chef dem Aufsichtsrat der Deutschen Bank angehörte, ein Abkommen über eine dauernde Geschäftsverbindung.

Das erste Jahrzehnt der deutschen Kolonialpolitik gehörte in der Hauptsache dem territorialen Erwerb und der notdürftigen Erforschung und Sicherung der Schutzgebiete. Erst nachdem diese Arbeit in großen Zügen geleistet war, konnte eine wirtschaftliche Erschließung größeren Stiles beginnen.

An dieser letzteren Aufgabe nahm Georg Siemens von der Mitte der neunziger Jahre an lebhaftesten Anteil. Er hatte sich im Verlauf der Entwicklung nicht nur immer mehr von der Notwendigkeit der kolonialen Betätigung überzeugt, er wurde sogar ein geradezu begeisterter Befürworter der wirtschaftlichen Erschließung unserer afrikanischen Kolonien, insbesondere des ostafrikanischen Schutzgebietes, durch den Bau von Eisenbahnen. Im Jahre 1895 lenkte der Geheime Kommerzienrat W. von Oechelhäuser, Aufsichtsratvorsitzender der Kontinentalen Gasgesellschaft in Dessau und Mitglied des Aufsichtsrats der Deutschen Bank, das Interesse Georg Siemens' auf das Projekt einer Eisenbahn von der ostafrikanischen Küste gegenüber Sansibar nach dem Gebiet der großen zentralafrikanischen Seen. Siemens erfaßte den Gedanken mit der ganzen ihm eignen Lebhaftigkeit. Daß ein kompakter Kontinent wie der afrikanische durch große Transversallinien erschlossen werden müsse, erschien ihm, der in nordamerikanischen Eisenbahnprojekten zu denken gewöhnt war, als ausgemacht. Daß die dem wichtigsten ostafrikanischen Handelszentrum, der Insel Sansibar, gegenüber gelegene Küste der natürliche Ausgangspunkt für eine solche notwendige und zukunftsreiche Linie sei, bewiesen die von dort ausgehenden alten Karawanenstraßen.

Der Eisenbahnbau in dem tropischen Afrika stand damals noch in seinen ersten Anfängen. Aber Engländer, Franzosen, der Kongostaat und sogar die Portugiesen rührten sich, während alles, was in den deutschen afrikanischen Schutzgebieten bis zur Mitte der neunziger Jahre geschehen war, in etwa 40 Kilometern einer privaten Plantagenbahn im Norden des ostafrikanischen Schutzgebietes, der sogenannten Usambara-Bahn, bestand. Wenn schon dem Deutschen Reiche, als dem spät gekommenen Wettbewerber auf kolonialem Boden, nicht gerade die am leichtesten zu erschließenden Teile des afrikanischen Kontinents zugefallen waren, so mußte ein solches Zurückbleiben im Eisenbahnbau gegenüber den Nachbarkolonien die deutschen Schutzgebiete mit völliger Verkümmerung bedrohen.

Diese Lage stand Siemens klar vor Augen, sobald er einmal angefangen hatte, sich mit der kolonialen Eisenbahnfrage ernsthaft zu beschäftigen.

Noch im Jahre 1895 bildete Siemens zusammen mit Oechelhäuser ein Komitee, das eine Expedition zum Studium der für den Bahnbau in Betracht kommenden Verhältnisse nach Ostafrika aussandte. Die Kosten (300000 Mark) wurden auf Grund eines Vertrages vom 11. März 1895 zu einem Drittel von der Kolonialabteilung des Auswärtigen Amtes, der Deutsch-Ostafrikanischen Gesellschaft und einem von der Deutschen Bank geführten Finanzkonsortium bestritten. Das Ergebnis der Studien dieser Expedition wurde der Kolonialverwaltung zur Verfügung gestellt. Aber nach dem Tode des ersten Kolonialdirektors Dr. Kayser ließ das amtliche Interesse für die ostafrikanische Bahn sichtlich nach. Es kam zu langen Verhandlungen darüber, ob eine „Küstenstichbahn" von etwa 200 km den Vorzug verdiene, oder ob von vornherein die Zentralbahn von Daressalam bis zu den Seen ins Auge zu fassen sei. Die Kolonialverwaltung entschloß sich endlich im Jahre 1899, zunächst noch 100000 Mark „zur Ergänzung der Vorarbeiten für eine Eisenbahn von Daressalam nach Mrogoro" im Etat für das ostafrikanische Schutzgebiet anzufordern.

Es kam über diese Forderung am 15. Februar 1900 im Reichstag zu einer lebhaften Erörterung, in der Georg Siemens — nicht als Vertreter einer politischen Partei, wie er selbst feststellte, sondern für seine Person — das Wort ergriff, um seine Stellungnahme zu der ostafrikanischen Eisenbahnfrage darzulegen.

Er wandte sich namentlich gegen den Abgeordneten Richter, dem gegenüber er ausführte, daß er „eine gewisse Neigung, ja beinahe eine gewisse Begeisterung für die ostafrikanische Zentralbahn empfunden habe". Schon bei den Verhandlungen der Jahre 1895 und 1896 habe er sich, im Gegensatz zu dem Kolonialdirektor, auf den weiteren Standpunkt der Notwendigkeit der Zentralbahn gestellt. Mit der Küstenstichbahn werde man nicht auskommen, wenn diese auch immerhin ein Anfang sei.*) „Ich stehe auf dem Standpunkt, den Herr Bebel bezeichnet hat als den Standpunkt eines Gymnasiasten und Quartaners. Und ich bin stolz darauf, daß ich mein ganzes Leben auf diesem Standpunkt gestanden habe; ich glaube, daß ich die Erfolge, die ich vielleicht in meinem Leben errungen haben mag, wesentlich dem Umstand zu verdanken habe, daß ich auf diesem quartaner- und gymnasiastenhaften Standpunkt stand, auf dem naiven Standpunkt desjenigen, der sich begeistern läßt für große Dinge und der nicht immer auf den augenblicklichen Nutzen sieht." Er verwies auf die gewaltigen Änderungen, die sich in der Welt auf Grund der Entwicklung der Verkehrsmittel vollzogen: auf die Bildung der großen Weltwirtschaftsreiche Rußland und Nordamerika und auf die Bestrebungen der „imperial policy" in England. Deutschland selbst sei aus dem Beharrungszustand des sechsten und siebenten Jahrzehntes des 19. Jahrhunderts herausgetreten: „die Situation ist die, daß wir heute die Wahl haben zwischen einer verhältnismäßig übertriebenen und daher nicht ungefährlichen Entwicklung unserer Industrie oder der Schaffung eines Auslasses für unsere überschüssige Kraft; deshalb brauchen wir

*) Auf die Frage eines Interessenten, wo eigentlich Mrogoro liege, gab Siemens in jener Zeit die vielsagende Antwort: „Mrogoro liegt dort, wo das Geld zu Ende ist."

Kolonien, und deshalb müssen wir alle Schritte tun, die zu deren Entwicklung erforderlich sind.“ Daß für die erste Zeit eine Verzinsung des für die ostafrikanische Bahn anzulegenden Kapitals nicht zu erwarten sei, dürfe nicht irremachen; auch in Deutschland habe man den Bau von Eisenbahnen in der ersten Zeit durch Zinsgarantien ermöglichen müssen.

Auf den Zuruf des Abgeordneten Richter, warum denn die Banken nichts riskieren wollten, entgegnete Siemens:

„Was sind denn die sogenannten Banken? Wir stehen nicht auf dem Standpunkt, den die konservative Partei uns zuweist, daß wir kleine Effektenhändler oder Börsenjobber wären; wir haben den Standpunkt für uns immer in Anspruch genommen und wir nehmen ihn weiter in Anspruch, daß wir eine Art Führer des Unternehmungsgeistes der Nation sein wollen.“

Und einen ihm hier zufliegenden Zuruf aus den Reihen der Sozialdemokraten parierte er mit den Worten:

„Meine Herren, der Kapitalismus hat so gut sein Recht wie die Sozialdemokratie; wir haben unsere Existenzberechtigung bewiesen durch die Dinge, welche wir geschaffen haben, während Sie die Ihrige erst noch zu beweisen haben.“

„Das, was wir tun können,“ fuhr er fort, „ist, daß wir der Nation Wege für die Verwertung ihrer überschüssigen Kräfte zeigen und vorbereiten. Unsere wenigen Hunderte von Millionen kommen nicht in Betracht gegenüber den Milliarden des Nationalvermögens, sowie gegenüber der Größe der Aufgaben, um die es sich handelt, wenn neue Wege eingeschlagen werden sollen. ... Daß aber diese Bahn, welche zugleich eine politische und wirtschaftliche Notwendigkeit ist, gebaut werden wird, davon bin ich absolut überzeugt, so gut wie die Rhodessche Zentralbahn von Süden nach Norden gebaut werden wird. (Zurufe und Widerspruch.) Meine Herren, die Bahn wird gebaut werden! Vor 60 Jahren haben alle Leipziger Philister erklärt, daß eine Bahn von Leipzig nach Dresden nicht möglich sei, und heute erklären andere Philister, daß diese Sache nicht gemacht werden könnte. (Unruhe.) Diese Dinge werden alle gemacht werden, und ebenso sicher wird die Zugangsverbindung zu dieser Bahn hergestellt werden in der Form unserer Zentralbahn.“

Trotz dieser lebhaften Fürsprache wurde der Kredit für die Ergänzung der Vorarbeiten abgelehnt. Die Reichsregierung ließ sich dadurch nicht abhalten, im Haushaltsplan von 1900/01 eine erste Rate von 2 Millionen Mark für den Bau der Bahn auf Reichsrechnung zu verlangen. Der Reichstag beschloß darauf eine Resolution, die Reichsregierung möge prüfen, ob nicht mit Hilfe des Privatkapitals die Bahn gebaut werden könne und sie möge gegebenenfalls dem Reichstag eine Vorlage auf dieser Grundlage zugehen lassen.

Die Reichsregierung entsprach diesem Verlangen und setzte sich erneut mit Siemens in Verbindung, um die Bedingungen für eine Ausführung der Bahn in Form eines Privatunternehmens festzustellen.

In der seit der Mitte der neunziger Jahre verloren gegangenen Zeit hatten sich die Verhältnisse für die Geldbeschaffung wesentlich verschlechtert. Die damals vorhandene überaus große Flüssigkeit des Geldmarktes hatte einer scharfen Geldknappheit Platz gemacht. Während der Privatdiskont an der Berliner Börse im Jahre 1895 durchschnittlich nur wenig über 2% gestanden hatte, stellte er sich im Jahre 1900 auf 4,4%. Im Dezember 1900 sah sich die Reichsbank genötigt, ihren Diskontsatz auf 7% zu erhöhen, einem Satz, der seit dem Kriege von 1870 nicht wieder erreicht worden war. Der Kurs der 3%igen Reichsanleihen und preußische Konsols, der noch im Jahre 1896 zeitweise über Pari gestanden hatte, war bis auf 87 herabgegangen. Diese erschwerten Verhältnisse mußten bei den Abmachungen über die Finanzierung der geplanten Deutsch-ostafrikanischen Eisenbahngesellschaft berücksichtigt werden. Eine Zinsgarantie von 3%, wie sie bei den Besprechungen im Jahre 1895 als ausreichend angesehen worden war, mußte jetzt als ungenügend erscheinen.

Siemens schlug eine geistreiche Kombination vor, durch die er die Garantiebelastung für das Reich so niedrig wie irgend möglich halten und damit den vorauszusehenden Schwierigkeiten im Reichstag die Spitze abbiegen wollte: den Anteilen der zu gründenden Gesellschaft sollte eine Zinsgarantie des Reiches von nur 3% gewährt werden, dafür aber sollte ihre Auslosung im Laufe von 87 Jahren zu einem Kurse von 120% erfolgen. In dem hohen Auslosungskurs lag für den Zeichner ein gewisses

Entgelt für die niedrige Zinsgarantie; für das Reich bedeutete die kombinierte Garantie für Zins- und Tilgungspflicht eine jährliche Belastung von nur 3,4% des aufzubringenden Kapitals. Da das Reich selbst das benötigte Geld auf dem Anleiheweg keinesfalls zu einem geringeren Zinssatz als zu 3½% hätte beschaffen können, konnte Siemens von seinem Vorschlage mit Recht sagen (Reichstag, 24. April 1901):

„Der Vorteil besteht also in einer Verringerung des Zinssatzes und zugleich in einer unentgeltlichen Amortisation des Kapitals."

Nachdem auf dieser Grundlage eine rasche Einigung zwischen der Kolonialverwaltung und dem Bankenkonsortium erzielt worden war, ließ die Reichsregierung im Frühjahr 1901 dem Reichstag einen Gesetzentwurf zugehen, der die Ermächtigung zu der zu übernehmenden Reichsgarantie nachsuchte.

Der Reichskanzler Graf Bülow leitete am 24. April 1901 persönlich die Beratung der Vorlage ein. Im Verlauf der Diskussion trat der Kolonialdirektor Dr. Stuebel den Behauptungen entgegen, daß das Reich sich in dem Konzessions- und Garantievertrag von den Banken habe übervorteilen lassen. Er führte aus:

„Ich möchte zur Kennzeichnung der von der Kolonialverwaltung geführten Verhandlungen hervorheben, daß nicht etwa die Banken des Syndikates zu der Kolonialverwaltung gekommen sind mit der Bitte, sie ein gutes Geschäft mit der Übernahme des Bahnbaus machen zu lassen, sondern ganz im Gegenteil: ich bin zu dem Banksyndikat gegangen und habe mein Möglichstes getan — ich will den Ausdruck gebrauchen: habe die Kunst der Überredung walten lassen, damit sich die Banken auf Verhandlungen mit uns einließen. Ich möchte auch meine persönliche Überzeugung dahin ausdrücken, daß während der Verhandlungen die Banken sich nicht von der Aussicht auf Gewinne haben leiten lassen, sondern ausschließlich von dem selbstlosen und patriotischen Wunsche, an einer nationalen Tat, dem Bau einer für das ostafrikanische Schutzgebiet notwendigen Bahn, teilzunehmen."

Georg Siemens nahm die Gelegenheit wahr, nicht nur um die der Vorlage zugrunde liegende finanzielle Konstruktion zu verteidigen, sondern auch um seinen grundsätzlichen Standpunkt noch einmal klarzulegen. Er mußte zunächst für einen Teil seiner Fraktionsgenossen (Freisinnige Vereinigung) erklären, daß sie sich von dem Bau der Bahn nicht diejenigen Vorteile für die wirtschaftliche Entwicklung Ostafrikas versprächen, welche die Freunde der Vorlage davon erwarteten, und daß sie zugleich der Überzeugung seien, es sei nicht zu rechtfertigen, daß das Reich das Risiko für diesen Bahnbau und alle daraus sich später ergebenden Konsequenzen übernehme. Um so deutlicher brachte er für seine Person den gegenteiligen Standpunkt zum Ausdruck:

„... Ich halte an der Auffassung nach wie vor fest, die der Abgeordnete Bebel vorhin charakterisiert hat, als er sagte, daß ich mich mit einem gewissen Fanatismus für die ostafrikanische Zentralbahn erwärmt habe. Er hat darin vollständig recht. Ich muß dem noch hinzufügen, daß nach meiner Überzeugung eine solche Bahn niemals in Mrogoro aufhören kann, sondern daß dieselbe, wenn sie der Kolonie nützlich sein soll, und wenn sie wirklich einen politischen Vorteil — es handelt sich ja auch um politische Vorteile — schaffen soll, bis an die Seen gehen muß, wo einstens die Zentralbahn von Cecil Rhodes von Norden nach Süden vorbeigehen wird."

Er machte im weiteren Verlauf seiner Ausführungen darauf aufmerksam, wie wichtig es sei, endlich einmal durch die Schaffung eines großen kolonialen Unternehmens in dem deutschen Kapitalisten-Publikum ein stärkeres Interesse für die Kolonien zu wecken. „Ich könnte aus meinen Erfahrungen als freiwilliger Fanatiker für die Kolonien mancherlei davon erzählen, wie schwer es mir geworden ist, bei meinen nächsten Freunden auch nur ein schwaches Gehör zu finden. Die meisten haben sich ablehnend verhalten. Es besteht eine weitverbreitete Abneigung gegen Kolonien in Hamburg (Hört! hört! links), in Bremen (Hört! hört! und Heiterkeit links), ich finde sie noch an vielen Orten (Zurufe links). — Ja, meine Herren, Sie haben ganz recht, und alle diejenigen Leute, die noch auf der Basis der Cobden-Schule stehen, werden eine Abneigung gegen Kolonien behalten. Nur haben die Herren, die diese Abneigung behalten, sich nicht genügend überlegt, daß seither viele Veränderungen in der Weltlage eingetreten sind. Wenn alle anderen Nationen sich beeilen, die noch vorhandenen unkultivierten Gebietsteile mit Beschlag zu belegen, so würde es eine Ungeschicklichkeit sein, wenn man wie der Poet bei Schiller warten wollte:

... Die Welt ist weggegeben,
Der Herbst, die Jagd, der Markt ist nicht mehr mein;
Willst du in meinem Himmel mit mir leben,
So oft du kommst, er soll dir offen sein!
(Heiterkeit!)

„Ja, wenn Sie als prinzipienfeste Poeten in dem Himmel leben wollen, ich habe nichts dagegen, aber ich muß sagen, daß eine angenehme Erde doch auch ihre Vorteile hat. (Große Heiterkeit!)

„... Es handelt sich also darum, zu bewirken, daß Leute, die bisher kein Interesse an den Kolonien hatten, Interesse daran gewinnen und dort ihr Geld investieren, daß sie, um ihr Geld rentabel zu machen, gezwungen werden, die Unternehmungslust zu fördern, kurz und gut, Anlagen zu machen. Das ist so wichtig für die Kolonien, daß das Reich vollständig berechtigt wäre, Opfer zu bringen, um das zu erreichen, was ihm hier auf dem Präsentierteller gebracht wird."

Die Vorlage wurde schließlich zur Durchberatung an die Budgetkommission verwiesen. Dort begannen neue Verschleppungsmanöver, deren Überwindung Georg Siemens nicht mehr erlebt hat. Erst im Jahre 1904 kam ein Garantiegesetz zustande, das im wesentlichen auf der im Frühjahr 1901 von Siemens vorgeschlagenen Grundlage beruhte. Unter Führung der Deutschen Bank wurde jetzt die Deutsch-Ostafrikanische Eisenbahngesellschaft errichtet und der Bau der ersten Strecke in Angriff genommen. Siemens hat auch darin recht behalten, daß die Bahn, einmal begonnen, in Mrogoro nicht enden konnte. Sie ist aller menschlichen Kurzsichtigkeit und allen natürlichen Schwierigkeiten zum Trotz kurz vor Ausbruch des Weltkrieges an dem Punkt angekommen, den Siemens von Anfang an als ihren natürlichen und notwendigen Endpunkt bezeichnet hatte: am Tanganyika-See.

Südafrikanische Goldminen.

Ehe die deutschafrikanischen Schutzgebiete für Georg Siemens ein größeres Interesse gewannen, hatte im Süden des afrikanischen Kontinents jene Entwicklung eingesetzt, welche die Augen der ganzen Welt auf sich zog und schließlich zum Verhängnis für die Unabhängigkeit der beiden Burenstaaten werden sollte: die Entwicklung der Goldlagerstätten am Witwatersrand.

Die Goldgewinnung Südafrikas, die um die Mitte der achtziger Jahre des vorigen Jahrhunderts noch gänzlich bedeutungslos war — sie stellte sich im Jahre 1887 auf nur 4 Millionen Mark —, nahm vom Beginn der neunziger Jahre an einen gewaltigen Aufschwung. Es handelte sich um ein Goldvorkommen von großer Ausdehnung und Nachhaltigkeit, und zwar um ein Vorkommen, das nicht — wie die bisherigen großen Goldlagerstätten — im Wege der sich rasch erschöpfenden Goldwäscherei, sondern fast ausschließlich im Wege des eine längere und verhältnismäßig stabile Ausbeute verheißenden Quarzbergbaus abgebaut werden konnte. Zwar enthielten die Vorkommen nur wenige Gramm Gold auf die Tonne Quarz (im Durchschnitt 10—15 g). Aber die Vervollkommnung der metallurgischen Methoden hatten den lohnenden Abbau auch solcher Vorkommen möglich gemacht in dem Maße, daß innerhalb weniger Jahre Transvaal an der Spitze aller Goldgewinnungsländer stand. Im Jahre 1898, dem Jahre vor dem Ausbruch des Burenkrieges, kamen von einer Gesamtproduktion der Welt an Gold in Höhe von 432000 kg auf Südafrika allein 120000 kg, auf die Vereinigten Staaten und Australasien je 97000 kg, auf Rußland 38000 kg.

Das plötzliche Aufkommen eines neuen Goldgewinnungslandes außerhalb der Grenzen des britischen Weltreiches, der Vereinigten Staaten von Amerika und Rußlands eröffnete angesichts der Bedeutung des Goldes als des vornehmsten Zahlungsmittels des Welthandels für ein deutsches Bankinstitut, das mit dem Programm der Deutschen Bank ins Leben gerufen worden war, weite Perspektiven. Wenn es der Deutschen Bank gelungen war, einen großen Teil der bankmäßigen Abwicklung des deutschen Außenhandels von der englischen Vermittlung unabhängig zu machen, so hatte doch gerade im Goldhandel der Londoner Markt eine unbedingte Vormachtstellung bisher bewahrt. Eine Beteiligung deutschen Kapitals an der Ausbeutung der neuen Vorkommen konnte geeignet erscheinen, auf diesem wichtigen Felde die deutsche Position zu verstärken.

Aussichten nach dieser Richtung wurden für Georg Siemens frühzeitig dadurch eröffnet, daß sein Schwager, der kluge und kenntnisreiche Berg-

und Hütteningenieur Adolf Görz, zu einer Zeit, als erst kleine Kreise auf die südafrikanischen Goldfunde aufmerksam geworden waren, den Goldvorkommen am Witwatersrand mit richtigem Blick eine ungeheure Bedeutung beimaß. Im Februar 1888 reiste Adolf Görz nach Transvaal, um durch Untersuchungen an Ort und Stelle sein Urteil zu vervollständigen. Auf seine verheißungsvollen Berichte hin, die in technischer Beziehung durch die spätere Entwicklung eine glänzende Bestätigung erfahren haben, entschloß sich Georg Siemens Ende 1889, im Verein mit einigen befreundeten Banken ein Konsortium zur Finanzierung von Goldschürfungen in Südafrika zu bilden. Adolf Görz wurde von dem Konsortium, das bis zu 100000 Pfund Sterling aufzubringen bereit war, mit der „Akquirierung von mit der Gewinnung von Gold und anderen Bergwerksprodukten zusammenhängenden Geschäften" beauftragt.

Kurze Zeit nach der Bildung dieses Syndikats, zu Beginn des Jahres 1890, kam es in London zu dem ersten Krach auf dem Markte der Goldshares. Die Gründung von Minengesellschaften und die Spekulation in Minenanteilen war der tatsächlichen Entwicklung der südafrikanischen Goldgewinnung weit vorausgeeilt. Der unvermeidliche Rückschlag beschränkte sich nicht auf die Londoner Börse, sondern traf auch die südafrikanische Mineninduſtrie selbst. Die Minenunternehmungen waren damals durchweg nur notdürftig mit Betriebsmitteln ausgestattet; sie arbeiteten außerdem in ihrer Mehrzahl planlos und unfachgemäß. Sie waren deshalb, als die Londoner Krisis ihnen den Zufluß von neuem Kapital unterband, bald am Ende ihrer Kraft. Dem deutschen Syndikat bot sich unter diesen Verhältnissen die Gelegenheit, wertvolles Mineneigentum zu erwerben oder sich an solchem zu beteiligen.

Zu Beginn des Jahres 1893 wurde das Konsortium in die Gesellschaft mit beschränkter Haftung Adolf Görz & Co. mit dem Sitz in Berlin und Johannisburg umgewandelt. Die G. m. b. H. wurde mit einem eingezahlten Kapital von 3,2 Millionen Mark ausgestattet. Für den gleichen Betrag übernahmen die Gesellschafter eine Nachschußpflicht. Die Gesellschaft betätigte sich im Anfang hauptsächlich als Finanzierungsunternehmen. Sie erwarb größere Interessen in verschiedenen Teilen des Witwatersrandes und verwendete diese zum Teil als Grundlage für die Errichtung eigner, unter ihrer Kontrolle bleibender Minengesellschaften. Mit den Rand Central Ore Reduction Works gründete sie eine metallurgische Anstalt zur Aufbereitung der Erzrückstände, die das Siemenssche Entgoldungsverfahren einführte und mit Erfolg betrieb. Die im Jahre 1896 von Siemens & Halske erstellte große elektrische Kraftanlage der Rand Central Electric Works, die gleichfalls der Initiative der Görz-Gesellschaft ihre Entstehung verdankt, ist oben (S. 132) bereits erwähnt.

Der wachsende Umfang des Unternehmens sowie die Schwierigkeit der Geschäftsleitung von Berlin aus gaben Veranlassung, daß Ende 1897 die G. m. b. H. Adolf Görz & Co. in die nach dem Rechte des Freistaates Transvaal errichtete A. Görz & Co. Ltd. mit dem Sitz in Pretoria umgewandelt wurde. Das Kapital der neuen Gesellschaft wurde auf 1015000 Pfund Sterling bemessen. Ein Teil der Shares der neuen Gesellschaft wurde Anfang 1898 in London auf den Markt gebracht. Von der Errichtung einer deutschen Aktiengesellschaft mußte zu Georg Siemens' großem Bedauern Abstand genommen werden, da das deutsche Aktiengesetz und die Ausführungsbestimmungen zum Börsengesetz die Bildung von Gesellschaften deutschen Rechtes für Unternehmungen dieser Art in weit entfernten Ländern geradezu unmöglich machten. Siemens fügte sich diesen zwingenden Gründen, aber mehr wie einmal sagte er seinem Mitarbeiter Steinthal: „Mehr Geld werden Sie ja so für die Bank verdienen, aber für mich hat die Pfund-Gesellschaft kein Interesse mehr."

In welcher Weise Georg Siemens das südafrikanische Minenunternehmen in den ihm vorschwebenden Gesamtplan des Ausbaus der weltwirtschaftlichen Stellung Deutschlands einzufügen gedachte, ergibt der nachstehende Teil eines Gutachtens, das er im September 1899 für die Ältesten der Kaufmannschaft von Berlin über die Subvention für den deutschen Postdampferdienst mit Afrika erstattete:

„Die Goldproduktion aller Minen Transvaals, auch derjenigen, deren Aktien wesentlich in deutschem Besitz sind, geht fast sämtlich an die Bank von England nach London, sowohl weil die Minen unter englischer Verwaltung stehen, als auch weil der Verkehr über Kapstadt leichter und schneller ist. Für ein Goldwährungsland wie Deutschland konnte es wichtig werden, daß ein Teil des Goldes auch direkt nach Deutschland verschifft wurde. Die Verwaltung einzelner Minen, deren Kapital in deutschem Besitz war, sollte veranlaßt werden, das Gold direkt nach Deutschland zu verschiffen; aber die Bemühungen blieben im wesentlichen erfolglos, weil der durch die seltenere Fahrgelegenheit über Delagoabay und die langsamere Reise verursachte Zinsverlust groß genug war, um den Weg über das Kap nach London trotz höherer Frachten zu einem erheblich vorteilhafteren zu machen."

Gleichzeitig tut dieser Passus dar, aus welchen Gründen die Erwartungen, die Siemens bei der Aufnahme der südafrikanischen Minengeschäfte über den privatgeschäftlichen Gewinn hinaus gehegt hatte, nicht in Erfüllung gegangen waren.

Aber auch in rein finanzieller Beziehung fühlte sich Siemens enttäuscht. Zwar hatten die beiden ersten vollen Geschäftsjahre der G. m. b. H. Ad. Görz & Co. 1894 und 1895 Dividenden von 35 und 50% gebracht. Aber schon das Jahr 1896 mit seinen politischen Beunruhigungen leitete einen Rückschag ein. Siemens, der die Bearbeitung der Görz-Geschäfte von Anfang an im wesentlichen seinem Mitarbeiter Max Steinthal überließ, machte seinem Herzen in einem Brief vom 26. Juli 1899 an Geheimrat Braunfels Luft:

„Unsere Erfahrungen in Explorationssachen sind bisher ziemlich niederschlagender Natur gewesen. Auf der einen Seite lag, wie ja natürlich, der Hauptteil der finanziellen Last auf der Deutschen Bank. Auf der anderen Seite waren wir von Berlin aus der technischen Führung nicht gewachsen, weil uns alle diejenigen Informationen und Hilfsmittel fast unerreichbar waren, welche man sich in London spielend beschaffen kann. Wir haben daher immer nur die Wahl gehabt, entweder die Verwaltung unseres Geldes Leuten anzuvertrauen, welche wir nicht genügend kannten, oder aber selbst zu verwalten und dabei Fehler und Unterlassungen zu begehen, die die Entwicklung aufhielten oder gar schädigten ... Dergleichen schwierige Entwicklungsgeschäfte kann man nicht „im Nebenamt" besorgen. Und der Weise spricht: Dans le doute abstiens-toi."

Der im Jahre 1899 ausgebrochene südafrikanische Krieg unterbrach die Entwicklung der neuen Görz-Gesellschaft auf das empfindlichste. Im Juli 1900 traf Georg Siemens der Verlust seines Schwagers Adolf Görz, der im Alter von nur 43 Jahren plötzlich an Herzschlag starb.

Das Ende des südafrikanischen Krieges und die damit beginnende neue Phase der Görz-Gesellschaft hat Georg Siemens selbst nicht mehr erlebt.
